谨以此书献给荷兰的邬丽飒

Voor mijn schatje：Lisa WU
van Nederland

现在应当改变将来,正如过去曾经指引现在

现代风景园林理论与实践丛书

成玉宁　主编

第　三　自　然

景观化城市设计理论与方法

邬　峻　著

东南大学出版社
SOUTHEAST UNIVERSITY PRESS
南京·2015

内容提要

本书首次提出"第三自然"的设计哲学与方法论，是国内外第一部关于景观化城市设计的理论与方法的专著。该理论以文化驱动为代表的"第三自然"区分并整合以麦克哈格开创的自然生态为设计驱动的"第一自然"，和以简·雅各布斯开启的以社会研究为驱动的"第二自然"。

本书分为上、中、下三篇。上篇通过设计认知科学揭开"第三自然"的神秘面纱，概述了设计与认知的关系，将认知科学与人工智能引入设计研究的必要性和基本途径，并纵深论述了景观学概念的认知溯源以及重返一级学科后引入第三自然设计观的重要性与可能途径。中篇通过 MOP 认知模型进行第三自然景观化城市设计的纵深设计研究与历史文化探索。下篇集中于第三自然景观化城市设计案例研究及实践运用，采用 TCL 类型学认知框架进行优秀设计案例分析，并结合笔者在中国、荷兰二十多年的专业设计实践与获奖设计案例综合展示了第三自然设计方法的成功运用。

对于城市设计、风景园林、建筑与规划专业的学生与学者，设计院专业人士，城市与景观管理的政府决策者与开发建设者来说，本书是一本认识第三自然独特城市设计方法的难得的参考著作。

图书在版编目(CIP)数据

第三自然：景观化城市设计理论与方法/邬峻著.
—南京：东南大学出版社，2015.1
(现代风景园林理论与实践丛书/成玉宁主编)
ISBN 978-7-5641-5460-8

Ⅰ.①第… Ⅱ.①邬… Ⅲ.① 城市景观-景观设计
Ⅳ.①TU-856

中国版本图书馆 CIP 数据核字(2014)第 310965 号

书　　名：第三自然：景观化城市设计理论与方法
著　　者：邬　峻
责任编辑：孙惠玉　徐步政　　编辑邮箱：894456253@qq.com
文字编辑：辛健彤

出版发行：东南大学出版社
社　　址：南京市四牌楼 2 号　　邮　　编：210096
网　　址：http://www.seupress.com
出 版 人：江建中

印　　刷：江苏兴化印刷有限责任公司
排　　版：江苏凤凰制版有限公司
开　　本：787 mm×1092 mm　1/16　印张：15.75　字数：360 千
版　　次：2015 年 1 月第 1 版　2015 年 1 月第 1 次印刷
书　　号：ISBN 978-7-5641-5460-8
定　　价：59.00 元

经　　销：全国各地新华书店
发行热线：025-83790519　83791830

总序

现代风景园林开始于 20 世纪初的欧洲，之后其发展中心转移至美国。进入 21 世纪，随着城市化进程的加速，中国业已成为世界风景园林实践的中心。百余年来，随着人类科学技术的进步以及从业人员的探索与实践，现代风景园林与数千年的传统园林相比，发生了巨大的变化。从量上看，近百年来实现了跨越式的发展，大量的实践活动对土地形态和人居环境的改变产生了强大的推动作用，并呈现出多元化的发展态势；从质上看，无论是空间形式、工程技术，还是包括功能、意义等内在价值，现代风景园林发展均是空前的。然而在惊叹百年风景园林实践成就之余，从方法论的层面上加以反思，作基于实践的理论总结却是相对孱弱的。风景园林发展初期，理论的阐述大多沿用美术、建筑等相关学科概念，因而存在着对其他学科的“依赖性”，理论研究滞后于实践。突破通常以描述性议论为主的理论研究，基于风景园林学科的自律性，侧重于理论与实践的结合并以科学的方法建构现代风景园林理论体系，对于当代及未来风景园林学科的发展与实践具有深远的历史意义。

现代景观的百年发展尤其是近 30 年来中国的探索与实践盛况空前，与之相左，当代风景园林界正面临着实践与理论的游离、实践的量远远大于理论积累的局面，由此导致“拿来主义与概念”盛行。然而理论与实践向来是一对孪生兄弟，相互映衬、伴生发展。理论以实践为基础，推动了实践的转化和发展，并预示未来的发展方向；实践离不开理论的指引，同时促进了理论研究的深化与完善。《现代风景园林理论与实践丛书》致力于集萃当代风景园林实践、理论及教育的最新成果，在全球化背景下思考当代风景园林的理论与方法。理性认识是认知过程的高级阶段，以事物的本质规律与内在联系为认知对象，具有抽象性、间接性、普遍性的特征，风景园林设计理论正是基于实践、合乎逻辑的理性总结。中国不仅仅是风景园林实践的大国，更应成为现代风景园林理论的研究中心，当代风景园林人有责任也有能力为新生的一级学科——风景园林构建理论体系。

我们在肯定现代风景园林百余年实践所取得成果的同时，也要勇于反思实践中所出现的问题。过往的风景园林理论研究大多侧重于描述，而当下的时髦理论研究又倾向于“宣言”与“主义”的建构，而鲜有触及风景园林学科本体意义与形式规律的系统研究。比较现代风景园林与传统园林，两者在本质和内涵上均发生了巨大的变化。传统的风景园林理论构建在感性认知的基础上，凭“感觉”的设计是其基本特征；现代风景园林的关注角度和尺度丰富而多元，它不再以唯美为主要取向，其关注的领域和责任超越于传统园林。现代风景园林具有多目标性，除了对文化与空间的表达，更多地着眼于现世的环境和社会意义，其设计尺度涵盖了从小尺度的社区绿地到大尺度的风景区乃至国土景观规划。不同的尺度所对应的规划设计策略不尽相同；尺度在一定意义上决定了风景园林设计所采取的原则与策略。

作为新生的一级学科，风景园林与建筑、规划有关联性也有着鲜明的特异性。关联性表现在它与建筑、规划以及其他相关艺术一样具有时间、空间和艺术属性；特异性则主要表现在其建成环境的动态属性上，不断地变化和丰富是风景园林的基本特征。风景园林师运用有生命的材料，因此更多地兼顾材料本身的自然属性，除了需要娴熟运用形式和空间法则，还需尊重生物要素的自然规律。风景园林的特异性决定了其不可能照搬建筑和规划的理论与方法，也不能简单地沿用生物学的法则。感性与理性交织是风景园林的基本特征，离开了理性的感性如同失去枝干的叶和花一般，将衰败、枯萎；离开了感性的理性，犹如没有花和叶的枯枝，必然回归机械与教条。依据学科的自律性来构建风景园林的理论与实践体系，丛书旨在通过风景园林学科各领域的专项研究来逐渐实现对当代风景园林的理论覆盖。

《现代风景园林理论与实践丛书》坚持开放性、探索性与前瞻性的统一。开放性是丛书的理论架构特征之一。随着风景园林实践范畴与内涵的拓展，或重于实践，或理论思考，将会有更多不同方向与层面上的专著渐次充实到理论体系中来。探索性是丛书的特征之二。将要出版的有节约型园林理论与方法、现代风景园林的评价与适宜技术、景观空间色彩、现代风景园林实时交互式呈现系统等专项研究成果，都将从不同的方向、层面探讨现代风景园林设计的理论与方法。前瞻性是丛书坚持的方向。理论具有强大的引领作用，聚焦设计思维、设计手法、设计技巧、设计理念及适宜技术等专题；选题突出强调前瞻性及其开创性。因此，开放的体系、灵活的架构、务实的研究是本丛书的基本特色。

丛书的作者大多是活跃在风景园林学科一线的中青年专家，或者是学有所成的青年才俊。他们与实践紧密结合，将自己开创性的研究充实到风景园林学科的理论体系建设中来。在倡导开创性精神的引领下，必然有更多的专家和学者将加入到风景园林理论的建设中，逐步形成具有学科自主特征的理论体系，实现对风景园林学科本体的认知和回归。理论建设是一个持续的过程，在不断实践中进行的理论思辨，将进一步地推动风景园林学科的健康发展。

成玉宁

于逸夫建筑馆

前言

人类社会这个“第二自然”是地球这个“第一自然”最伟大的创造物，而城市又是人类最伟大的创造物之一。“第一自然”和“第二自然”都以一种简单然而又不断变化的方式表现和推动着文化：“第三自然”，这个人类最丰富多彩的文明。城市设计实际上就是一种永无休止的文明创造运动，建筑与空间是实体，景观是脉络，文化是灵魂。这其后的永动机就是作为“第三自然”的人类文化基因。在我看来，城市无论在过去、现在和未来都是“三个自然”的载体、混合体与表现体。

景观化城市设计理论认为城市设计过程是一个景观设计师作为主体，而设计对象作为客体的复杂的互动认知过程，该过程的目标是融合第一自然（生态）、第二自然（社会）和第三自然（文化）来求解一个创新的系统设计解决方案。这个过程交汇于全球和地域两个层面上，并根植于动态变化的科技、社会与文化实践活动之中，它嫁接了建筑、景观和城市设计的不同研究领域，并以景观设计科学为先导来统领城市设计学。

纵观当今世界城市设计发展趋势和潮流，应对全球景观设计的升温和中国快速城市化，仅仅依靠城市规划学与建筑学自身的发展，已经远远不能适应快速发展的多样化需要和人类面临的主要挑战，更无法容纳我们下一代的梦想。我们需要一种全新的城市设计哲学，这就是“第三自然”的设计方法。我们需要一种全新的城市设计理论，这就是景观化的城市设计方法。我们需要一个根植于全球地域文化与设计历史先例的“第三自然”复合系统来应对复杂的全球挑战，来整合麦克哈格揭示的“第一自然”的生态景观韵律，以及简·雅各布斯披露的城市中社会景观的“第二自然”规律。

“景观化城市设计”这种全新视野的城市设计方法，一方面通过理论研究来挖掘现有景观设计科学的深度，另一方面通过跨学科的创新方法来拓展现有景观设计科学的广度，从而开发出一套整合“景观设计知识系统”和多样化创新形态学的实践操作方法。并用这套理论方法来开发全新的城市设计学，它不同于基于城市规划学和建筑学的传统城市设计，是一种全新的基于景观科学自身特点、兼容城市规划与建筑学优点的城市设计学。“景观化城市设计”具有高度景观特色、高度城市可识别性、批判地域性的景观化城市设计新方法，是以景观为有效手段的城市设计方法论。它将是景观、规划、建筑等专业方向理论研究的最新学科整合。

《第三自然：景观化城市设计理论与方法》这本理论专著正是讲解了一些基本的景观化城市设计的研究方法，并用我丰富的专业实践案例进行注解，引导学习“景观化城市设计理论与方法”的一些具体方法论，以此为基础提升景观设计科学本身的理论水平和实践能力，以及与城市规划、建筑学等兄弟学科的融合和全面提升风景园林学科升级为国家一级学科后的设计创新能力。

感谢东南大学成玉宁教授百忙中的盛情相邀，使我动了写回国后第一本理论著作的念头。有几个重要的国际知名学者对此著作的产生有直接或间接的贡献。首先感谢清华大学的吴良镛院士，没有他当年的推荐我就没有机会到荷兰追随亚历山大·仲尼斯教授完成近五年的博士研究，恰恰是这些深奥难懂的理论学习构建了这本著作的理论基础。感谢清华大学的李晓东师兄，从他批判性地域主义建筑的讲座中受益匪浅。感谢导师荷兰德尔福特科技大学仲尼斯教授和副导师美国麻省理工学院建筑学院前院长、美国建筑学会前主席威廉姆·波特教授，没有他们长期欧美理论系统的熏陶，无法想象如何构建这么一个庞大复杂的设计知识研究系统。最后，感谢华中科技大学建筑与城市规划学院院长李保峰教授，没有他引进我回国工作，我至今可能还在鹿特丹范内尔（Van Nelle）大楼里为世界各地的景观化城市设计实践项目而忙碌。

本书的撰写工作是在繁重的教学科研与设计实践之余挤出时间艰苦完成，前后持续一年多。在无数次讨论、反复编写、多次修改、不断制图以及参与具体的设计案例过程中，我的很多学生贡献良多。尤其感谢在我"设计创新系统研究中心"长期学习的王卉、刘羽、张久芳、林晓倩、白云、王南南、贾向媛、李攀等研究生，以及参与我设计创新教学改革的景观学、建筑学和规划学 2008 级、2009 级与 2010 级的诸多本科生，包括封赫婧、杨文琪、张姝、陈凯丽、胡磊、别非伊、蒋博尧、陈昱珊、罗可均、马源、韩云滔、郭汀兰、张彤、马冬洁、黄骋骋、王宇峰、王建阳、何学源、曹凌玥、杨小雨、李中全等同学。在"设计创新系统研究中心"组织的历次中美、中英、中荷、中比、中法等景观化城市设计国际工作营期间，一些外国友人也间接拓展了这本书的思路。篇幅有限，感谢无限！

邬　峻

于华中科技大学建筑与城市规划学院设计创新系统研究中心

目录

中篇　研究第三自然　/ 81

上篇

认知第三自然

通过设计认知科学揭开“第三自然”的神秘面纱

上篇由景观化城市设计的设计与认知、景观化城市设计的历史文化优势和景观化城市的设计研究三部分组成(图 1)。

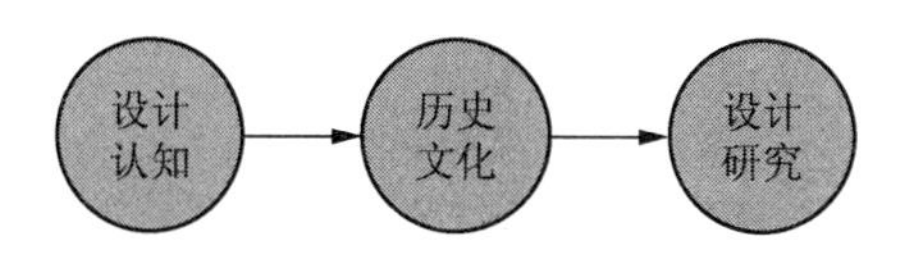

图 1　上篇结构:认知第三自然

上篇首先从设计认知科学入手来认知设计科学和景观设计学。第 1 章介绍了设计认知科学的形成过程、设计认知科学的三个基本方法论及人工智能对设计科学的启发。利用设计认知科学的方法分析了景观这门学科在中西方不同语境下的认知历程。结果发现:如果将偏纯粹自然的景观定义为“第一自然”,即最本源的自然;把带有人类理性与社会情愫的自然定义为“第二自然”;那么整合前两者并偏重文化认知的自然则可称之为“第三自然”。

以往城市设计通常由建筑学或城市规划学背景的设计师进行,景观设计师在城市设计中基本是缺席状态,往往在城市设计中的角色只是在最后“添点绿”。2011 年景观学重返一级学科后,带给景观设计前所未有的发展机遇,景观在城市设计中扮演着愈来愈重要的作用。该部分探讨并分析了以景观为主导的城市设计具有与建筑学和城市规划为先导的城市设计截然不同的更广含义和特殊优势。进而得出景观学科具有整合建筑学科和城市规划学科的先天优势,即景观学科中包含建筑与规划的设计认知的必然和或然。

尽管景观设计在传统城市设计中长期缺席,但是景观在城市设计中的作用方法与机制的研究并不鲜见。通过文献调查的方法对不同城市主义下的城市设计思潮进行广泛剖析,得出了它们各自的优势和不足。通过归纳总结发现:当前研究多局限于偏重第一自然或第二自然下的景观城市设计,并未开发出如何基于第三自然认知将三者融合的城市设计方法论。正是基于第三自然的设计认知，提出了第三自然景观化城市设计的概念。它论证了第三自然景观化城市设计是一个融合三个自然的系统认知方法论，它囊括了人类的全部需求。最后阐述了第三自然景观化城市设计的认知基本特点和设计基本原则。

第 2 章探讨了在第一与第二自然基础之上，历史文化所代表的第三自然在景观化城市设计中的独特优势。第三自然景观化城市设计是在前两者作为两个“必要条件”下的一个“充分条件”，它强调历史文化在设计认知中的不可取代作用和整合优势。它对地域历史文化具有强有力的驱动，促使景观设计师在设计前充分研究和尊重历史与文化，让地域文化在景观设计中获得批判的再生。在充分考虑地域文脉的氛围下，必然对地域景观的发展起到强有力的推进作用。作为认知“第三自然”的文化机制的重要工具，该部分还进行了相关“设计先例”研究。

作为一种扩展，第 2 章还介绍了历史文化在第三自然景观化城市设计中的适应性。第三自然景观化城市设计是以保证城市整体有机感和延续性为前提，根据具体城市问题和特定的人(阶层和社区)为设计服务对象，以激发城市多样性、提高城市活力为目标，以受到控制的多样化的、长期的、小规模的、不同阶段的景观建设活动对城市文化的形成和更新过程起作用。它是一个多学科共同作用的领域，工作范围不仅涉及城市物质环境设计和控制，还提倡公众参与和公私合作，希望将更多的人、资金等多种城市社会经济力量组织引导到景观城市设计的一系列过程中来(包括设计、决策、投资、营建与维护等)。在这个适应性景观城市设计过程中利用控制性因素来规范、调整动态性因素，使城市成为有机整体。同时通过吸引和适应动态性因素来提供城市多样性和适应性，以灵活机动地处理各类景观城市设计问题。

第三自然景观化城市设计的历史坐标反映在“风水”作为第三自然对中国早期城镇聚落设计的影响。在现在看来，它是由自然和人文地理现象组成的地域综合体，客观地反映了当地的地形地貌等自然现状和当地的民俗、语言、宗教等地域文化现象。这是中国先人探索第三自然景观化城市设计的最早雏形和产物。在全球化背景下，面对城市趋同现象，如何进行第三自然景观化城市设计，如何发挥历史文化在第三自然景观化城市设计中的可持续发展文化作用，成为关注的课题。

第 3 章介绍了通过“设计研究”与“研究设计”来认知第三自然景观化城市设计。首先，探讨了设计与研究的相互关系，强调设计和研究的重要性，研究应该服务于设计，设计反过来可以促进研究的发展。其次，介绍了基于时序性的第三自然景观化城市设计，可分为前期调研分析、中期规划设计、后期管理维护。最后，具体阐述了第三自然景观化城市设计可能的具体研究范畴及研究方法。

1　基于设计认知的第三自然景观学

1.1　设计与认知

1.1.1　认知科学的历史背景

因为会认知和思考，人类创造了知识；因为创造了知识，人类成为万物之灵。因为人具有不断思考和跨代学习的能力，经过漫长的积累与再创造，逐步形成了各种专业知识，其中包括认知科学和设计科学。也因为人具有智慧和创造知识的能力，从而推动了人类文明的不断发展。自古以来已有不少学者在不同领域探讨以下认知基本问题：① 知识如何产生？② 知识包含什么？在探讨这些问题的过程中涉及很多学科，哲学、心理学、认知心理学、认知科学、神经心理学等领域都对以上问题进行了探讨。认知科学是对人类智慧研究最为深入的一门科学，是一门关于"解决问题的科学"，是"关于知识的知识"，也是人类智慧中最具含金量的一个部分(图 1.1)。而近期认知科学合并了认知心理学和计算机科学，认知被定义为"关于智能获取的知识"。

现代心理学是一门基于仔细实验、用心观察的科学，于 1879 年建立，而认知心理学约在 1950 年晚期到 1960 年初期成立，成为心理学学科研究的一个新生部分。认知心理学的重点关注于内心心智的历程和认知活动，如注意力、视觉、解答问题、记忆和语言等。认知是个体对感觉信号接收、检测、转换、简约、合成、编码、储存、提取、重建、概念形成、判断和问题解决的信息加工处理过程。在人类成功发明计算机之后，一些专家成功地发展出象征符号以代表知识，而且能转化成计算机程序，其运作构成就可在计算机中仿真出来，让机器有能力执行具有类似人类智慧般的专业课题，于是人工智能也因此成立。配合认知心理学中对高层次心智活动和结构的研究，形成了一门跨领域的新学科——认知科学。认知科学的研究集中在了解心智呈现，分析思考，以及运用计算机模式来仿真人类思考[1]。

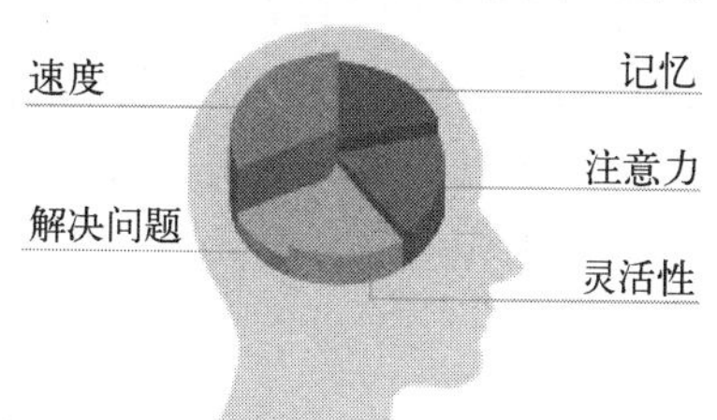

图 1.1　认知科学："解决问题的科学"

1.1.2　将认知科学引入到设计科学中的必要性

设计认知学认为，设计通常可以看作是一个解决问题的认知过程[2-3]。在此过程中，设计师作为主体，设计对象作为客体，设计问题作为设计主体和客体的认知互动。在一

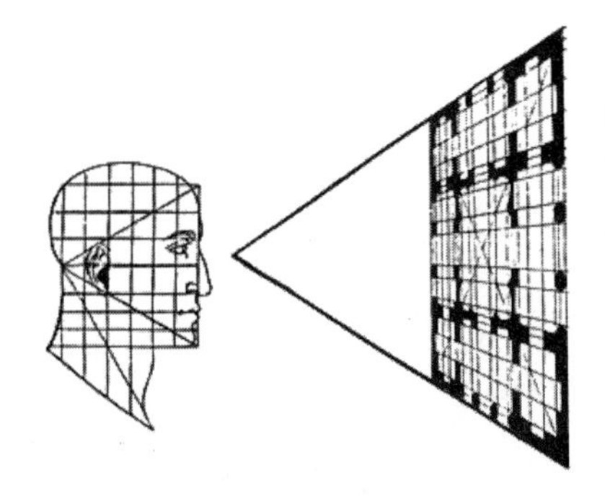

图 1.2　设计主体与被设计客体之间的复杂认知过程

系列制约条件下通过复杂的认知过程做出相关设计判断和设计行动，最终产生主客观相互交织的设计结果(图 1.2)。设计结果是过程主体(设计师)与过程客体(设计问题)相互作用的认知产物。这个过程可以视为一个多种或无数种中间解决方案(Sub-solution)无限排列组合优化的过程[4]。

在此认知过程中，为解决设计问题，需要定义问题目标和解决手段。设计问题的定义有正确定义(Well-defined)和病态定义(Ill-defined)。病态定义可能是目标的病态定义；手段的病态定义；也可能是两者的病态定义[5-6]。而这个认知过程的原始起点首先是对根本性目标概念的定义和理解，不同的认知出发点必然产生不同的认知过程与设计结果。

遗憾的是，在认知科学发现以前的上千年，设计师几乎一直主要靠直觉判断来启动和推进设计过程和形成最后设计结果，设计问题和解决方案是如此频繁地被病态定义以致建筑问题被称作“戏谑的问题”[6-7]。为了消除建筑设计中的病态定义，设计问题的解决应该依赖于一套知识结构和认知控制策略[8]。

所幸的是，亚历山大・仲尼斯(A. Tzonis)将认知科学以及人工智能科学最早引入到建筑设计理论研究，并由此开创了设计认知的新局面。在耶鲁大学与诺曼・福斯特、理查德・罗格斯、罗伯特・斯特恩等人同班学习的仲尼斯毕业后，在 1965—1985 年的约 20 年里，在哈佛大学与麻省理工学院任教，并成为计算机辅助设计的早期开拓者，他开创了当时一系列建筑设计与认知的尖端研究。期间，他曾试图开发一套服务于建筑设计的人工智能程序，用以“镜像”设计大师在寻求设计方案过程中的认知思考路径；再转换成专业设计知识系统；再“教会”计算机为人类“做”设计。远期目标是用计算机“复活”逝去的著名大师按其风格继续设计创作。然而在此研究过程中，仲尼斯发现人类的设计认知过程中不可避免地会出现偏差错误，把大师的错误也续生到新的设计自动化中毫无意义，比程序开发和解读大师认知思维更重要的实际上应该是开发一套知识系统帮助设计师以更清晰和更少谬误来认知并完成更科学、更加创新的设计过程。于是，这一重大发现导致仲尼斯教授在 1985—2005 年的约 20 年里，开始致力于开发这样一套基于认知科学的设计知识系统，并在荷兰德尔福特科技大学开创了 DKS 研究中心(设计知识系统研究中心)，汇集世界各国的研究者展开相关研究(图 1.3)。在该研究中心先后攻读博士或者从事研究工作的中国学者包括：清华大学吴良镛教授、李晓东教授以及华中科技大学邬峻教授等人。

1.1.3　设计科学与认知科学的关联性

设计科学是一种把计划、规划、设想通过视觉的形式传达出来的认知活动过程。在专业上通常需要认知并考虑美学、功能、社会和市场需求等因素。

为了探寻从需求出发的设计本质，有三个认知层次值得我们探讨：① 设计规则；② 设计方法论；③ 设计思考过程。

图 1.3　在荷兰德尔福特科技大学建筑学院 DKS 研究中心从事设计认知与设计创新研究的各国学者

注:左起第 3 人为笔者、第 5 人为中心主任仲尼斯教授。

(1) 设计规则可视为设计时遵守的必要准则,是被公众认可、可重复使用、开放性的设计准则。例如,空间比例、物体尺度大小、材料颜色、空间组织序列或景观指导规范等都是基本的设计原则。

(2) 设计方法论是在设计中使用的以理论框架为主导的系统化程序与学说。例如,历史遗产保护及生态修复是以某种理论框架解决保护与修复的程序与学说。

(3) 设计思考过程,则是一个个设计由作图到完工的整个思考历程,这历程可以说是设计师处理设计方案的个人内在设计认知旅程。

本质上,设计规则和方法都来自于自身学习积累的设计知识,学习是人类认知的一部分,而设计思考过程是执行认知的操作过程。这三个涉及设计本质的层次是在设计中所实现的认知的成果或现象,可称之为"设计认知"。

1.1.4　设计认知的构成

从广义上说,设计认知过程既包含设计信息获取的过程和设计信息处理的过程(即设计思维过程),同时也包含作为前两个过程的结果的设计知识状态改变的过程或产生(也叫再生)主观信息的过程。狭义地理解,设计认知就是指上述设计知识状态改变的过程,即主观设计信息产生(或信息再生)的过程[9](图 1.4)。

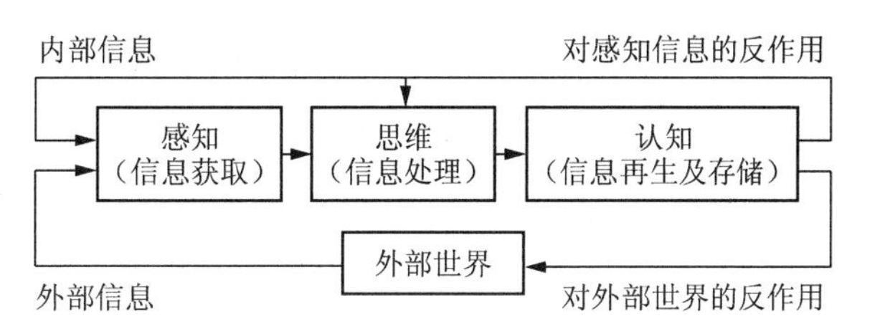

图 1.4　认知过程的一般模型

人类的设计认知实际上是由身体的感觉器官去获取设计信息,再由一些认知组构单元去了解、处理、储存、回收,然后利用得出的结果解决现实问题的一系列心理过程。有些认知组构单元主宰了人的设计感觉系统，控制了设计过程，也左右了其他相关活动，这其中涉及的认知心理活动相当复杂，但人类信息处理学作为解释认知运作的方法可以把设计认知过程进行科学定位。

设计心智活动可以划分为一系列认知活动片段，设计信息处理理论这一学科试着去辩证每个时期发生的事情。因此设计信息处理理论的重点是研究在心智中的设计信息是如何被收录、储存和运作的。

（1）设计信息的收录：涉及设计注意力、知觉及辨识。设计注意力是指人的设计心理活动指向和集中于某种事物的能力。设计知觉是把感觉接收的刺激转化为有组织的设计心理体验之能力。设计辨识是把获取的信息做区分认证。这些心智活动曾经都做过心理实验，证明它们的存在。

（2）设计信息存储：涉及三个存储区，即设计感觉收录器、短期记忆区和长期记忆区。设计信息处理理论也重视探讨知识是以何种形式存放于记忆中。

（3）设计信息的运作：是更进一步地进行设计认知，包括设计数据搜寻及设计信息分类。由于信息来自看、听、触、嗅、尝等五种感觉，其来源庞大且交互重叠，所以有必要以系统化的方法来明确说明设计记忆中的数据是如何被储存和搜寻的。

基本而言，人类经由感受器从环境中接收信息。感受器是设计心智进行运作的单元之一，它将信息接收后，会将信息以收到的感觉原形作短期暂时存放[10-11]。每个人类感觉神经都有其感受器，但视觉[12]和听觉[13]两感受器是目前广为研究的。例如，视觉感受器保存信息的储存期[12]是 1/4 秒，但保留的时间通常会长到信息被辨认后为止（毫秒是微单元，1 秒等于 1 000 毫秒）。然后信息就会被移到短期记忆中做处理，处理结果会决定信息是要被删除还是转放到长期记忆中。这些信息处理学科发展出的理论，已被广泛地应用于人工智能、学习及语言中作为仿真人类思考的基本构架。

1.1.5 设计认知心理学

设计认知心理学分为知觉和知觉加工两个过程。设计认知心理学家把大量的设计认知过程看作是“知觉的”，知觉过程是接纳感觉输入并将之转换为较抽象代码的过程[14-15]。在设计认知心理学研究中，对知觉的认知过程存在两种对立的观点：第一种观点认为知觉与人的知识经验是分不开的，人的知觉依赖于过去的知识和经验，有关环境的自然知识引导人们的知觉活动；第二种观点主张知觉只具有直接性质，否认已有知识经验的作用，即自然界对人的感官刺激是完整的，可以提供非常丰富的信息，人完全可以利用这些信息，直接产生作用于与感官的刺激相对应的知觉经验，根本不需要依赖过去的经验。不过，从整体上来看，设计认知心理学有理由认为，设计知觉依赖于过去的知识和经验，设计知觉信息是现实刺激的信息和记忆信息相互作用的结果。

设计认知心理学既然已强调过去的知识经验和现实刺激都是产生认知知觉所必需的，因此它认为设计知觉过程包含相互联系的两种设计加工：自下而上加工和自上而下加工。自下而上加工是指设计信息的进行是由吸取、辨认到储存的方向依序推进；自上而下加工则是以相反的方式进行，由记忆抽取，经辨认到应用。将前者称之为数据驱动加工，而称后者为概念驱动加工。如果没有刺激的作用，单靠自上而下加工则只能产生幻想；反过来，单是自下而上加工也难以应付一些刺激所具有的双关性质或不确定性。

只有两者结合才能形成统一的知觉过程。设计知觉过程还涉及另一个重要问题，就是整体和局部的知觉问题，即对一个客体，是先知觉其各部分，进而再知觉整体，还是先知觉整体，再由此知觉其他部分。实验表明，总体特征的设计知觉快于局部特征的知觉，而且当人有意识地去注意看总体特征时，设计知觉加工不受局部特征的影响；但当人注意看局部特征时，他不能不先感知总体特征。这说明总体特征是比局部特征更早被知觉的，总体加工是处于局部分析之前的一个必要的知觉阶段。将这种知觉加工的顺序称作为总体特征优先。

综合起来，设计认知心理学强调知觉的主动性和选择性以及过去经验的重要性，并且明确提出了自下而上加工和自上而下加工，给一般设计知觉过程以新的解释。

1.1.6 关于设计模式识别

设计认知心理学的设计知觉研究主要涉及模式识别，特别是视觉的设计模式识别。所谓模式是指有若干元素按一定关系形成的某种刺激结构。所谓模式识别是指当一个个体在确认他所感知的某个模式是什么的情况下，将它与其他模式区分开来的过程。人类的设计模式识别依赖于人已有的设计知识和经验，可看作是一个典型的设计知觉过程。现在设计认知心理学已提出了几个人类模式识别的理论模型，如模板匹配模型、原型匹配模型和特征分析模型等。对这些理论模型的深刻理解和进一步研究，对景观化城市设计问题具有重要的理论指导意义。

1）设计模板匹配模型

设计模板匹配模型的核心思想认为在人的长期记忆中，贮存着各式各样在生活中形成的模板，它们与外部的模式有着一一对应的关系；当一个刺激作用于人的感官时，刺激信息得到编码并与已贮存的各种模板进行比较，然后做出决定，看哪一个模板与刺激有最佳的匹配，就把这个刺激确认为与那个模板相同。这样，设计模式就得到识别了。按照模板匹配模型的基本观点，为了识别某个特定的设计模式，必须事先在记忆中贮存与之对应的设计模板。如果该模式在外形、大小或方位等某一方面有所变化，那么每一个变化了的模式都要有与之对应的特定模板，否则就不能得到识别或发生错误的识别。在这种情况下，要得到正确设计识别，就需要在人的记忆中贮存数不清的设计模板，从而极大地增加记忆的负担。这与人在模式识别中所表现出的高度灵活性是不一致的。有学者提出给模板匹配增加一个预处理过程，即在模式识别的初始阶段，在匹配之前，将刺激的外形、大小或方位等加以调整，使之标准化，这样就可大大减少模板数量。但这种做法的困难是，如果事先不知道待识别的设计模式是什么，那么依据什么来调整刺激的外形、大小或方位呢？实际上前面所说的模板匹配模型是一种自下而上的加工模型，而要使预处理的过程顺利进行，就要涉及自上而下的设计加工问题。人的设计知觉过程包含了相互联系的自下而上加工和自上而下加工机制，模板匹配模型中只有融入自上而下加工机制，匹配模型才能比较完整。图 1.5 就是一个比较完整的模板匹配模型。

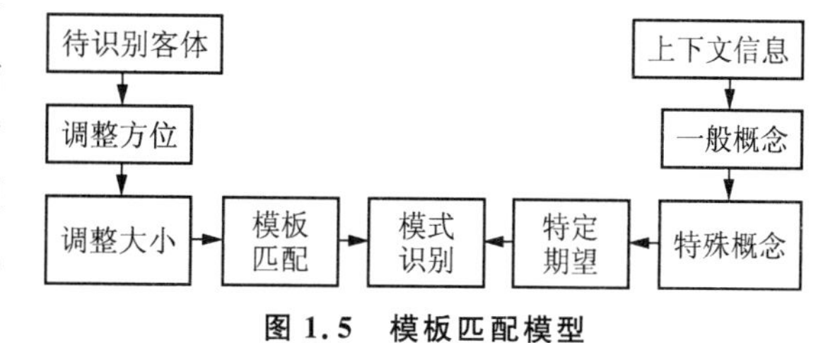

图 1.5　模板匹配模型

设计模板匹配模型虽然可以解释人的某些设计模式识别，但它难以解释人何以迅速识别一个新的、不熟悉的设计模式这类常见的事实。尽管这样，模板还是有作用的，在其他的模式识别模型中，还会出现类似模板匹配的机制。

2）设计原型匹配模型

设计原型匹配模型是针对设计模板匹配模型的不足而提出来的。设计原型匹配模型的突出特点是，它认为在人脑的设计记忆中贮存的不是与外部模式有一一对应关系的模板，而是设计原型反映了一类客体所具有的基本特征。把复杂对象的结构拆分为简单的部件形状，通过对部件原型进行匹配，以达到对象识别的目的，故此方法有时又被称为设计部件匹配。按照设计原型匹配模型的观点，在设计模式识别过程中，外部刺激只需与原型进行比较，而且由于原型是一种概括表征，这种比较不要求严格的准确匹配，而只需近似的匹配即可。即使某一范畴的客体之间存在着外形、大小等方面的差异，所有这些客体都可因与原型相匹配而得到识别。这就意味着，只要存在相应的设计原型，新的、不熟悉的模式也是可以识别的，从而使人的设计模式识别更加灵活，更能适应环境的变化。图 1.6 给出了一种原型匹配模型。

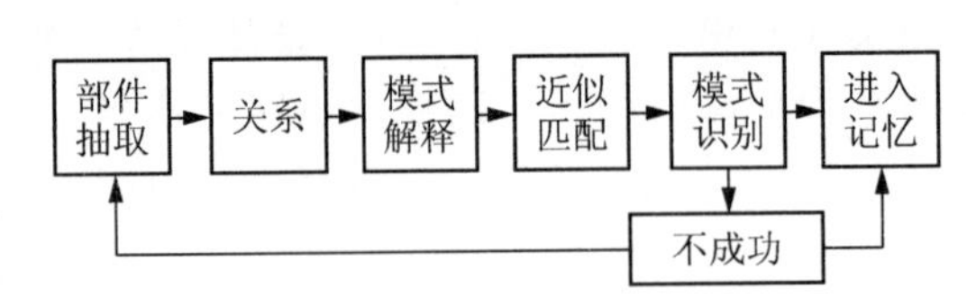

图 1.6　原型匹配模型

对于设计原型匹配模型来说，关键之处在于是否存在这种设计原型的零起点状态的设计原型。目前这仍是一个有争议的课题。另外，设计原型匹配模型只含有自下而上加工，而没有自上而下加工，这显然是一个缺陷。与模板匹配模型相比，自上而下加工对原型匹配似乎更加重要。

3）设计特征匹配模型

设计模式是由若干元素或按一定关系构成，这些元素和它们的关系可称为特征。设计特征匹配模型认为所有复杂的刺激都是由一些可以区分的、相互分离的特征组成的。通过计算特征是否出现，并把计算数与相联系特征的列表进行比较来完成模式识别。设计特征匹配模型强调的是特征和特征分析，特征匹配的成功与否依赖于刺激的可分解性。特征在这里的地位和作用类似于模板匹配模型中的模板，即特征可以被看作是一种微型模板或是一种局部模板。但特征匹配毕竟不同于模板匹配，它具有自身的优点。首先，依据刺激的特征和关系进行识别，就可以不管刺激的大小、方位等其他细节，使识别有更强的适应性。其次，同样的特征可以出现在许多不同的模式中，可极大地减轻记忆的负担。最后，由于需要获得刺激的组成成分信息，即抽取必要的特征和关系，再加以综合，才能进行识别。不过，当不同的模式具有一些共同的特征时，就会使识别发生困难，甚至出现错误。与其他的模式识别模型相比较，特征匹配模型具有更加灵活的特点。但它也只是自下而上的加工模型，缺少自上而下加工。按照目前认知心理学对知觉过程的一般理解，给特征匹配模型附加自上而下加工的程序在理论上是完全可能的。对有同样问题的原型匹配模型也是如此。特征匹配模型是一个典型的从局部到整体的加工模型。这与人类知觉过程中整体特征加工优先的观点是相矛盾的。与特征匹配模型相反，还有一种称为设计拓扑匹配模型，它强调模式识别要首先提取刺激的总体特征或拓扑特征。拓扑匹配模型是对特征匹配模型的最大挑战，两者的对立构成了当前模式识别理论争议的一个焦点，这同时也是关于一般知觉过程争论的核心问题。

1.1.7 设计中的知识运作

设计的过程是一系列复杂的心智运作，人类一方面是通过知觉了解信息、撷取情报；另一方面是由意识去分析情报、整理数据。这整个过程随时间而生，变化万千，也因变化而让过程更加错综复杂。但整个过程如果能分出阶段做条理分析，脉络也就分明了。不同设计，思考的重点也不同，但多数设计的基本认知操作是相似的，一些运作方式也是共通的。如果能把设计思考的过程透明化，则设计大师的思路可以公开作为参考，也能提供给学生学习的机会，而且透明的设计过程也作为提供设计修改和评估的依据。下文将对认知在设计中所牵涉的程序、机能运作、主要的认知组构在过程中的重要性，以及对目前最主要而且普遍应用的先进研究方法做详细的解说。

1）设计问题解决理论

设计认知科学领域中最重要的学说是"解题模式理论"。实际上，在日常生活中，解题能力也是和心智相关的重要行为之一。解决问题是一种认知活动，而设计活动也是一种认知活动，称为"设计的认知"或"设计认知"。但什么是问题？问题是当人面对自身想要得到的一些东西，但并不能立刻知道要采取什么样的设计行动去达到设计目的的一个境况。其实解决设计问题就是一种思考的模式，牵涉高层次的设计认知过程。

做一个简单的历史回顾，解决问题的研究最先是从 1930 年完型心理学家做的早期实验开始，之后纽韦尔、邵和司马[2]系统、提纲挈领地描绘出人在碰到不熟悉的事件时会如何应对。早期研究是在实验室里进行的，试验一些在很短时间内就可解出的小问题，而且收集大量资料，寻求解答的过程。在 1950 年和 1960 年间所研究的问题大多数是针对固定结构的问题，比如如何把传教士和食人族以一条船摆渡过河、西洋棋的下法、河内塔和证明欧式几何定理的问题，等等。这些问题同时也用计算机程序做了模拟，仔细研究了问题的解题策略。

1960—1970 年，研究开始转向寻找解决与大量语意象征有关的资料，比方医学诊断等。这期间的研究已由解决小问题转向探讨更复杂的问题，以便深入到足够解决实际问题。这方面的研究工作，可以纽韦尔和司马的成果作为范例。但这些研究，依然是有良好"架构"，有清楚"目的"和"限制"，并依赖"特定知识"领域的问题。但也因为对人类解决问题的技巧有了充分的了解，一个新的研究领域——结合计算机科学和人工智能开始浮现，这就是"专家系统"。大部分的专家系统是计算机程序，具备着专家解决某些问题的智慧和所需信息。

到 20 世纪八九十年代，研究才转移到有"复杂目的"，没有特定"目标"，而且在解题过程中有其本质会变动的问题。设计就是其中之一。这时，一个新的名词"非明确界定问题"出现，用来区分"明确界定问题"。明确界定问题出自于自然科学领域[16]，可依赖固定的条理去逐步解决问题。这些条理都有方程式或公式对应解决。但因为解决这类问题的认知步骤有限，所以设计答案也有限。而非明确界定问题，则属于人文社会科学领域内的问题[17-18]。这类问题有广阔的问题空间，该类问题可分解成许多子问题，并且没有特定的"过程程序"和"目标方向"，任何程序都可获得某种满意的但非最理想的解答。因此，不明确界定问题就有极强的创造力，在设计学科里，已逐渐开始有研究探讨解决设计问题的现象和方法。

2）设计问题解决理论的概念

设计问题解决理论最早的观念是源自著名的“完形心理学”，来说明解决问题有固定的阶段秩序[19]，这些秩序包括以下四个阶段：

（1）准备期：在准备阶段，已经确定要解决的问题。解题者尝试了解问题，收集相关资料，而且试着解决问题。

（2）孕育期：当解决问题的初步尝试失败时，问题即被搁置于一边，但还是不经意地思考并处理问题。

（3）启发期：经过孕育期之后，问题的答案可能随着思考逐步浮出水面，当解题者灵光一闪，答案会突然爆发显现出来。

（4）验证核实期：有时突然显现的答案不一定会是真正的答案，因此需进一步确认得到的答案是可施行并且是有效的。

这四个阶段可用来解释有创意的解决问题的心智活动。在这一重要观念中，任何问题都包含着解题者的开始状况，称为“起始状态”，以及一个“目标状态”，都是问题已被解决的结束点。由起始状态到目标状态的整个过程可被看成是一系列的转换，产生连续的状态，并可将这一过程模式化，这种状态可被称为“知识状态”。

1.1.8 认知理论进入设计科学

一般认为，设计与人处理问题过程的心智活动有关。1960 年开始的研究“设计”，起始于发展出一些观念性构图或模式来解释设计过程。逐渐地，研究开始转向研究思考过程。但经过结合许多实验室完成的研究结果，设计中的认知终于被认证为是一个特殊的思考范围[20]，所包含的心智活动与其他专业学科，如物理、化学不同，例如，一些建筑师会在设计最早期发展“设计情节草案”附有一些心像构成一个“解答的情景”[21]。因此设计过程的研究专注于探讨设计中的认知现象，以充分了解设计认知，改进设计质量。

由解决问题的角度来研究设计认知一般可从两个方向进行。一是观察设计行为，由观察中抽象设计过程，然后把设计过程分割出一些有限的片段过程，确认每一片段过程中的变量并且找出适合每一过程的运算法，再发展出一些运行这些有限片段过程的控制策略，最后化成计算机程序，完成一个类似人类思考的系统，并测试这系统。这个探讨方法是人工智能法。二是发展假说，做实验，让受测者做一些设计课题，监看观察受测者的设计行为，或在设计工作完成后采访设计师收集原案数据，之后分析数据证据来测试假说，接着通过分析图表和口语数据做出结论，最后做出认知模式来验证发现。这一系列研究方法被称为认知科学法。自 1970 年之后这两种研究法得出不少成果。1990 年起，使用认知科学研究设计已变成一个广受欢迎的研究吸引点。

一方面，从对设计认知的研究开始，通过实验学习已获得不少对设计思考的研究成果，同时也引发了多方面的讨论。例如，问题是如何被界定的，注意力是如何影响设计过程等。这些问题仍需要未来更多的研究去发掘答案。另一方面，当计算机变成设计的必需品时，做数字模型的能力和绘草图，以及做实体模型一样被看成是必需的基本设计技巧之一。于是出现了问题，即有创造力的设计师如何用计算机工具提高设计能力做出一些特殊设计？如果改变设计的外在表征是否会改变心智过程？在上下文中，外在表征呈现是指设计师用来将设计观念外显的媒体。相对的，内在表征则指的是记忆中的知识和心像的储存表征。

设计思考涉及许多不同专业中不同情况的心智活动。尤其是，一套由设计师个人使用的知识体系更是特殊。这套知识体系得于一系列的专业教育熏陶，以及专业训练培育而成。因为这一特殊的知识体系，设计师能有特别的思考惯例透出个人的设计风格[21]，或有特别对环境的观点而对环境有特殊的反应。这所有的观念都根源于一基本的假设，即人心是一情报进行器，自动接收环境中的信息，利用记忆中存有的特殊专业知识，而后产生出对环境的特殊回应。当然，不言而喻，分析研究设计者如何思考以便改进设计风格，以及了解设计者如何在认知上对应环境以便加强对环境的健康互动是多么重要了。

1.2 将认知科学引入到设计科学中的三个基本方法论

设计认知研究内容涉及包括通过类比法收集与再设计先例的机制，以及一个设计知识库的发展、组织与再利用，反映其结构和使用认知以及传统上的约束设计经验的系统。这一系统研究方法实际上是一个十分复杂的巨系统，最核心的设计认知理论体系可以简单归纳为设计思维中的设计认知结构、设计先例认知与设计原型认知这三个基本方法论。在认知结构中，通过两个理论结构模型来表现，即 NFD 结构与后来的 MOP 结构①。NFD 认知结构是一个简单的"认知反应链"：Norm-Fact-Directive，形成设计认知终端设计指令（Directive）的是起端的准则（Norm）和事实（Fact）。而这两者的认知基础是基本概念（Concept）的认知[22]。

设计指令或说设计指令的有效性，是由大量被称之为"规则性的表达"所生成的。规则性的表达形成了一个项目的设计过程的程序。

一个设计的程序可以从两个方面表现：一是"自上而下"的，即设计师根据一套程序，从中生成方案；二是"自下而上"的，即设计师根据这一套程序，将其反向使用可对方案进行评价。两种过程都被称为"设计论证"。可以打个比喻来说，一套程序与一个方案之间的关系就如同是一个问题相对于其解决方案或者是一个前提相对于其结论。然而这个分析不应将人误导，给人以为设计论证是一个逻辑或是解决问题的过程的错误印象。它是一个方法，以程序形式表现为一个"结构"的设计的方法。

以下即为设计论证的基本核心内容的表达。可以从此核心的示意图（图 1.7）中看到，它的结构形式是由两个"末端"与一个"中间部分"构成。

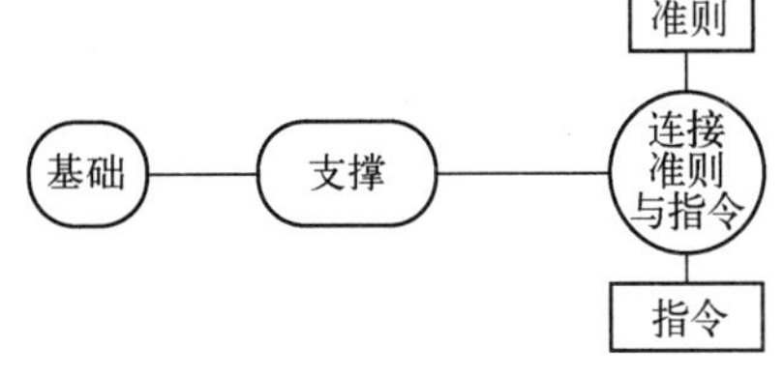

图 1.7　NFD 结构关系

（1）"上部的末端"Norm（N）——准则，在设计工具中即为设计的准则，属于"描述性的表述"其本身。所谓描述性表述即对于设计状态的属性的描述。

（2）"下部的末端"Directive（D）——指令，即

① MOP 是 Morphology（形态学）、Operation（操作性）、Performance（表现性）三个英文单词的首字母。MOP 认知结构是形态学—操作性—表现性三者之间推导关系的推导表达。

指导设计将要如何进行的命令，属于被生成的或是（在结构导致过来使用时）被评价的描述性的表述。

（3）“中间部分”Fact(F)——连接准则与指令，是一个将准则中包含的设计状态与指令中包含的设计状态相结合的描述性的表述，其中以“事实”来支持论证。

这里所描绘出的设计论证的核心的结构，即逻辑学家所谓的异构命令推理，它是从一个包含着混合有规则性与描述性的前提中推断出的一个指令或命令。将NFD结构与设计形态学挂钩，就可以推演出MOP设计认知模型。

1.2.1 MOP设计形态学认知

形态学（Morphology）通常用来指建筑或城市领域的形态特征，它可以定义为建成环境[23]的形式与结构[24,22]。形式通常用来指某一实体的形状、外观、形象；结构通常用来指某一实体要素的集合以及要素间的相互关系。建成环境的形态学是指一个建筑，或一个城市区域的整体或局部的物质结构和形态。描述建成环境的形态学可以通过描述它的组成部分的结构和形态来完成。操作性（Operation）是建成环境的动态方面。它是关于一个建筑，或一个城市区域如何工作，或者什么样的事件将发生在其中[22]。表现性（Performance）用来描述建成环境的定性方面。建成环境的表现性可定义为：根据某些准则，当建成环境中发生某些行为时建成环境的定性描述[22]。建成环境的表现性也可以通过两个部分来表述：准则（Norm）和定性指引（Qualitative Conduct）[25]。

MOP是将NFD的认知结构引入到设计形态学的研究中发展而来。M是设计的形态方面，O指设计的过程中该形态所起到的作用，P代表这一形态以及其起到的作用能够在未来对设计对象带来什么样的条件。MOP结构在设计过程中的运用可对某一特定形态推理得出此形态能够实行的“操作”，从而得到在设计中若采用此形态能够得到的表现效果。不同的形式提供了不同的功能，以“遮蔽”为例，这个功能会以某种形式来表现其所带来的条件或益处，比如能够遮阳挡雨。因此每一个形式都是包含了一种操作与表现的形式或者形态学的特性。形态引起操作，操作引起性能表现。此MOP结构在对事实的支撑中表示如图1.8所示（一个简单的例子——以遮阳百叶为例）。

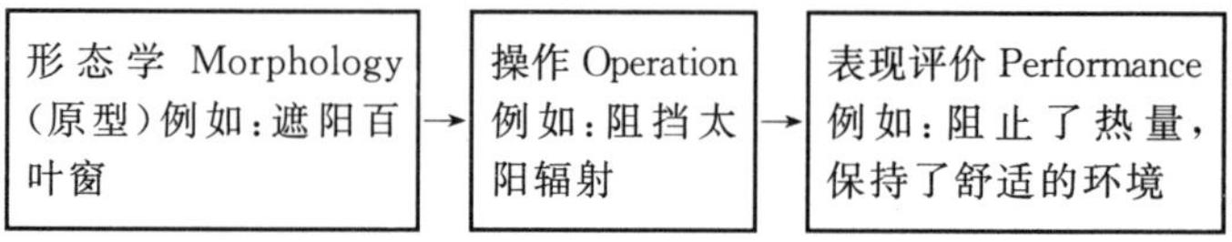

形态学 Morphology（原型）例如：遮阳百叶窗 → 操作 Operation 例如：阻挡太阳辐射 → 表现评价 Performance 例如：阻止了热量，保持了舒适的环境

图1.8 MOP结构示意图

形态指的是“遮阳的装置”，那么这个装置会操作“提供阴凉”，这样便导致了一定的性能表现，即“减少热量达到热舒适度”。

MOP的框架结构用来作为事实的支撑，事实上可以用人工智能中的产生式知识表示方法“如果……那么……”的句型来表达事实。例如根据以上MOP结构的推理，可以得出“如果一个房间使用遮阳百叶这样的形式，而百叶窗阻挡了太阳辐射，那么房间内就可以得到热舒适度”。由原因导向结果。这一结构的引用是为了能够有效避免在设计思维上容易出现的偏差。

仲尼斯最早利用MOP认知结构模型来分析勒·柯布西耶（Le Corbusier）的马赛公寓设计思维过程[22]（图1.9）。将马赛公寓的建筑结构分为顶部、中部和底部三个部分，运用 MOP 认知结构模型对三部分分别进行分析，可以得到：顶部的形态学（Morphology）是轮船甲板，操作性（Operation）是可以俯瞰，得到的表现性（Performance）是使得顶部具有很好的视野；中部的形态学（Morphology）是啤酒架，操作性（Operation）是结构独立，得到的表现性（Performance）是结构具有足够的灵活性。在现代设计当中荷兰 MVRDV① 建筑设计事务所设计的 WoZoCo② 老年公寓也同样运用到这一 MOP 认知结构模型（图 1.10）。底部的形态学（Morphology）是棚屋，操作性（Operation）是底层架空，得到的表现性（Performance）是使得空间充足且空气流通，环境更生态。

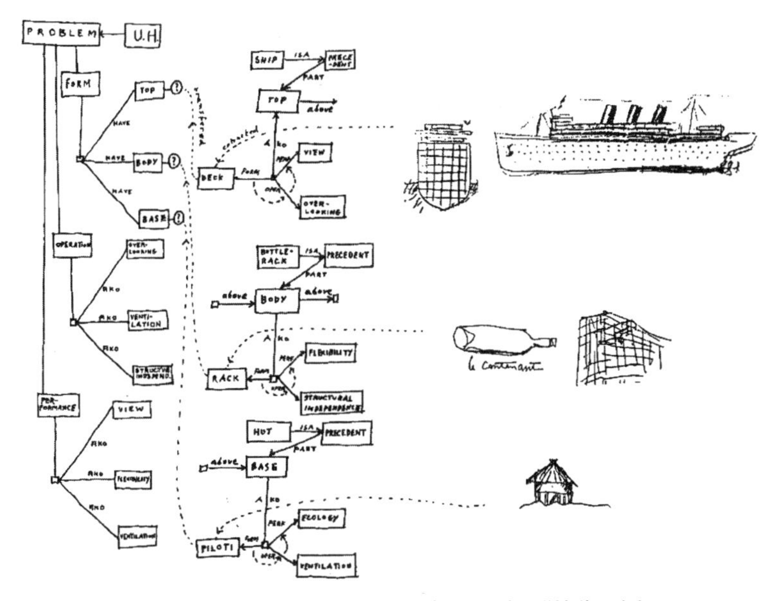

图 1.9　柯布西耶设计马赛公寓认知过程“镜像”分析

图 1.10　MVRDV 设计的 WoZoCo 老年公寓

---

① MVRDV 是建筑师韦尼·马斯（Wing Mass）、雅各布·凡·里斯（Jacob van Rijs）、娜莎莉·德·弗里斯（Nathalie de Vries）的姓氏的简称。

② WoZoCo 是荷兰语 Wonen（居住）、Zorgen（康复）、Compler（综合体）三个词前两个字母的缩写。

形态学、操作性和表现性之间是相互制约、相互关联的。仲尼斯[22]将它们之间的互动关系描述为:“……建筑的表现性来自建筑的操作性;建筑的操作性来自建筑的形态性……”它们之间的相互制约、相互关联是由一些规则来控制的。MOP的框架结构用来作为事实的支撑,事实上可以用人工智能中的产生式知识表示方法,利用前面所述的“如果……那么……”(If…then…)的机制来阐明事实就是:如果形态学M,那么就导致操作性O;如果操作性O,那么就导致表现性P。邬峻早年在德尔福特科技大学的设计研究中将MOP进一步扩展成POM以及两者相互多次交叠的复杂设计认知网络[4]。在简·雅各布斯《美国大城市的死与生》一书中,虽然论述的主要是第二自然范畴的东西,但是MOP也存在于第二自然的设计认知中。例如,雅各布斯认为比较短和多交汇的街道会带来更多的城市安全感、愉悦感和多样化的视觉体验。这种MOP认知模型可以用图1.11表述。

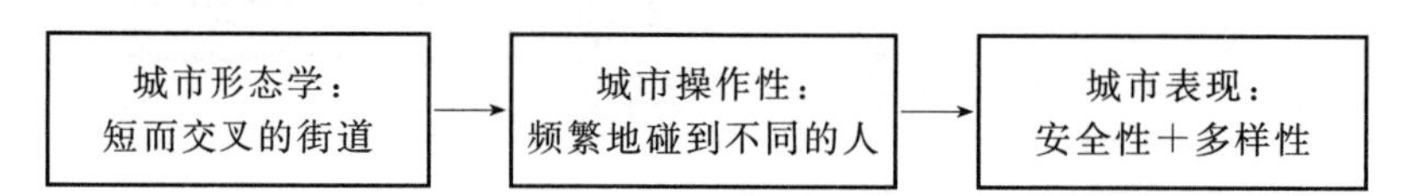

图1.11 基于第二自然的雅各布斯MOP城市设计认知模式

如上所述,MOP认知模型以及NFD人工智能框架提供了揭示人类设计推理的神秘过程。如果能够将人工智能的一些基本原理运用到设计科学的发展中必将产生深远的影响和广泛的借鉴作用。

1.2.2 设计先例认知

1)产生设计先例(Design Precedent)的原因:设计问题不能仅仅靠计算机分析方法来解决

关于先例的研究其实最早起源于古希腊的医学之神希波克拉底(约公元前460年—前377年)。医学知识的产生源于案例的积累和先例的搜集。当一种成功疗法(先例)反复地在众多病例(案例)中成功地发挥医疗作用时,这种疗法便被鉴别为有效疗法(成功设计案例)。其实,设计科学与医疗科学极其相似,两者都是在无先例可循的情况下,先通过大量失败或者成功的案例来收集行之有效的设计或者治疗方案;然后通过历代知识的积累形成系统的设计或者治疗传统;再进行相关科学研究探究成功“效果”(实际为MOP设计认知中的“Performance”)背后隐藏的“原因”(实际为MOP设计认知中的“Morphology”);最后根据这个“效果”和“原因”总结和改进有效的治疗或者设计“手段”(实际为MOP设计认知中的“Operation”)。

先例也广泛地存在于其他人类认知体系之中,包括法律、艺术、历史等。数千年前的《察今》曰:“上胡不法先王之法,非不贤也,为其不可得而法。先王之法,经乎上世而来者也,人或益之,人或损之,胡可得而法?”先王之法,就是法律的先例也。马克·吐温也说过这句名言:“历史不可能重演,但会惊人的相似。”这种相似性其实就是历史认知先例。

关于设计的先例,早在20世纪60年代,建筑设计师们试图为建筑设计制定一个普适性的设计解决方案,以简化建筑设计。对于在设计中常出现的普遍问题的解决方案,塞尔·谢苗耶夫(Serge Chermayeff)与克里斯托弗·亚历山大(Christopher Alexander)有着他们的解答。在《社区和隐私》一书中,他们发表的论文写道:“设计者所能找到的最有力的启发就是将现有问题以清晰地表述，这样一来此问题的清晰表述自身便成为问题解决的一个方案。”即对于问题的彻底分析解决了问题本身。然而，设计问题不能没有先例知识而仅由分析的手段解决。

仲尼斯与怀特(White)批判谢苗耶夫与亚历山大的设计方法论“过于相信依靠电脑”就能够清晰详尽地分析设计问题，继而得出一个完美解决方案，因而取代了传统以及古老的人类进程中的不断尝试与设计经验的累积过程。事实上，如今的设计问题正发展得日益复杂，人们的确开始发现在分析多条件关系时，依靠电脑的分析能力能够获得比人脑更好更精确的分析，进而逐渐开始相信仅通过电脑清晰地分析便能够帮助人类自动制造出解决方案。

然而这是极其不充分和充满风险的。因为这种完全依赖电脑的分析自身并不能制造出解决方案；且除此之外，对于应对建筑设计中的数量庞大的“组合爆炸”，电脑自身也存在着认知的局限性。

如果一个人在他找到一个复杂问题的解决方案之前开始在脑海里想象出所有的选择，那么他定会在其想出所有的解决方案之前耗费太长时间或损耗太多脑力。这就是为什么人类需使用多种而不是一种启发式的手段来寻找解决方案，用以缩短这一搜寻过程并阻止所谓的组合爆炸——先例即其中启发式认知(Heuristic)手段之一。

2）计算机无法取代的利器：在实践中先例对于解决设计难题的必要性

以先例的使用解决现存问题的方法被运用于多种领域，而本书关注于其使用于建筑与城市设计的方面。从历史上来看，大多数建筑设计的判断与决策均来自于先例的引用，且先例知识是在建筑设计实践中获得的重要的元素。在本书的研究中引用建筑与城市先例知识作为知识在规则与原理上的体现，以及在处于推理建立知识以及运用先例推理的这二者之间重叠之处的已建成建筑或环境的案例上的体现。

在有关先例的运用方面，彼得·柯林斯(Peter Collins)在法律专业与建筑专业间找到了一道平行线。可以通过法律中先例范例对于处理案件的重要性，推测出建筑师运用先例的必要性。因为对于建筑师与律师来说，他们同样都会研究过去的范例或案件，并同样是以借此来帮助他们所处理的新案件中的论证的合理以及评价的充分为理由。仲尼斯与怀特观察到建筑与城市中从前的秩序，就如同在法律中一样，是尤其重要的，并且“建筑与城市的设计推理比工程学中的其他学科都更接近于法律的推理，相对于其他工程学科，建筑与城市的设计推理更少地被简化为数学与计算机形式化：因为它的问题常常是‘结构不清晰’，并同那些法律中的一样，它是与广泛的人类思维以及人类的兴趣所在戚戚相关的”。

一个案例可“抓住它的整体性能”而被整体地运用，或可被部分地借鉴使用。施密特(Schmitt)解释说：“随着电脑程序使用于基于案例的设计方法，信息不完整的新的设计问题可以通过调整来适应、修改或结合现有建筑案例来解决。”在一个信息不完整的新问题中，很难看到或陈述所有的多样条件、特定设计元素的需要以及陈述即将被创造的最终目标。然而，如果将一个先例案例运用于其中，那么要追踪和思考设计思路中大部分与多方面的结构和关系就容易得多了。

在许多情况下，为每一个设计方案重新寻找解决思路并无意义，因为有了设计先例中的解决方案，它能够被快速地借用、修改以及运用到多个符合或相类似的新的设计问题中满足各个部分的要求，并能够重新适应于新的创造。这将能克服设计问题中海量的困难，避免思考中的组合爆炸，因此而节省时间与脑力，将设计者的精力更多地用来应对实践里实际操作的过程中遇到的种种问题，当然也包括使设计者留有更多的注意来关注于设计的创新与创造力的表现。

3）推进设计创新的认知手段：设计先例作为设计创新的手段

先例知识往往体现在建筑与非建筑之中。先例知识能够通过类比被运用到新的建筑或城市设计中去。通常来说，若一位建筑师正面临着一个棘手的难题，那么通过类比当前问题的解决方案找到一个与其相类似或相关的事物或图纸便能够给予建筑师较为有效的启示。

运用先例知识便能够通过类推来帮助理解许多其他相似结构中的问题，并最终生成解决方案。如前所述，再次举“小屋，船舶和瓶架”作为先例的运用。柯布西耶通过类推将其作为他的创意设计“马赛公寓”这一高层现代住宅项目的启示，体现在马赛公寓中的由柯布西耶所制定的建筑五元素之一的“底层架空”的灵感是来源于“原始小屋”的先例，将其类推出底层架空的形制；公寓屋顶的甲板形式设计是对于船的甲板的重新解读与转换，并将其设计作为公寓中日光浴与娱乐使用的场所；另外还有公寓单元结构的“模度”是根据与其有着异曲同工的“瓶架设计”的潮流类推而得出的。设计中每一元素的形态学、操作与表现都与环境文脉相映射以创造出新的可能性。

类比，在某种意义上，可被视为一个“通感思维”。虽然类比物与被类比物往往在结构上有相似之处，但事物却都不是通过平常的框架或类别或背景来被看待。称其为“通感思维”是因为它能够发掘一件事物 A 的潜在性能，并将其置于 B 事物或 C 事物的设计构思中使用。先例的类比运用有助于为棘手的设计难题找到快速并高效地生成新的解决方案的方法。然而必须指出的是，当一个先例的类比运用通过概念的过滤而开辟了新的可能性，它便不能保障有创造力的产生了，但这样却仍然能够作为一个丰富的创造力产生的催化剂，于是便有了本书设计工具的出现。设计工具来源于城市设计，并应用于城市设计，正是作为设计者发挥创造力的一副催化剂。

所以在遇到一个棘手的设计问题前，首先要做的是寻找先例，从设计过程的描述中观察学习。在对这些先例的研究中，可以分析其准则（Norm），先例自身所处的环境文脉（Fact），从而推断其预计的达到成就、成果的手段或者目标设计语汇——即“原型”。

1.2.3 设计原型认知

在使用先例的前提下，先例将以何种方式被使用呢？原型（Prototype）的开发对于将先例运用于发展中的设计，以及设计工具的生成至关重要。根据阿德尔曼（Adelman）和里德尔（Riedel）的观点，知识的获取需要根据特定领域知识的定义建立一个系统，而这样一个系统也许仅仅存在于某些专家的脑海里。在设计创新开发里，需要运用原型作为一种理解问题的方式，并通过获得原型的反馈来验证系统中知识获取的进程。

原型是“人类永远重复着的经验的沉积物”，“人类经验之永恒主题具体化的形式或模式”，是构成集体无意识的主要内容。它“如同一种晶体的轴架，正是这种轴架预先决定了溶液饱和之后所出现的结晶体之形态。但轴架本身却不具有任何物质存在，它确定晶体之结构，而不是晶体之具体形态”。原型“具有一种永恒不变的形态的含义，它决定的是表象显现的原则，而不是具体的显现”。但是，原型不是一种自在的实体，也不是某种遗传下来的观念或意象。荣格认为原型是某种遗传下来的先天反应倾向或反应模式，只是一种潜能，只有当它转化为有意识的形态时，通过具体的形象或“原型观念”才能表现它自身。这些具体的形象或“原型观念”往往通过象征的手法来外显原型，即自然象征和文化象征。自然象征源于心理的无意识内容，代表基本原型的众多变异；文化象征表现着“永恒的真理”，历经了许多变化，已成为集体形象，而为文化社会所接受，如神话、宗教、艺术等。作为原型的重要表现方式，构成宗教、神话、艺术等的形象或符号常常被应用于社会生活的各个方面，相应地派生出许多具体的图式，为社会历代因袭继承。这些图式或形象及符号只是原型的同类物，类型也是原型的同类物。

虽然原型的来源可以有多种，但在此处为了确保设计认知的科学运行，只选取以先例中提取的原型为库。在先例中提取出的原型往往是动态原型，原型在运用中根据设计工具的实际功能需求而变化与发展。为保证设计工具的实用性，原型的提取通常基于大众化的可行技术，而在建立理论模型时则更多地基于实验性的技术。原型建立的目的是能够快速运用到新的设计概念生成中去，并随后由使用者与专家衡量原型的运用发展是否位于正轨上。原型虽看似简单化，但其运用于设计工具之中对于使用到它的实际操作者却是极其有效的，并且如此一来，原型开发的过程将持续到每一次待解决的设计之中，于是设计工具中的原型库能够随着设计的进行不断壮大，直至设计方案完全建立成为概念模型方止。基于这样的运行模式，在大多数情况下，原型的发展往往呈现循环式不断开发。图 1.12 即是原型的循环发展示意。

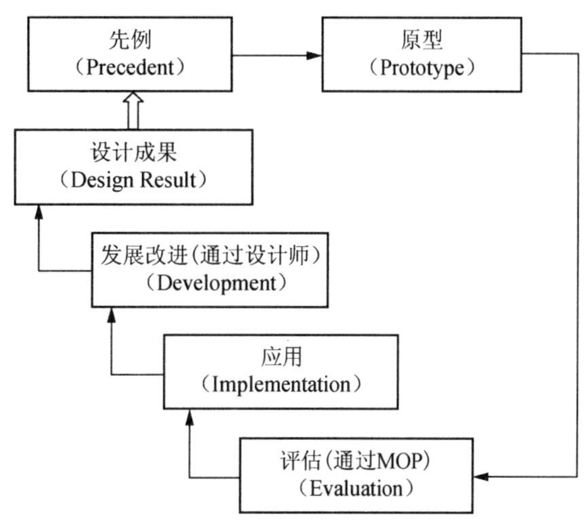

图 1.12 “先例—原型—MOP”三位一体的认知设计循环原理示意图

在先例中提取出的原型并不是直接运用。类似于在人工智能中，“规则库”的产生还需要一个“推理机”，这里的评估即作为原型的库的支撑，便于原型有效地运用。根据图 1.12 中原型的发展规律，从设计先例中得到的原型通过评估使其性能明了，有助于结合设计中项目的实际情况在原型库中选择出所需求的原型进行应用，而设计出的新方案又可作为新的先例进入下一轮的分析，如此原型库被改进并不断扩充。

1.3 设计与人工智能

1.3.1 从认知科学向人工智能的跨越

认知是人类天赋能力的一部分，它赋予人类能力去认识这个世界，了解这个宇宙，适应不同的环境。思考能力是认知的一部分，它让人类创造文明并创造科技。文明和科技也同样影响人类认知和思考，而更进一步地反馈并促进文明。由于科技文化和认知之间密切且奥妙的互动性，因此很多专家为了寻找改进思考、认知、文明和科技的途径，而专注于研究驱动思考的原动力，并了解认知的基本现象。目的是找出方法改进思考、认知、文化和科技。从 1910 年认知心理学的起源一直到现在，这领域中的理论发展经历过不少变化，但基本信念是，研究永远建立在前人的研究成果之上，理论则由过去实验的成果累计发展而成。下文试着综合这领域中所做出的成果，解释目前科技对研究导向的影响，也叙述未来可能的理论走向。

在研究人类智慧过程中，尤其是在解决问题、推理、学习、语言、感知和决策制定时，最主要的贡献是"人脑像计算机"的隐喻，电子计算机的发明对其产生了重要的影响。电子计算机带来以符号表征模仿真人心的优势。自那时开始，几个领域中的学者即开始根据复杂的表征和电算程序发展出一些关于心智的理论，于是人工智能开始成形。

人工智能是计算机科学的另一个分支，主要研究如何赋予计算机一些人类思考的能力，并创造出一些电算程序让计算机执行一些灵长类动物所能做的课题或动作。在语言方面，运用语法发展出程序与人做对话，或做语音辨认。在计算机游戏中，人工智能被用来创造出由计算机控制的角色或物体的智能，因此一个角色的动作能和游戏中其他角色的动作相对应。人工智能基本上有两个目的：一是用计算机的能力去增强人类的思考能力；二是用计算机去了解人类如何思考。信息处理理论"假设人脑是信息处理单元的理论"被开发出来，并用于认知心理学中。由于这个理论的形成和计算机的影响，认知科学由认知心理学中萌发而成。

人类认知中另一重要的单元是人类解决问题的能力。这方面的研究探讨人类如何使用逻辑推理和知识来解决一些特定的问题。结合认知心理学和人工智能，另一被称为专家系统的新领域也开始形成。专家系统又被称为知识基础系统，通常是一套计算机程序，由一套知识规则组成，分析一套给予的情报去解决一特定的问题，并提供一系列动作来解决这个问题。最早的例子是 1965 年一套演绎推理有机形态的分子结构软件。在 1974 年，另一以"实际规则"为构架做医学诊断的软件(MYCIN)被开发出，也被认为是这领域的典范之作。由此以后，专家系统的观念和方法即被广泛用于商业上。这又都说明了软件科技的发展会影响一个学科，也会将研究的方法由基本理论应用于实际。

1.3.2 人工智能基本方法对设计科学的启发

所谓人工智能就是用人工的方法在机器(计算机)上实现的智能；或者说，是人们使用机器模拟人类的智能。由于人工智能是在机器上实现的，因此又可称之为机器智能。智力行为的目的是获取知识，并运用知识去求解问题。也就是说，智力是获取知识并运用知识去求解问题的能力。人类智能的特点主要体现在感知能力、记忆与思维能力、归纳与演绎能力、学习能力以及行为能力等几个方面。在设计学科当中，同样是通过获取知识来达到解决设计问题的目的。目前，人工智能的研究及应用领域很多，大部分是结合具体领域进行的，主要研究领域有问题求解、机器学习、专家系统、模式识别等。

设计问题求解：人工智能的第一个大成就是发展了能够求解难题的下棋程序。通过研究下棋程序，人们发展了人工智能中的搜索策略及问题归约技术。搜索尤其是状态空间搜索和问题归约，已经成为问题求解的一种十分重要而又非常有效的手段，也是人工智能研究中的一个重要方面。人工智能中的许多概念如归纳、推断、决策、规划等都与设计问题求解有关。

设计问题求解的研究涉及问题表示空间的研究、搜索策略的研究和归纳策略的研究。目前有代表性的问题求解程序就是下棋程序，计算机下棋程序涉及中国象棋、国际象棋、跳棋等，水平已达到了国际锦标赛的水平。1991 年 8 月在悉尼举行的第 12 届国际人工智能联合会议上，国际商业机器公司(IBM 公司)研制的深思 2(Deep Thought 2)计算机系统就与澳大利亚国际象棋冠军约翰森举行了一场人—机对抗赛，结果以 1∶1 平局告终。1997 年 5 月 IBM 公司研制的 IBM 超级计算机“深蓝”在美国纽约曼哈顿与当时人类国际象棋世界冠军前苏联人卡斯帕罗夫对弈 6 盘，结果“深蓝”获胜。尽管计算机下棋程序具有了很高的水平，但还有一些未解决的问题，比如人类棋手所具有的但尚不能明确表达的能力，如国际象棋大师们洞察棋局的能力。这些问题正是人工智能问题求解下一步所要解决的。

设计机器学习：具有学习能力是人类智能的主要标志，学习是人类获取知识的基本手段。要使机器像人一样拥有知识，具有智能，就必须使机器具有获得知识的能力。使计算机获得设计知识的方法一般有两种：一种是人们把有关设计知识归纳、整理在一起，并用计算机可接受、处理的方式输入到计算机中去；另一种是使计算机自身具有设计学习能力，它可以直接向书本、向教师学习亦可以在实践过程中不断总结经验、吸取教训，实现自身的不断完善。后一种方式一般被称为机器学习。

设计机器学习是研究如何使用计算机来模拟人类学习活动的一个研究领域。更严格地说，就是研究计算机获取设计新知识和新技能、识别现有知识、不断改善性能实现自我完善的方法。机器学习研究的目标有三个：人类学习过程的认知模型；通用学习算法；构造面向任务的专用学习系统的方法。

(1) 人类学习过程的认知模型即是对人类学习机理的研究，这种研究不仅对人类的教育，而且对开发机器学习系统都有重要的意义。

(2) 通用学习算法即是对人类学习过程的研究，探索各种可能的学习方法，建立起独立于具体应用领域的通用学习算法。

(3) 构造面向任务的专用学习系统，这是工程性的目标，亦即要解决专门的实际问题，并开发完成这些专门任务的学习系统。

设计专家系统：专家系统是目前人工智能中最活跃、最有成效的一个研究领域。设计专家系统是一种基于知识的计算机知识系统，它从人类领域专家那里获得知识，并用来解决只有领域专家才能解决的困难问题。因此可以这样来定义设计专家系统：它是一种具有设计领域内大量知识与经验的程序系统，它应用人工智能技术，根据某个领域一个或多个人类专家提供的设计知识和经验进行设计推理和判断，模拟人类专家求解问题的思维过程，以解决该领域内的各种问题。这个设计专家系统实际由三个设计资料库构成(图 1.13)。

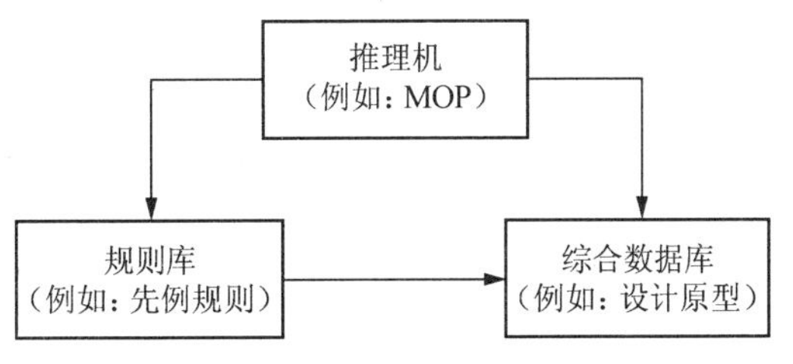

图 1.13　基于人工智能的三大设计库示意图

设计模式识别：机器感知是机器智

能的一个重要方面，是机器获取外部信息的基本途径。设计模式识别就是研究如何使机器具有感知能力的一个研究领域，其中主要研究对视觉模式及听觉模式的识别。“模式”一词的本意是指一些供模仿的标准式样或标本。所以，模式识别就是指识别出给定物体所模仿的标本。人们在生产和生活中，都离不开模式识别。例如，在一堆工具中寻找自己所需的型号的扳手；森林发生虫灾，飞行员要找到遭受虫灾的森林，再喷洒农药，这些都是模式识别。但人工智能所研究的模式识别是指用计算机代替人类或帮助人类感知模式，是对人类感知外界功能的模拟。所研究的计算机模式识别系统就是使一个计算机系统具有模拟人类通过感官接触外界信息、识别和理解周围环境的感知能力。

作为科学认知基础的是人工智能理论，其基础环节即知识表达。知识是人类智慧的基础，人类在其智能活动的过程即在其从事社会生活与生产活动以及科学试验等社会实践的活动中，主要依靠其获取知识并在此基础上将其加以运用来完成。而知识的摄取是需要以一定的形式表示出来，才能够被记载和传递的。

知识表示（Representation）是研究用机器表示知识的可行性、有效性的一般方法，是一种数据结构与控制结构的统一体，既考虑知识的存储，又考虑知识的使用。设计知识表示实际上就是对人类设计知识的一种描述，以把人类设计知识表示成计算机能够处理的数据结构。对设计知识进行表示的过程就是把知识编码成某种数据结构的过程。在上述 NFD 人工智能框架的表示中即运用了知识表达中的框架表示法。1975 年明斯基（Minsky）在其著名论文《知识表达的框架》（*A Framework for Representing Knowledge*）中提出了框架理论，引起了人工智能学者的重视。它所针对的是人们在理解事物情景或某一故事时的设计心理学模型，提供了人们理解设计问题的一种思想方法。

现实世界中的设计问题求解过程实际上可以看作是一个搜索或者推理设计解决方案的过程。推理过程实际上也是一个搜索过程，它要在设计知识库中搜索和前提条件相匹配的规则，而后利用这些规则进行推理，所以任何问题求解的本质都是一个搜索过程。为了进行有效的搜索，对所求解的问题要以适当的形式表示出来，其表示的方法直接影响到搜索效率。设计状态空间表示法就是用来表示问题及其搜索过程的一种方法。它是人工智能中最基本的形式化方法，也是讨论问题求解技术的基础。在设计的认知过程中，设计师们结合场地的现状，找到问题，在思考如何通过设计来解决问题的过程中，通常可以运用状态空间表示法来体现不同时期的思考结果[9]。

而设计知识表示的方法又可按照人们从不同角度进行探索以及对问题的不同理解，被分为陈述性设计知识表示与过程性设计知识表示两大类。二者的区别在于，陈述性设计知识表示告诉人们，所描述的客观事物涉及的“对象是什么”，而过程性设计知识表示告诉人们“怎么做”[25]。在对某一知识进行表达时，两种方法的表示可以结合。在设计认知中，二者是相互影响的，即认知“设计对象是什么”决定了“怎么做设计对象”。

事实性的设计知识表达可表示出一个语言变量的值或是多个语言变量之间的关系，因而可以被看作是一个陈述句。虽是以计算机程序方式来表达，但此语言变量的值或语言变量之间的关系却不一定是数字，而可以是一个专业术语的词汇表达。例如：太阳是红色的，其中太阳是语言变量，其值是红色的。此类的事实性知识的表示形式一般可使用三元组即“对象，属性，值”来表示，那么这句事实性知识可被程序化知识表达为“太阳，颜色，红色”。那么究竟“景观是什么”直接影响到“怎样设计景观”，同样“什么是景观城市设计”直接影响到“怎样做景观城市设计”。

综上所述，设计认知的基础是设计知识的表达，表达的起点是专业术语的解读，因此在形成一套景观城市设计的科学设计方法论之前，必须先对景观（Landscape）这个专业术语做出认知历程的起源性研究。

1.4 对景观学的不同认知历程

1.4.1 对专用术语的认知与解读

专用术语广泛存在于各个科学学科，它使有效的描述和专家间沟通成为可能。在某些学科（如逻辑学、数学、物理、历史和地理等）专业术语概念的数量相对比较少，而在某些学科（如化学、医学以及生物学和生态学等）专业术语的数量相对比较多，因为在这些学科中存在一些变化的现象需要说明。

而在设计学科中，这种递增的变量术语更多，因为设计学科比前述理工学科更多地涉及社会、历史和文化；而比文学艺术学科更多地涉及形式、结构、机能等，这带来设计学科认知的丰富度的同时，增加了其复杂度和一定的混乱度。在景观学科更是如此，尤其是在中国，景观学科在一级学科里几进几出，和兄弟学科（建筑学、城市规划学、林学、农学、园艺学等）几度“结婚”、“改嫁”、“再婚”甚至“重婚”。每段“婚史”都对景观学科在定义和发展上打下不可磨灭的烙印。因此对景观学专用术语的认知解析显得更为重要，然而认知解析设计学科的术语绝非易事。

一些建筑与设计学科的相关技术词典和百科全书停留在概念和名字解释[26-27]，其实它们对设计这个动态的认知过程兴趣不大，主要停留在历史演进，这绝不涵盖新的设计任务的时效性，当然这种历史表述的演进是基于“设计先例认知”（Design Precedent）的重要基础。设计方案的构思与创造其实是一个无限数量的学科术语的变量认知，再加上设计学科特殊表达方式的草图和图形。据认为，从每轮草图构思新的概念和构想时，其认知基础的学术术语的变量也随之而产生。随着每个设计者认知的不同，这个变量（Variation）可以集合级数递增和很难被广泛接受，好在“设计先例认知”提供了一个机会和广泛的平台，它描绘出一个大致的历史轮廓，体现先知对同一问题的大致认识，正如丘吉尔所说：“历史不会重演，但会惊人的相似。”这对解决目前景观学科的一些困惑似有帮助。

同一时代的不同设计师固然因文化、种族、年龄、性别、阶层等原因对同一专业术语有不同的认知。但是必然有超越这些因素的一些共有认知，在捕捉这些共有认知时，条件性定义比精密定义有时候更有价值，因为条件性定义离共识的距离更近。共识可以用命名概念（Naming Concept）的方式来达成。下面就景观概念命名的认知历程做一个回顾，以期有所发现。

1.4.2 景观在中西语境中的不同认知发展历程

1）景观在西方语境中的认知发展历程

景观一词实际来自英语“Landscape”一词。对“Landscape”一词的定义和认知理解直接影响到景观设计的价值观、审美情趣、设计方法、过程与结果。“Landscape”一词在不同历史阶段有不同的含义和侧重点。在词源学上“Landscape”是由“Land”和“Scape”两者叠合而成，如果直译常被理解为“地景”。剑桥词典中“Landscape”定义为：“大面积的乡村，尤其是指它的外观：农村/荒芜的土地；乡村的视野或图画，或是营造这些图画的艺术”[28]。该词英文原意更多地侧重乡村景观和花园设计，无法反映过去几个世纪“Landscape”在西方城市和景观发展中演化的丰富含义和层面，更无法面对和解决城市尤其是中国当今快速城市化下的城市扩张和乡村被侵吞中所面临的许多问题。因此对该概念的纵深调研很有必要。

景观包含一定土地面积的可视特征，包括物理因素，地貌如山脉、丘陵，水体如河流、湖泊、池塘和大海，生命要素的土地覆盖如土著植被，人的因素如不同形式的土地用途、建筑物和构筑物，以及短暂的元素如灯光和天气条件。

结合其物理起源和人类存在的文化叠加，景观往往经过了几千年的创造，反映了人和场所鲜活的叠加，对于地域和民族可识别性(Identity)的形成至关重要。景观，它的性格和品质，帮助定义一个区域的自我形象、场所感和与其他地域的差异性。它应该是一个动态演进的概念。

从中世纪至今，“景观”和其同源词在日耳曼语言的不同含义探究不只是一个词源意义的好奇探究，它反映的是欧洲新兴国家的不同地区和中央文化的历史性冲突，以及由此带来的景观认知和设计的不同方法的演变。该词含义的变幻构成一个有趣的“动态识解”的例子，正如当今世界的景观演变那样。

在文献中被广泛接受的是，“在欧洲，景观一词是罗马语和日耳曼语的混合，源于16世纪之交的一幅画，其主要题材是自然风光”[29]。现代景观一词产生于荷兰，记录于1598年，沿用由荷兰画家引入的某幅风景画，并用来指“内陆的自然或者郊野风光”，那个时候的荷兰作为海上马车夫处于“黄金期”，其风景画水平处于世界顶峰，出现不少风景画大师(图 1.14)。根据杰克逊的描述：“……并自英国开始，蓬勃发展了对景观地貌的新赞美作为美学的一个新认识……”[30]

图 1.14 保罗·布利尔(约 1554—1626 年)的《圣杰罗姆和山景》(1592 年)

直到1725年，牛津大辞典中才第一次出现“Landscape”一词，此前一直沿用古英语的“Landskipe”一词。英文景观一词一开始就承载更多自然风光的含义，长期以来也间接主导和形成了英国以自然风光为主体的区别于其他欧陆国家的造园思想(图1.15)。但是应该引起关注的是，在北欧“景观”一词的出现比19世纪要早好多个世纪，它承载的含义远远超出英文“景观”一词的自然风光[31-33]。“Landscipe”或者“Landscaef”一词进入英语体系是在5世纪之后，该词原指“大地上的人造空间体系”(A System of Human-made Spaces on the Land)。奥尔维格(Olwig)也认为，将“Landscape”拆解为“Land”(土地)和“Scape”(景观)进行单独分析，然后再重组，将更容易理解景观概念的实质性含义[34]。

图1.15　托马斯·庚斯博罗(1727—1788年)的《河景》(1768—1770年)

关于“Land”一词的日耳曼语境：土地(起源于日耳曼语)常让人联想起个人或民族拥有物[如英国(England)，芬兰(Finland)，爱尔兰(Ireland)，波兰(Poland)，荷兰(Holland)]。所谓民族的土地实际被划分为更小的地块，直到“社区：隶属于乡村社区的共同领地”(Community: the Common Lands Belonging to the Village Community)或者“属地”(例如：诺曼底公爵属地)[34]。《牛津英语词典》中“Land”指“An Area of Ground”(一定区域的地面)。后缀“Scape”使得“Landscape”和“Land”泾渭分明。“Scape”类似于更常见的“Ship”[35](轮船)，在古英语中是“Sceppan”或“Scyppan”，在《韦氏大学词典》中意味着“形态”(Shape)[36]，并包含至少三层含义：“自然”(Nature)，“状态”(State)与“构成”(Constitution)。超越对“Landscape”自然景色的理解，更抽象层面“Landscape”的“自然—状态—构成”三段论其实是将土地造型为一种社会和材料现象，揭示出“Landscape”在自然养分之上具有不可分割的社会学养分。

马卡祖米(Makhzoumi)经考证也认为：“远古高地德语区(现在德国)最先出现‘Lantscaf’，后演变为现代德语的‘Landschaft’，低地荷兰语区(现荷兰比利时)的‘Lantscap’演变为现代荷兰语的‘Landschap’，再才在16世纪时演变为古英语的‘Landscipe’和‘Landskip’，最终在17世纪定型成现代英语的‘Landscape’。”在16世纪和17世纪的英语中，它的意思是“代表内陆自然风景的画”。在18世纪英语中它引申为

"乡村景色的一部分"[30]。

综上所述,"Landscape"的古英语形式其实源于"Landscipe"、"Landskipe"、"Landscaef"等古日耳曼语系的同源词,如古高地德语"Lantscaf"、古挪威语"Landskapr"、中古荷兰语"Landscap",两者表示的含义既接近又有区别,都与土地、乡间、地域、地区或区域等相关,而与自然风景或景色(Scenery)其实无关[37]。约于16世纪与17世纪之交,荷兰语"Landschap"作为描述自然景色特别是田园景色的绘画术语引入英语,演变成现代英语的"Landscape"一词[37]。20世纪60年代以后,"Landscape"从直观的风景素材演变成抽象的人工构筑,形式成为其重要的含义之一。1975年,出现了"Hard Landscape"(硬质景观)的概念,其材料诸如混凝土、石料、砖、金属等,是相对于植物等"软质"素材提出的概念[38]。"Landscape"不再只是包括田野风光的审美的含义,更主要变成了人目力所及的视觉环境,它不一定是以传统美学意义上的愉悦为唯一目的。在景观一词形成过程中,英语的景观更偏好自然风光。日耳曼语系则侧重一种景观背后抽象的设计逻辑和社会元素。

2) 景观在中国语境中的认知发展历程

法国地理学家、哲学家和东方学家奥古斯丁·贝尔克(Augustine Berque)认为,完全意义上的"Landscape"美学概念大约于两千年前首次出现于中国,然后传播到东亚的其他地区[39]。古希腊文明与印度文明在它们的语言中没有"Landscape"这一词,澳大利亚的土著文明(延续了50 000年左右时间)用图像表现了神话世界与梦幻世界,而不是他们所居住的现实地点与真实地点。贝尔克认为,中国在那时的"Landscape"思想是精辟深奥的:它不仅仅是视觉概念,且包含了所有(身心)的感受,它还包括"Landscape"的构想和记忆,并将这两种"Landscape"综合到空间的感受之中。中国以及东亚地区的语言具有丰富的与"Landscape"相关的专门词语,在文学、绘画与园林中对"Landscape"也具有相当的表现力。

威廉·钱伯斯在他开业做建筑师之前来过中国。1757年他发表了《中国建筑的设计》(*Designs of Chinese Buildings*),随后在伦敦的科伍花园(Kew Garden)设计了他著名的中国式塔。1772年,钱伯斯在《东方园林研究》(*A Dissertation on Oriental Gardening*)中进行了有关中国风格的探讨。他的关于中国风格的知识和实践经验,尤其是在科伍花园所做的设计,奠定了他在英国建筑和景观设计史上的地位。他对中国设计师有真切的认识:"中国的造园家不仅仅是植物学家,还是画家和哲学家,他们懂得关于人类意识的深邃知识,懂得那些激发人的热情好的艺术品……在中国,造园是一项特殊的职业,需要有广博的学识,少有人能臻其化境。造园家因而必须具备高超的将自然环境中优秀素材组织在一起的能力,这种能力得自于学习、旅行和长时间的实践,只有具备了这些条件的人才允许进入这一行业。"[40]正因为如此,中国古代造园艺术已经囊括了第一到第三自然的全部语境,尤其是树立了第三自然统领整个造园与景观艺术的高度整体的世界观。

中国古代对"Landscape"的表现力主要体现在中国古典园林和中国山水画当中。中国园林与中国山水画被誉为"姊妹艺术"。从中国古典园林的发展来看,唐、宋以来,不少文人画家将绘画所描写的意境融贯于园林的布局与造景之中,特别是明、清两代,一些擅长山水画的文人画家成为了著名的园林设计者(如嘉定南翔古猗园为明代著名竹刻家朱三松设计),而一些著名的园林设计者(如明代有我国古代影响最大的一部园林艺术著作

《园冶》的计成)，也都擅长山水画。于是，诗情画意逐渐成为唐、宋以来造园的主导思想，在这种主导思想的影响下，逐步形成了具有中国独特风格的山水画式的园林景观。

中国古典园林历史悠久，文化含量丰富，个性特征鲜明，而又多彩多姿，极具艺术魅力，为世界三大园林体系之最。自然观、写意、诗情画意成为创作的主导地位，园林中的建筑起了最重要的作用，成为造景的主要手段。中国山水画，是自然的精华，天地的秀气，所以阴阳、晦明、晴雨、寒暑、朝昏、昼夜有无穷的妙趣。独立的山水画正式出现在魏晋南北朝之间。

从中国古典园林和中国山水画的起源与发展来看，中国古典园林起源更为早些，而两个的历史都很悠久，在中国古典园林的起源与发展中也谈到了山水画的出现，造园家与文人、画家相结合，运用诗画传统表现手法，把诗画作品所描绘的意境情趣，引用到园景创作上，甚至直接用绘画作品为底稿，寓画意于景，寄山水为情，逐渐把我国造园艺术从自然山水园阶段，推进到写意山水园阶段(图 1.16)。中国古典园林在其发展过程中不断影响着中国山水画的发展，伴随着山水画的不断发展和成熟，也促进了中国古典园林的不断完善和成熟，这就是它们相辅相成的地方，也正是它们相互的关系探讨所在了。可见，园林与山水画关系之密切，两者都对中国“Landscape”的形成与发展具有深远的影响。

图 1.16　元黄公望的《富春山居图》

景观是“Landscape”在中国最为流行的中译名，最早是由日本植物学者三好学博士在1902年翻译成的，后来经中国留日学生引入。景观一词在中文语境下经历了五个发展阶段，景观一词最早于1930年出现在中国学者的著作中，中国风景园林(LA)学科的先驱陈植先生(1899—1989)在其著作《观赏树木》[41]的参考书目日文部分中列有三好学的《日文植物景观》。陈植先生在1935年出版的《造园学概论》中有两处使用了景观的词汇，即“……可设喷水，壁泉，以增景观”和“(植物)其天然景观”[42]，1947年的《造园学概论》(增订本)还有“……各种景观，雕刻精工，形态似生”和“各部景观，几乎不可及亦”[43]。此时的景观在中文语境中有以视觉为主的特点。第二阶段，1949年新中国成立以后，在全面学习苏联的思潮下，苏联的景观地理学尤其是景观学思想为地理学界所熟悉[44]，“景观”成为中国地理学的重要习语。这时候，中国的园林界开始有意识使用景观一词，兼有视景和地理学上的意义。第三阶段，孙筱祥先生在《中国风景名胜区》一文中指出：“中国风景名胜区系统，包括天然和人文两类不同的风景旅游资源，也包括天然和人文两类不同的景观。”这是当时LA学界对风景与景观的关系的普遍认识[45]，也就是说景观是风景区研究中的一个基本概念，相当于“景物”的意思，故汪菊渊先生提出的“大地景物规划”的术语后来逐渐被替换为“大地景观规划”[46]。第四阶段，1999年版的《辞海》与20年前的版本相比，除了在地理学名词的解释中增加了“地理学的整体概念：兼容自然与人文景观”，还增列了“风光景色”的意义[47-48]。这说明景观已经获得了从自然地理到人文地理的意义以及作为视觉审美的普遍意义。第五阶段，景观词义的泛化。随着景观逐渐获得了视景、地理学术语和生态学术语的意义并逐渐普及，它在城市建设领域的使用越来越普遍。在新的汉语语境下，视景意义增强，以至失去了美学上的意义，成为一个中性词。

由此可见，景观一词在中文语境中的发展层次和丰富程度超越英语语境的偏纯自然景色的理解、日耳曼语境中偏社会与构图法则。中文语境中的景观即包含了前两者，有更多地赋予它人文与文化的含义，更胜一筹。

景观一词在中西语境中的定义与发展历程折射出人类对景观的不同理解、不同审美情趣与不同设计方法。如果将偏纯粹自然的景观定义为“第一自然”，即最本源的自然；把带有人类理性与社会情愫的自然定义为“第二自然”；那么整合前两者又偏重地域文化发展的自然则可称之为“第三自然”。景观在中文语境和文化积淀中更具备发展“第三自然”的后发优势。应该在前两者的基础与成果上，在景观学科的框架内开发一套“第三自然”的认知方法与设计理论(图1.17)。

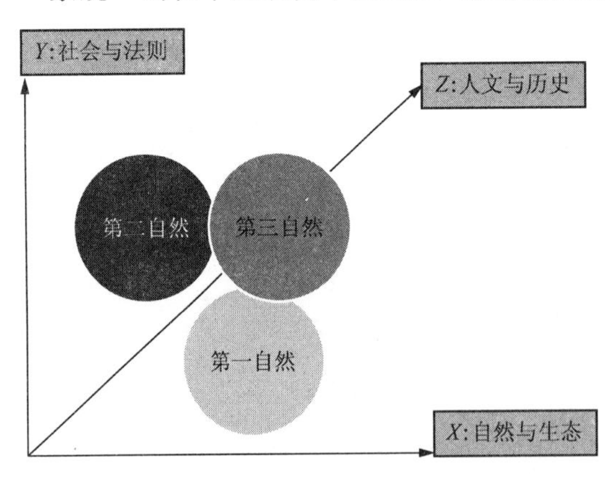

图1.17　第一自然到第三自然的景观认知体系

1.5 景观学重返一级学科后带给景观设计的机遇

1.5.1 景观学科在中国的曲折发展

景观营造(Landscape Architecture)一词是指"花园、庭院、大地、公园以及其他规划的绿色室外空间的开发和装饰性种植"[39]。"Landscape Architecture"一词最早出现在英国孟松(Laing Meason)于1828年所著的《意大利画家造园论》(*The Landscape Architecture of the Painters of Italy*)[48,43],但不能肯定"Landscape Architect"由此而来。此时,"Landscape"依然为风景之意,"Architect"有"大艺术家"之意[49-52],所以"Landscape Architect"原本的意义应为"营造风景艺术者(家)"。可是,由于"Architecture"被日本人误译以及中国人继续错误使用为"建筑"[51-52],今人望文生义,把"Landscape Architecture"翻译为风景建筑(景园建筑、景观建筑),进而把"Landscape Architecture"理解为建筑的一种类型或建筑学的一个分支,真是错上加错。因此把"Architecture"翻译成"营造学"更贴切,而"Landscape Architecture"应译成"景观营造学"。

众所周知,景观学科最早是在1900年由哈佛大学设立了美国第一个LA专业,标志着现代风景园林学科的建立。而在我国,尽管景观学的历史可以追溯到商周,但是直到1951年,才真正建立起真正现代科学意义上的风景园林学科。

中国第一个真正意义上的风景园林学科是于1951年由北京农业大学园艺系和清华大学建筑系联合创办,名称是造园专业。由吴良镛先生和汪菊渊先生提议,梁思成先生支持,当时的高等教育部批准的,这在国际上也是设立的比较早的风景园林专业。从20世纪80年代中期开始,中国的风景园林领域进入了蓬勃发展的时期。从学科、学科名称、学术刊物、高等院校的专业设置、风景园林师注册制度的酝酿等全方位地开始走向世界,全面与国际接轨。1983年我国成立了中国建筑学会园林学会,并与国际风景园林师联合会(IFLA)建立了通讯联系。1987年园林学会正式向建设部申请,要求参加IFLA组织,1989年底,国家民政部正式批准成立"中国风景园林学会"(Chinese Society of Landscape Architecture),它是中国科学技术协会的组织部分,属国家一级学会。到1995年,中国风景园林师考试注册制度被纳入建设部工作计划。随后风景园林规划与设计学科不断发展、完善、壮大,除北京林业大学外,全国各大农林院校纷纷建立了风景园林规划与设计专业。然而,1997年,国务院学位办调整了当时的国家学科和专业目录,取消了风景园林规划与设计学科,使风景园林学科处于了一种尴尬的境地。当时,在工学类院校,风景园林规划与设计被算作城市规划与设计学科中的一部分,名曰"城市规划与设计(含:风景园林规划与设计)"。从此,风景园林规划与设计学科在国家权威部门的学科或专业目录中就不复存在了。同时,在农学类学科中,有下属一级学科林学,内含园林植物与观赏园艺、园林工程等部分,但没有属于工学类学科的风景园林规划与设计的内容。因此,一些已经具有城市规划与设计学科的工科院校不得不停办这一专业;有些工科院校将原有的师资力量重新组合成立看似相近、实际上是完全不同的新的专业,如同济大学将风景园林专业改为旅游管理专业。政府与国民都已深深地认识到目前中国的风景园林学科的尴尬现状。终于,2011年3月8日,由国务院学位委员会与教育部联合颁发

“学位〔2011〕11 号”的通知而实现了“风景园林学”成为国家一级学科的愿望，至此风景园林学与建筑学、城市规划学组成人居环境三大支柱学科。

尽管风景园林学重回一级学科，与建筑学和城市规划学重新“三足鼎立”，但是由于该学科起始用词混乱以及一级学科进退折腾，对景观城市设计的独特性、方法与理论始终缺乏一套系统理论与方法，常用建筑学或者城市规划学中的城市设计混同景观学中的城市设计。这限制和误导了景观学中城市设计的发展，更阻碍了景观学中城市设计本该具有的先天统领与独特整合优势，所以急需开发一种全新的景观城市设计方法体系。

1.5.2 建筑学中城市设计的含义及其缺陷

城市设计是对城市整体形象的把握，主要考虑建筑周围或建筑之间的空间，包括相应的要素如风景或地形所形成的三维空间的规划布局和设计[53]，内容和范围更加广泛，不但要注重城市的功能分区，交通流线，建筑物的体量、尺度、比例、色彩、造型、材料、空间布局等，还要注重以城市和建筑群体空间环境作为主要对象，最基本的特征是将不同的物体包括建筑物进行联合，使之成为一个有机整体，设计者不仅必须考虑物体本身的设计，而且还要考虑一个物体与其他物体之间的关系，并把它们协调好，世界著名建筑师伊里尔·沙里宁在论城市一书中指出：“要把建筑设计户外空间以及园林绿化等融为一体，形成一个完整和谐的整体。”城市空间体系中的任何细小局部，设计师都不能放过。

20 世纪 70 年代，法国的建筑学领域内出现了一种思潮：城市质量不仅仅理解为满足功能和数量（住宅数量、交通、公共设施等）上的要求，也不仅仅是建筑物本身的建筑美学质量，而是各种尺度的城市形式和城市空间的质量——从局部到整体的处理。城市设计不是在整体规定一种建筑形态，它先于建筑设计，并明确建筑物与公共空间关系之原则。景观城市设计应对空间具体质量有更明确的定义及更好的理解（空间的气氛、意义及用途）[54]。建筑学也已经意识到城市设计不再仅仅表现单一建筑本身的价值，而首先表达建筑与城市环境的关系，甚至重新组织周围的空间和建筑来重建这种关系。建筑学城市设计通常忽视城市整体环境，缺乏对建筑与城市空间的总体把握。正如设计工作坊（Design Workshop）董事会主席科特·柯博森（Kurt Culbertson）所说建筑师——并非所有，但是大部分——并不考虑环境因素。他们往往更倾向于“关注单个事物”，而不去考虑整体。在许多方面，景观设计师则是引领着城市设计向更加具有环境敏感性的领域发展——如雨水设计、道路设计等。在面临如何组织周围空间来重建建筑与环境的关系问题时，景观城市设计凸显出它的重要性，景观设计师根据决定空间意义的文化习俗以及空间的连续性等来处理城市空间，将建筑和城市环境融为一体，使城市空间形成一个有机的整体，从而解决问题。

关于建筑学的定义与说明中，艺术、技术、环境、空间为其共同的关键词。关于景观（Landscape/Landscape Architecture）的定义与说明中，自然因素、人工因素、庭园、植物、艺术为其共同的关键词，其中，“Landscape Architecture”较“Landscape”的范围与尺度更加广，也包括了区域中的道路、建筑。由此可见，风景园林是一个包含了传统建筑学的大学科。

在我国建筑学教育中尽管有“景观建筑”一说，但是建筑学的学生常常缺乏完整的景观学的整体思维和相关专业训练。建筑系学生作业就经常显示出这种景观认知缺陷带来的建筑环境设计的偏差与谬误。学生递交的作业中常常忘记“画配景”，其实是传统建筑学教育中设计思维和设计认知中“景观化”认知的长期严重缺席造成的。教师评语也仅仅为“忘记画配景”。可见，在建筑学师生头脑认知中，景观学仅仅是一个“配角”和画图赔偿，是事后需要为图面美观而添加的装饰物而已。小到如图 1.18 所示的一个单体建筑的作业和点评尚且如此，粗放到大尺度的城市设计时，传统建筑学背景专业人士更易“忽视”景观来认知环境、推敲设计和表现图面。这种认知谬误对于建筑学背景下发展城市设计学是十分有害的致命“软肋”。

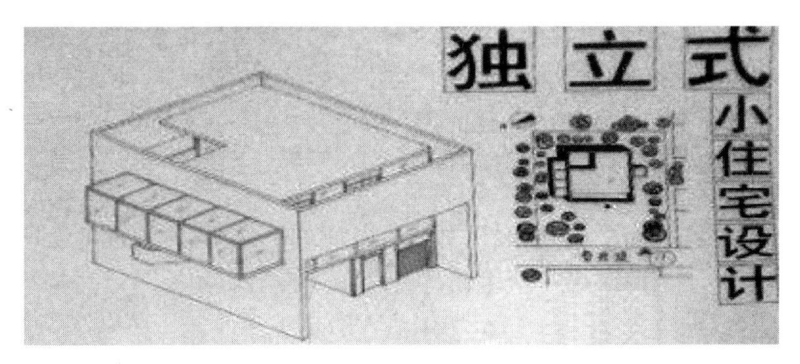

图 1.18　国内某建筑学作业设计与表现中“缺配景”的景观学缺位思考的例子

城市设计的主要目的应该是创造人类活动更有意义的人为环境和自然环境，以改善人的空间环境质量，从而改变人的生活质量。空间环境质量正是以人的需求为基础的[53]。城市设计必须涉及人与环境之间视觉上和其他感觉上的联系，涉及人们的时间、空间感和他们的幸福感。凯文·林奇(Kevin Lynch)、雅各布斯和亚历山大等人也强调了公众对于城市环境的使用和体验。而建筑学中城市设计主要是以实体环境与视觉艺术作为基础，运用广场、轴线、视线、序列、对景等手法，来塑造符合时代需求的城市实体空间环境，缺乏对人的感受以及自然和实体空间相互联系的考虑。而景观设计正是一门中和自然与建筑环境的艺术。它强调联系个体，把人们对空间的感受作为设计成功的关键。

1.5.3　城市规划学中城市设计的含义及其缺陷

城市设计手法在各国历代的城市建设中都有所表现，不过有意识的运用城市设计手法是在近代工业革命之后的事，以 19 个世纪之交美国出现的城市美化运动为代表。一方面，面对工业化带来的诸多城市问题，现代城市规划者进行了探索性建设的活动，例如田园城市、邻里单位建设、新城建设等，对城市物质空间的设计活动承袭了传统的形态设计法则，同时积累了不少适于新的技术条件的有益经验。另一方面，现代主义建筑运动的倡导者也将目光投向城市，为现代城市设计贡献了许多宝贵的思想。所以说，现代城市设计根本上离不开现代建筑和现代城市规划的发展。

城市设计在我国是一门开始处于成型并发展之中的学科，但对于其定义内涵、设计要素、文本内容、实施范围等都还存在一些争议。正如特兰西克(Roger Trancik)在《寻找失落的空间》一书中指出：“城市设计是把建筑师、景园建筑师和城市规划师的技艺融为一体的综合性学科。城市设计的目的是通过对影响城市形态的社会学、经济学、生态学、政治、法律、艺术和工程等学科之间的互动关系的认识改进城市形体环境质量。”然而，国内目前的规划运作体系中一直是把城市设计当作城市规划的补充，并不能够发挥城市设计的特点和作用,是因为我国的管理部门和社会运行机制还不能适应城市建设的深度设计和精细管理需要,学科的建设者们也还不能足够认识到设计和规划两者是有本质的区别。目前国内许多实践中总是城市规划先行,城市设计必须服从城市规划确定的功能结构,规划师们遵循经济开发为主或汽车交通先行的原则,很少从城市原有文脉和特色空间出发,或是对具体的人群的行为需求来进行研究。而大多数以指导性准则存在的导则型城市设计,往往必须依托制定城市规划或依靠规划部门来实施执行,所以实际上城市设计仅仅是服务于城市规划的工具。在我国现行城市规划管理机制下,设计师对历史人文的尊重的设计方案和许多创意,往往在规划审批过程中都被纠正或抛弃,形成城市化中“千城一面”的规划建设乱象。城市设计的两大任务——系统整合与特色塑造都不能圆满完成,没有系统的专业教育使城市设计得不到全面的认识和理解,缺乏相应的学科地位使城市设计得不到应有的尊重和执行。

在过去,从文艺复兴时期的城市艺术到柯布西耶的光明城市,城市的设计理论都是以建筑和建筑学为基础的。这种设计理论可以被称为建筑城市学或建筑都市主义。建筑长期以来决定着城市的形态,城市被当作放大的建筑来设计。这种“建筑都市主义”长期主导着规划设计界,其后果是城市对自然过程的忽视、对城市空间系统的吝啬,城市与自然环境的矛盾与冲突,城市形态的随意与混乱等[55]。

图 1.19　城市规划“流水线”
注:这条“流水线”上本来多样化的地域文化消失殆尽。

在中国快速城市化进程中,各种矛盾和利益相互交织,加上传统城市规划学科中设计与管理混为一谈的先天局限,城市设计更多成为“城市规划的附庸品”和“最后一步”,经常迫不得已用抄袭或迎合长官意志的“高、大、全”单一的城市设计形态来进行大批量的“流水线作业”。设计师把本来多样化的地区特色和地域文化用最单一的大体量或仿造舶来品进行“工业化生产”(图 1.19),在这条流水线上,第三自然几乎消失殆尽。

1.5.4　景观学具有的先天整合优势

景观学连同城市规划和建筑学一样都是设计学科之一。与后两者不同的是,景观学对整体局面有着更强的敏感性,具备对大局和整体局面的把握能力。景观设计通过科学的方法与设计手段对自然与人居环境进行分析、规划、设计、管理与指导。这是一个范围宽广的学科,它是文化、社会与设计这一系统的融合与交织。景观设计师需要在场地设计、历史保护、规划以及地形处理、给水排水、园艺和环境科学等技术领域接受培训。只有如此多样化的背景,景观设计师才可能拥有一套独特的技能以帮助解决当地的、区域的甚至是国家的重大项目[56]。

景观中包含城市。景观学是一个塑造空间的学科,以设计的手段来定义活动性质、城市和其他空间，包括对自然的崇拜、人造的设施等，把这些要素集中起来形成一个互相支撑的系统[汤姆·利普登(Tom Liptan)，美国景观设计师协会(ASLA)波特兰环境服务局，可持续雨洪管理策划人]。景观设计首要处理的是开放空间的设计：从住宅到社区公园的设计，城市形态的设计到土地利用的规划，甚至到区域环境规划[马里奥·谢特兰(Mario Schjetnan)，美国景观设计师协会理事(FASLA)，墨西哥城市与环境设计事务所创始人]。

景观中包含建筑。景观学深刻地认识了自然系统以及建筑内与外环境的功能，是规划和设计人造的或天然的土地结构的过程。人造的构筑物是人们设计和放置的。它们形成了镶嵌式的流通廊道，包括野生动物和机械设施、居住聚集的建筑、公用场地设施等，服务于我们所居住的社区[小爱德华·布莱克(Edward L. Blake, Jr)，风景园林工作室创始人]。

弗雷德里克·邦西(Frederick R. Bonci)对景观学专业做出了很高的评价："在姊妹专业中，景观学是最具有综合性的专业，高度的专业技术与基于建筑、自然、科技的基础知识综合且可持续地解决问题，成为姊妹专业协作的理想桥梁。设计行业已经只专注于解决自身问题。这点对于设计一个大的领域来说是极其不好的事情，这其中需要更多的协作和参与。景观学专业丰富的历史——从风景园林保护和城市设计到公园和公共空间的设计——使景观设计师平等合法地参与到这其中来。景观学专业是一个处理室外空间的质量、创造有意义的空间、提升生活质量的行业。没有任何其他的专业可以做到这一点。"鉴于建筑学和城市规划学中城市设计学的局限与不足，以及景观学具有的先天整合优势，将继续开发一套适合景观学科的城市设计方法体系。

1.5.5 第三自然景观化城市设计的学科包容性

第三自然景观化城市设计与建筑学、城市规划、环境艺术、市政工程设计等学科有紧密的联系，第三自然景观化城市设计需要这些学科知识作为自身系统的支撑。然而矛盾的普遍性是存在于任何事物中的，一门学科的发展，必然是因为内部矛盾不断激化才促使新概念的诞生，以不断完善学科的完整性，第三自然景观化城市设计也不例外。例如，景观设计与城市设计的矛盾，前者关注的是物质空间的规划和设计，而城市规划关注的是社会经济和城市总体发展计划，这必然会使得前者因为城市经济发展的需要服从总体的规划，使得前者的地位和作用被削弱。这与我国景观设计的发展和城市设计理论发展相对滞后有关，没有在协调自然系统和社会系统之间的关系中做出突破性的发展。因此第三自然景观化城市设计的系统既庞大又复杂，其中交叉学科之间的矛盾更是层出不穷，它是一个包含矛盾性和复杂性的整合学科，具有极强的包容性。

第三自然景观化城市设计是一个跨越建筑学、城市规划学和景观学三门学科的理论。而城市规划学、建筑学、景观学各自又是跨学科性很强的系统学科，各学科涉及不同的分支学科(表1.1)。

表1.1　各学科涉及不同的分支学科

学科	涉及的分支学科
建筑学	城市规划、景观、园林、室内设计、城市设计
城市规划学	建筑学、城市地理学、城市社会学、经济学、生态学、人口学、政治学等
景观学	生态学、植物学、城市设计、城市规划、建筑学、环境心理学

以上对第三自然景观化城市设计的论述，得出第三自然景观化城市

设计是一个庞大的知识系统，然而得首先申明第三自然景观化城市设计不是对传统城市设计的否定，而是利用人类各个学科之已有成就的基础和一般规律的总结，以丰富拓建城市设计的内容。其次，第三自然景观化城市设计是一个跨越建筑学、城市规划学和景观学三门学科的理论，这是一个跨度高的系统理论，也是一个动态的开放系统。第三自然景观化城市设计并不是简单地将三个学科知识堆砌在一块，而是以“良好的景观作为城市设计的绿色基础设施”为核心，“向各方面吸取营养的融贯系统”为模式，厘清城市设计的系统框架脉络，并充分合理地吸收城市规划在规划层次上做出的设计战略决策，和采纳建筑学在形态、空间布局上的优势来进行城市设计的，进行整体思维，并逐步形成理论框架。从理论上说，这是向大跨度高系统理论的开拓，是动态的开放系统。就实践来说，无需急于求成，可就最基本最迫切的问题作为探索入手，逐步加以展开。最后，第三自然景观化城市设计理论的建立，具有很强的现实意义，它的建立有助于建筑师、规划师、景观设计师在认识上、在观念上更好地梳理全局观点和提高驾驭全局能力，景观设计师必须参与其中的研究，并可在战略的拟定中发挥重大的作用。

1.6 相关学派对景观化城市设计的认知和启发

1.6.1 “批判性地域主义”的支撑与不足

批判性地域主义最早是由当代希腊建筑理论家仲尼斯和L. 勒费夫尔（Liane Lefaivre)在1981年首先提出批判的地域主义的概念。1983年弗兰姆普顿在他的《走向批判的地域主义》一文和《批判的地域主义面面观》一文[57]，以及在1985年版的《现代建筑：一部批判的历史》[58]中正式将批判的地域主义作为一种明确和清晰的建筑思维来讨论。当然，弗兰姆普顿并不是批判性地域主义的发明者，不过他总结出批判性地域主义的六个识别要素，包括：① 批判的地域主义被理解为一种边缘性的建筑时间，它虽然对现代主义持批判的态度，但它拒绝抛弃现代建筑遗产中有关进步和解放的内容。② 批判的地域主义是一种有意识、有良知的建筑思想，它并不强调和炫耀那种不顾场所而设计的孤零零的建筑，而是强调对于场所对于建筑的决定作用。③ 批判的地域主义强调对建筑建构的要素的实现和使用，而不鼓励将环境简化为一系列无规则的布景和道具式的风景景象系列。④ 批判的地域主义不可避免地强调场址的要素，包括从地形地貌到光线在结构要素中所起到的作用。⑤ 批判的地域主义不仅强调视觉，而且强调触觉，它反对当今的信息媒介时代中真实经验被信息所取代的趋势。⑥ 批判的地域主义虽然反对地方和乡土建筑的煽情模仿，但并不反对偶尔对地方和乡土要素进行解释，并将其作为一种选择和分离性的手法或片段注入建筑整体。批判性地域主义的主要贡献是在面对文化全球化压迫的背景下，提出了人们对逐渐消失的传统和地方特色的焦虑。这对于本书提出的第三自然景观化城市设计有着重要的理论支撑，也就是尊重地方文化特色。然而批判性地域主义自提出时就存在着自身的矛盾，首先，地域是否有着某种“不变的本质”或“含义”，其自身是否也是在不断地发展呢？其次，随着全球化的发展地域在不断地扩大，又如何来定义地域这个词在景观学中的特殊含义呢？

1.6.2 “景观都市主义”的支撑与不足

景观都市主义的形成最早可以追溯至19世纪80年代末，宾夕法尼亚大学的詹姆斯·康纳(James Corner)、默森·莫斯塔法维(Mohsen Mostafavi)等人在探索景观、城市设计和建筑之间的人工边界，并寻求最好的方式来解决日益复杂的城市设计项目。此时的查尔斯·瓦尔德海姆(Charles Waldheim)、安努·马瑟(Anu Mathur)、阿兰·伯格(Alan Berger)、克里斯·里德(Chris Reed)还是宾夕法尼亚大学的学生。1997年4月在芝加哥举办的景观都市主义会议上，由现任哈佛大学风景园林系主任瓦尔德海姆正式提出“景观都市主义”一词，当时的发言者还包括莫斯塔法维，詹姆斯·康纳—菲尔德建筑事务所的康纳(James Corner of James Corner/Field Operations)，亚历克斯·沃尔(Alex Wall)，以及西8景观设计事务所的阿德里安·戈伊茨(Adriaan Geuze of the firm West 8)等人[59]。景观都市主义，拆分即为“景观”与“都市主义”两个词。“景观”一词的兴起与环境保护、生态意识的觉醒、区域个性化以及城市扩张带来的种种负面影响相关，强调自然与生态的主导地位，有自身范围上的限制；而“都市主义”一词，在当今社会发展的负面压力下更多时候成为冰冷僵硬的代名词，是以整个城市范围大尺度为思考的前提。两者的矛盾来源于本身出发点的不同，也来源于设计者本身的立场。在利益等因素的驱使下很多对空间设计的权利被剥夺，导致设计朝着两个相对立的方向发展。而“景观都市主义”将看似对立的两者融合，不仅仅是将景观引入城市，同时将城市扩张融入周围的景观之中，而是意在进行一种尺度的转换，将城市的肌理整合在城市的区域和生物背景之中，设计动态的环境进程使之与城市的形态之间发生相互的影响。生态学中的动态关系决定了景观都市主义中的整体考虑的思想，生态，即第一自然，已经成为当代城市设计中不可忽视的部分。景观都市主义者的设计策略不仅力图解决物质空间的变化，还解决社会与文化的转变，这便是从第二自然走向第三自然的开始。

景观都市主义的核心论点是，从景观的角度思考城市问题，生态策略作为解决问题的切入点。景观应该代替建筑，成为决定城市形态和城市体验的最基本要素[60-62]。景观都市主义是从景观设计学科衍生出来的，它不仅是一种融合了基础设施、商业和信息系统的对新的空间形态设计的探讨，而且也是在对公共空间重新诠释的过程中对于其社会、政治和文化影响的探索，同时把其关注范围扩大至涵盖文化、历史、自然和生态等各个方面(图1.20)。景观都市主义探索的内容之一，就是把基础设施作为最重要的公共景观来看待。对此，景观都市主义建议通过将生态过程、基础设施的运行以及社区的社会文化需求相结合，从而实现上述目的。通过技术手段结合生态、环境以及与场地相关联的文化成为景观都市主义常用的一种设计理念与方法。同时充分体现了“通过跨越多门学科的界限，景观，不仅仅成为洞悉当代城市的透镜，也成为重新建造当代城市的媒介”这一观点。这也是将第一自然、第二自然结合起来并走向第三自然，这无疑为第三自然景观化城市设计奠定了一个很好的理论基础。在传统的城市规划中，一些结构要素(墙体、道路，或建筑物)引导着城市的发展。城市绿地被布置到城市遗留区等次要的地块，与建筑物不相适应，或仅仅作为装饰品。在景观都市主义思想中，是城市和场地的文化和自然过程指引设计师进行规划和组织城市形态[60,63]。

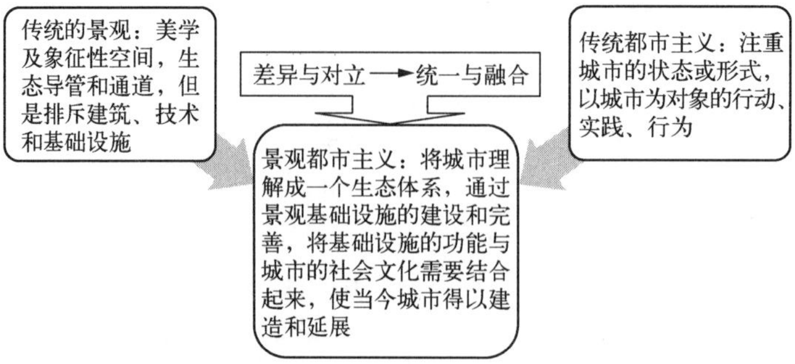

传统的景观：美学及象征性空间，生态导管和通道，但是排斥建筑、技术和基础设施

差异与对立→统一与融合

传统都市主义：注重城市的状态或形式，以城市为对象的行动、实践、行为

景观都市主义：将城市理解成一个生态体系，通过景观基础设施的建设和完善，将基础设施的功能与城市的社会文化需要结合起来，使当今城市得以建造和延展

图 1.20　传统的景观、传统都市主义与景观都市主义的关系

《景观都市主义》(*The Landscape Urbanism Reader*)一书中提出了景观都市主义的几个特征：对场地的重视、对场地时间性的理解，尤其是对基础设施的重视；包括城市水体系统、城市交通设施等多个章节，涵盖美国本土的设计思想，乃至到欧洲大陆的景观实践，都特别强调景观都市主义中对基础设施的理解以及作用。景观都市主义需要重新审视以专项工程、单一功能为目的的城市基础设施建设，将其从拥堵、污染、噪音等对城市的负面影响中解放出来，使之成为城市生活居住的一部分，并以此提升生活品质，满足公众生活需求，改善区域生态环境，提升土地经济价值。景观都市主义不空谈设计的锐意创新，而是在贴近市民城市生活的基础设施中注入美学细胞。他们关注的基础设施，不单是外表的形式美，还有其内在的、切合城市场地的运动。

这启发景观设计师在设计中，不必挖空心思去寻找新的亮点或者是营造引人注目的节点。尽管可以把目光放在场地内必不可少的基础设施上，合理地布置安排好这些项目，使项目和场地融合，反映城市地形、脉络或地质的活动等，在起伏变化中与游客共鸣。这些景观基础设施包括：雨洪调蓄、污染治理、生物栖息地、生态走廊网络建设等。在这一景观生态的基础上，可提供丰富多样的休闲游憩场所，创造多种体验空间，这包括将停车设施、高架桥下的空间、道路交叉口等组成的城市肌理的各个层面加入景观基础设施之中。这就为景观设计师提供了一种脚踏实地的景观设计方法，从功能性的基础设施联想、展开思路，不再轻易地浮在设计的云端。

然而因为景观都市主义的理论发展至今才十多年，依然存在着一些不足。首先，景观都市主义只是搭建了一个“书架”，能深入印证这个主义的理论和实践的“大作”仍寥寥无几。即便《景观都市主义》这本书，也只是一本介绍景观都市主义(Landscape Urbanism)的论文集，共有 14 篇论文。这些论文的作者是来自多个专业的学者，他们从各种角度多个层次对景观都市主义进行了详细的介绍、剖析与探讨。这反映了这个理论还是不够成熟，只是提出了一个新的理论思想。其次，发展至今，景观都市主义的实际工程案例不多，目前为止只有当斯维尔公园(Downsview Park)、康纳设计的美国纽约高线公园(The High Line Park)、屈米设计的拉・维莱特公园等为数不多的案例，景观都市主义实际可行性还需要更多实践案例来论证。最后，《景观都市主义》只是为当前城市设计中遇到的问题提出了一个创新的解决方向，并没有具体的系统方法论，操作性也不高，尤其没有从设计认知科学的高度来审视与发展景观与城市设计的内在关系。虽然景观都市主义发展还不成熟，但是景观都市主义给了建筑学、景观设计学、城市规划学一次大融合的机会，给城市设计的理论和实践带来了反思。这也为本书提出的第三自然景观化城市设计知识系统的开发提出了发展的契机。

1.6.3 “新城市主义”的支撑与不足

“新城市主义”是一场城市设计运动，某些物质形态经验的产物，实际设计和相关著作的精心混合，它提出了从高层建筑到美国小城镇等种种不同设计，小城市的诗意，可持续社区的美德并呼吁行人优先汽车的环境。“新都市主义的‘新’有两重含义：一是对19世纪末20世纪初传统城市规划、设计予以继承和弘扬；二是对二战以来旧式郊区模式的否定与改革。不同于城市社会经济或政治领域的各项改革，新都市主义主要通过邻里与社区的规划设计，改革居民行为方式，优化城市结构，达到提高整个城市生活质量的目的”[64]。

“新城市主义”的观念根源：在稠密的老村庄与小城镇的偏爱中找到共鸣，感觉上是这种密度和封闭空间促进了社区和更为积极的都市风格，混合使用的活力街道、更高的密度和邻里一致性的渴望就已经是一种风尚。

区域、邻里与街道：尽可能开发要临近当前的城市边界，紧凑、有利于步行和土地混合使用特性的邻里小区，功能单一性被强调。小区内要有各式各类的住宅类型，街道应该在不使用任何交通信号或标志下也能确保其安全可靠。

城市经济活动和工作场所集中在城镇中心，街道大小、宽度、长度，要使临街建筑用地和相互之间的距离合理，住宅、商店、市政设施和工作场所紧密相连，广场和公园要遍布各小区。

新城市主义公开且成功地提出了很多重要的议题，和现代主义不同，没有回避，也没拒绝面对实质性的问题，而这些问题是有可能通过设计来解决的。新城市主义讲究人居环境和人性化的规划模式，“提倡的是一种快节奏、低生活成本、高娱乐的都市‘跃动人群’生活模式，强调居住背景、个性化生活；强调生活轻松便利的居住环境、和睦的邻里关系、全力以赴的工作、尽情地享受与娱乐的生活方式。相比郊区化居住，‘新都市概念’的优势是降低居住的成本，尤其是‘时间成本’，商务交通网络的便利和公共设施配套的齐全”[65]。这一点和景观城市设计中以人为本的设计思想有共通性，并为景观城市设计怎样为人类创造更舒适、更便捷、更和谐的生活环境起到了借鉴作用。

而新城市主义理想地提出“减少对汽车需求的依赖、倡导步行与公交主导”这一重要思想却缺乏对现实的联系。新城市主义的理想或许将如同“田园城市”的美好构想一样，终究也无法实现，将成为又一个“规划乌托邦”[66]。那么，要想实现可持续的居住环境，提高整个城市的生活质量，就要要求结合城市的环境、社会、经济、文化等现实问题来进行设计，这也是促使第三自然景观化城市设计系统开发的原因。

1.6.4 “后现代主义”的支撑与不足

后现代主义主张用嘲讽的态度去看待现代主义，用相对主义与怀疑的态度去看待过去，挑战元叙事的霸主地位。后现代主义反对启蒙运动以来的唯理主义，认为没有适用于一切事物的普世规律，一切规范都是束缚人思维的枷锁，主张多元论，具备包容性，提倡差异性与不确定性。后现代主义以拼凑风格为主。现代主义之后的后现代主义具有过渡性的特点，这也是为什么它时常被称为一种思潮。在城市规划中，后现代主义的规划理念表现在下列几个方面：

1）对城市场所记忆与地域文化的关注

乔纳森·拉班在《柔软的城市》一书中将城市分为软、硬两个层面，前者指由人工建筑环境形成的物质空间结构，如决定和影响城市居民生活的街道、建筑物等；与之相反后者指对一个城市所做的个性化解释，即居住者在大脑中对其所居住的城市形成感知定式。

后现代主义认为个人对城市认知的位置感很重要，关注日常与琐碎的东西，通过对旧有的生活方式的某些元素进行提取并使之再次复活，将城市设计从关注功能秩序转向对生活秩序的关注。因此在论及其特点时提到其与乡土地域本色的糅合与对历史风貌的关注，并对旧城改造及遗产保护，大概这也是为什么《美国大城市的死与生》、《城市形态》等书籍在城市规划历史文化遗产保护方面被推崇到圣经级的地位。城市是复杂多样的，是与人亲近的，空间的重构不应该带来社会联系的丧失。可以说后现代主义对城市的软性认识还原了历史的价值与城市生活的真实性与人情味，在理论上有积极的意义。然而在实践中其对历史的保护却陷于对历史的拼贴与戏仿，后现代主义在城市规划方面对历史元素的“重组”在哪里？南·艾琳在《后现代城市主义》一书中也提到：后现代主义主张回归到浪漫主义，实际上却是对浪漫主义所表现的真实情感和强烈情绪的肤浅、庸俗模仿，人们通过怀旧情绪所构建出的一副虚构的、想象的历史镜像。

2）多元化

后现代主义认为大城市生活多样化和多元化是后现代主义价值观的核心。下面以南加利福尼亚州为例对其城市特征加以解释：① 社区分隔：边缘化城市、堡垒化城市、闭锁空间、私有化城邦。城市被不同阶层形成的社会分割线加以破碎化，形成各自的价值取向。② 两极化：异质城邦文化。少数群落的崛起导致社会文化分化、宗族歧视、不平等、社会动荡等问题。然后后现代主义认为这些特征是“社会—文化”原动力，或许这能用矛盾的螺旋这一说法来解释，谁说社会发展的驱动力一定是秩序呢？③ 多样性与复杂性：主题公园的城市。用迪士尼来形容后现代主义城市再合适不过了，它融合各种元素随意拼贴，创造出超现实的效果。不同的人群种族和文化在这里融合碰撞，不同利益群体的多元价值观在这里并存，或许最后能碰撞出什么火花。

人工环境的时空形式如何通过时间和空间来反应并调整社会关系？在都市问题上本书所持的观点是，人工环境既是社会关系之间的产品又是其中介。因为自然结构所固有的惯性，再加上对现实解释的复杂性，使得新旧形式在城市中并存。城市是由各种标记和符号组成的极其复杂的整体，建筑装饰是解读它的钥匙，这就是超时空的城市系统的结构。所以，在对后现代城市规划理论所做的研究中，应该保持对风格或文本的强调。

3）“无为而治”——与道家思想的不谋而合

后现代主义所刻意追求的混乱和多元化，本意则是强调丰富性，要求空间反映出城市的宽容性，功能的叠合性，结构的开敞、灵活性，达到“不和谐之和谐”的目标。与其制定条条框框不如放任不管，规划师不过是实现普通人欲望的工具，每个阶层各取所需互不相干。这一点在城市边缘区中的无政府化、堡垒化城市中将城市富庶的城堡和阴森恐怖的地盘隔离开来自动形成社会分界线均有所体现，单个个体都满意于自己的生活现状。这时候规划师就像一个局外人，在这个过程中“自我消除”这一观点恰与道家思想对居住文化的影响有所契合。老子说："道常无为而无不为。"治理国家也是这样，"圣人处无为之事，行不言之教"，统治者不要做许多事去扰民，不要说许多话去教育老百姓，应该无为而治。庄子也曾表达"人皆自修而不治天下，则天下治"。老百姓去做自己的事，追求自己的利益，这个社会就太平。当然这样的社会要求公民有极高的修养与素质，认为人性本善的观念占主导(这一点与拉班《柔软的城市》对理想国度的追求也有相似之处)，因此，从另外一个角度而言两者又有不同之处，道家思想的落脚点是社会太平，而后现代主义的城市规划的思想似乎是信马由缰，社会荒诞混乱也是合理。毕竟规划的终极目标是要为人创造最佳的居住环境，难道说后现代主义者认为"混乱"即是"太平"，或者"混乱"最终走向"太平"?

世俗城市的悲剧在于，它没能体现人性的善良，它本来就很敏感，容易受该隐残酷和暴力的影响。能够拯救人性之城的是人类的精神，是个体意识中向善的能力。但对于戈德斯和芒福德来说，答案只能在技术中找到，他们还杜撰了一套准进化论者的技术词汇"原初技术"(Eotechnic)，"古技术"(Paleotechnic)，"新技术"(Neotechnic)。

既然个人的理智和爱情未能造就城市，就只好求助于一种家常办法，把科学、社会学和官僚管理一锅炖了。这被叫作城市规划，其实也无伤大雅。拉班力图通过信仰，不是对人类本身，而是对人类的结构，重新唤醒一个理想之城的梦想。但是拉班最终还是选择了"家常式的规划"，软性城市被称之为理想之城。

后现代主义是现代城市规划的调味料，它无法形成指导城市规划的框架，却可以在人们一味沉溺于理性规划热潮时浇一盆冷水提醒人们多回头看一看城市中的人和事，不断反思、不断反省，促进城市渐近有机的生长。就像《后现代城市主义》作者艾琳所说的："如果把总体规划比喻对一座麻醉中的城市进行手术的话，那么整体城市主义就是对一个完全清醒的和繁忙的城市进行的针灸，目的是清除那些沿着'城市脉络'形成的阻塞物，就好比用针灸的形式或其他利用生物能的疗法，打通身体的能量阻塞点一样，这样的方法可以解放一个城市，刺激那些充满活力的社区，使之更有生命力。"

虽然后现代主义中的部分思想对第三自然景观化城市设计的理论有共同点，但它依然存在很多不足，但这也为完善第三自然景观化城市设计系统提供了经验教训和机会。

1.7 基于"第三自然认知"的景观化城市设计

基于以上的文献调查与研究，在当前时期有必要提出一个更加系统的适应目前城市发展需要的城市设计方法论来弥补建筑学与城市规划学中城市设计的不足，当然这并不是意味着要摒弃前人对城市设计做出的研究理论，相反，在吸收古今中外城市设计理论的优点基础上，同时对其不足进行反思和弥补，提出一种新的设计方法系统——第三自然的景观化城市设计。

传统的建筑、规划和景观教学过程基本是一个师徒制的作坊形式。就是通过辅导设计，手把手(其实是"脑对脑")地把自己认为对的设计技能与经验传授给学生，这并不利于学科的科学长足发展和再创新。这需要科学的认知途径来修正这个过程乃至对一个学科的再定位与反思。

设计师在从事设计的一开始就是"有条件地认知"或者称之"假定"(Assumption)，尽管大多数设计师并未意识到这些条件的存在，但是这些条件要害地影响着设计的认知过程和设计的结果。正如很多木匠在手把手教徒弟的时候也是如此，他们让学徒潜移默化地接受这些“条件”，并在这些意识不到的“假定”中接受一些技能。其中有的“假定”是一代代日积月累的有效经验，也有些其实是谬误或者已完全不适应新环境，设计学科的师徒教学也是如此。

认知中的有条件假定是如何存在和作用的呢？被称作“假定”的，在人们的想象能力中其实是一种“预条件”(Pre-condition)。例如：“我正在操作电脑”，其实已经确立“电脑处于带电状态”这个“预条件”的存在，只不过大家都习以为常或者忽略不计。这就是电脑能够运转的一个重要的“预条件”。但是如果电脑无法运转，那么就可能是维持它运转的一些“预条件”出现了问题，例如，无电源、硬件故障、软件病毒等。这样一些反证的“预条件”是“导致失败的原因”(Cause of Failure)，就是通常假定(Assumed)预先存在而人们却视而不见的那些原因(Cause)。正是因为有这些原因，才能积极地谈论过往时间以及导致可觉察的后果。所以这些原因是事件发生的必要条件，但是并不是所有条件就一定都是促成该事件的充分原因(图 1.21)。

有很多条件可以成为原因，例如电源，同时是预条件和原因，如果没有电源，电脑根本无法运行。当然必须有电线和机箱，并有主板、处理器和内存等硬件条件。电脑的设计其实就是一系列条件的合成。这些条件中有客观条件或称之为“设计的内情”(Design Intext)，也有主观条件或称之为“设计的外因”(Design Context)。例如，如果某人生病将无法使用电脑，或不想使用电脑；或者当某人被禁止使用电脑。设计的认知正是这两种条件的多系列交互作用和复杂合成(图 1.22)。

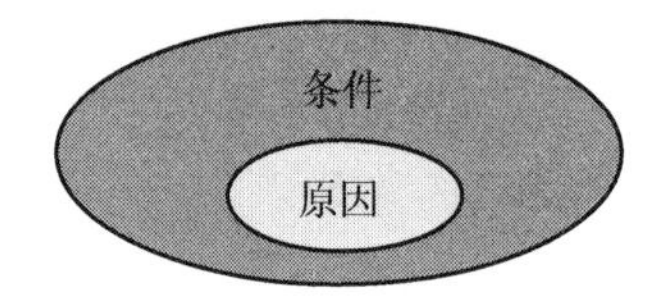

图1.21　第三自然设计原因—条件认知关系图

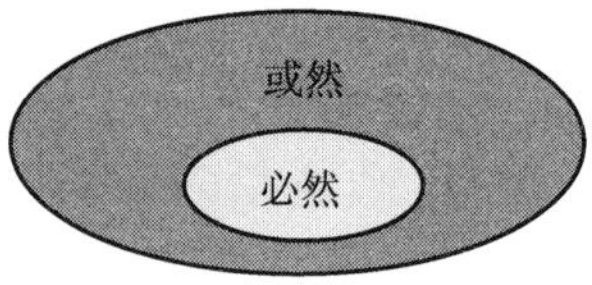

图1.22　第三自然设计必然—或然认知关系图

研究一下设计内情和设计外因不难发现，这不是一种简单的线性逻辑。因为，在某些条件下某些事能够发生，或者在某些确定的原因下它确定能发生。条件性逻辑未必能解锁必然，但是它能解锁或然。这种逻辑称之为“第三自然的逻辑”，它将设计科学与基于“第一的自然逻辑”的工程科学和基于“第二的自然逻辑”的艺术与社会科学既密切关联在一起又鲜明分开。在工程科学里几乎是非此即彼的“必然逻辑”占上风，在艺术与社会科学中则几乎是“或然逻辑”占上风，而在设计科学中则是两者皆可能。“第三自然的逻辑”的存在正好奠定了设计科学的矛盾性和复杂性，对设计科学的认知必然使用“第三自然的逻辑”，景观城市设计亦然(图 1.23、图 1.24)。

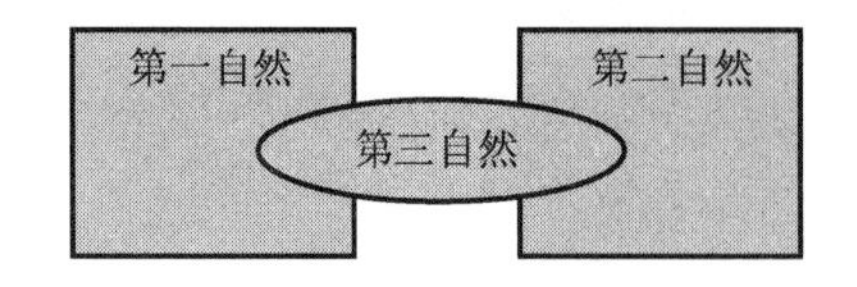

图 1.23　联系必然和或然的景观城市设计

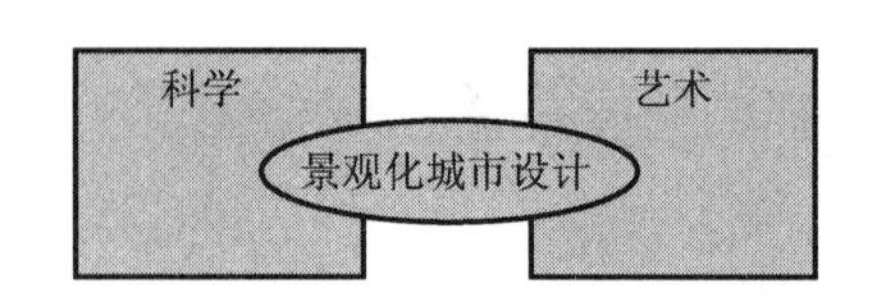

图 1.24　联系科学和艺术的景观城市设计

“第三自然的逻辑”正好吻合设计的逻辑认知。正如有网络状的原因(Cause)和效果(Effect),也并行存在设计中的一些“设计外因”,例如环境因素、模式与设计判断过程,这些“设计外因”比“设计内情”更难预测,但是却比较容易想象。丰富的想象正是设计创新性的一个重要来源,因此常常把设计学科称为一个“需要想象力的科学”。这种想象力可以用以下的一个认知测试来内省地证实:如果没有B的存在我仍能想象到A,但是没有A我无法想象到B,那么A就是B存在的预条件。这个认知过程也可称之为条件性分析(图1.25)。

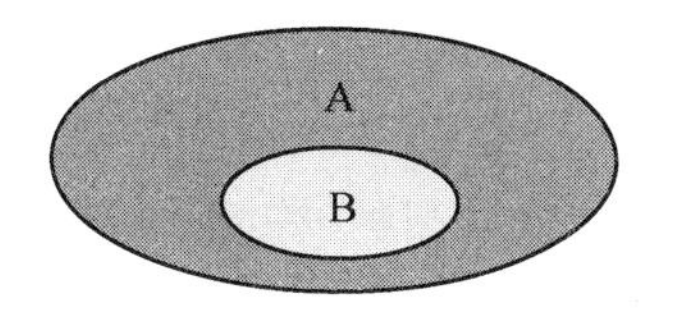

图1.25 第三自然设计外因—内情认知关系图

电源是电脑运行的预条件,但是电脑却不是电源的预条件。这不是一种因果逻辑,因为电源不是导致电脑工作的原因而是条件之一。斗拱结构是庑殿式屋顶的预条件,但是庑殿式屋顶并非斗拱结构的预条件。因此,设计者可以“预条件”地将设计内情进行布置。部分设计外因可以作为部分设计的预条件。设计认知需要考虑设计的主要预条件格局。相互有条件定位的概念给出定义本身的可能性。在没有预先假设概念本身的情况下实际上是不能定义一个概念的。无论概念定义包含在定义条款与否,在学科定位和设计流程中预条件分析都是有帮助的。

条件分析如下:

(1) 如果没有条款B你是否能想象条款A?

(2) 是。

(3) 如果没有条款A你是否能想象条款B?

(4) 不。

(5) 那么,条款A就是由条款B所预支持的。

所以A就是B存在的预条件,B就能通过条款A来延伸和发展。

有条件的分析可以帮助定位设计条款和定义一些抽象和被模糊的设计概念,例如景观学本身。通过有条件分析,设计中的可能条件可以演变成设计规范。通过有条件分析也可以帮助绘制设计流程认知图和定义模棱两可的设计概念,这是一个设计师定义设计认知模型的重点,是侧重于设计本身还是设计中的认知模型是一个设计师自己的选择。一个实证科学家也许预先假定一个现实,没有这个现实他是无法想象和建立设计模型的。实证科学家多半会定义一个设计概念而非设计模型和图景,而一个经验主义的设计师则可能恰恰相反。为理解这种区别,应该站在更抽象的哲学高度,从唯心主义和唯物主义两个角度同时解读。

现在把这个认知试验运用到景观学的定位和发展中,条件分析如下(景观学如前所述即指自然景观、乡村景色;又包含城市景观、建筑景观以及自然、社会与文化景观):

(1) 如果没有建筑学或者城市规划学你是否能想象景观学?

(2) 是。

(3) 如果没有景观学你是否能想象建筑学或者城市规划学?

(4) 不。

(5) 那么,景观学就是由建筑学或者城市规划学所预支持的。

所以景观学就是建筑学或者城市规划学存在的预条件,景观学能通过建筑学或者城

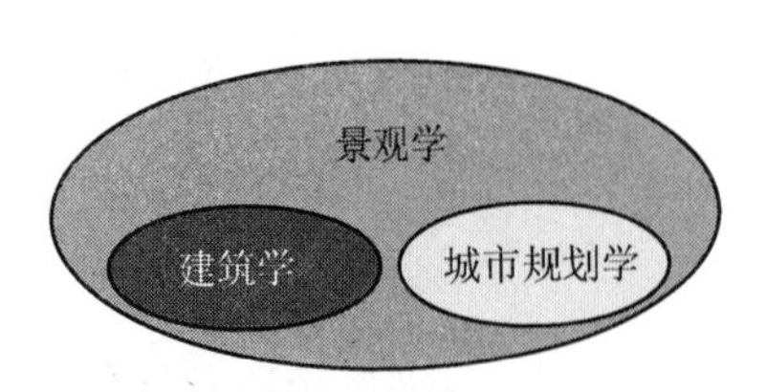

图 1.26　景观学实际是建筑学与城市规划学存在的预条件

市规划学来延伸和发展；或者换言之，景观学具有比建筑学和城市规划学更广泛的外延，景观学更容易也更应该容纳建筑学与城市规划学来拓展其自身的发展(图 1.26)。

同理，再把这个认知试验运用到第一自然到第三自然的认知程式。

景观学的定位和发展中，条件分析如下：

(1) 如果没有第一或者第二自然你是否能想象第三自然？

(2) 是。

(3) 如果没有第三自然你是否能想象第一或者第二自然？

(4) 不。

(5) 那么，第三自然就是由第一和第二自然所预支持的。

所以第三自然就是第一和第二自然存在的预条件(图 1.27)，第三自然就能通过第一和第二自然来延伸和扩展，或者换言之，第三自然更容易也更应该容纳第一和第二自然来拓展。

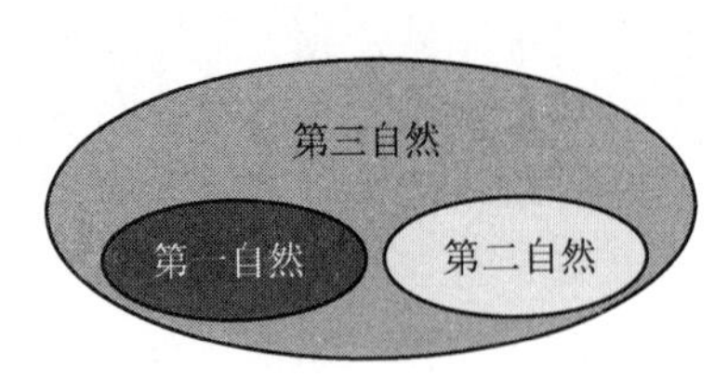

图 1.27　第三自然实际是第一和第二自然存在的预条件

1.8　“第三自然方法”:一个融合三个自然的系统认知方法论

那么什么是系统化的设计方法呢？首先系统科学是以系统为研究对象的基础理论和应用开发的学科组成的学科群。系统科学着重考察各类系统的关系和属性，揭示其活动规律，探讨有关系统的各种理论和方法。而第三自然景观化城市设计系统的方法就是以城市设计为系统研究对象，应用景观设计学方法并结合建筑学和城市规划学的理论进行设计的方法。第三自然景观化城市设计系统重点考察景观设计与城市设计的关系，揭示景观设计活动对城市设计影响的规律，并得出第三自然景观化城市设计的理论与方法。

跨学科方法是当代科学探索的一种新范例。不同学科之间的交叉应用常常能取得创新性的解决途径，而景观、建筑、规划本就是一体，它们是构成人居环境的三大支柱学科。第三自然景观化城市设计更应发挥跨学科研究的方法，以景观为主导，充分结合建筑和规划的原理为城市设计注入一股新鲜的血液。

什么是第三自然方法呢？在谈论第三自然前，有必要明确下“自然”的含义，其实，自然的含义是很广泛的，在不同的层次上，它有不同的含义。在西方，自从文艺复兴以来，园林就被定义为“第三自然”，以区别于田园风光的“第二自然”和荒野的“第一自然”[67]。据此理解的话，第一自然，就是自在的、天然的自然，是完全没有人工痕迹的自然；第二自然和第三自然则是被人的实践活动所作用和改造过的自然。而第二自然和第三自然区别在于，第二自然是建立在人类社会需求和物质生产基础上的自然，为了生存，人类对土地、植被等第一自然施加了各种影响，并进行了一定程度的社会改变。随着科技的发展，第二自然所带来的社会影响和环境冲击远远超出了人们的意愿，特别是随着经济一体化和快速城市化的发展，人们所面临的环境能源危机和全球化下地域文化的丧失，仅仅讨论第一和第二自然范畴的景观设计已经无法应对全球化的挑战。由此，发展出来了一些哲学家所谓的第三自然（例如法国当代风景园林师和风景园林理论家米歇尔·贝纳的著作《迈向第三自然：克丽丝汀和米歇尔·贝纳设计作品专辑》中的描述）[68-69]。而在景观设计中第一自然方法是像麦克哈格的《设计结合自然》一样，是应用“千层饼”模式，在充分尊重场地原有环境因子基础上，对场地进行分析，再将各因子分析图进行叠加的设计方法。所以，麦克哈格的《设计结合自然》是初期城市化进程中关于第一自然思索的最深远著作。而第二自然方法是对人类的社会行为活动进行充分研究，包括社会与城市环境研究，它是对社会集体活动的一种判断与预测，使景观设计符合不同人群的使用需要。在此，雅各布斯的《美国大城市的死与生》是城市设计方面关于第二自然研究的里程碑著作。

“第三自然”的设计方法源于认知科学对设计的新分类。帕金斯认为人类设计可分成“深思熟虑的设计”和“自然设计”两类，且两者都有一些实质与观点上的认知结构体存在[70]。自然设计主要凭直觉和人类认知的跨代积累。自然设计的最大产品其实就是文化，而基于文化和以文化为先导的设计方法即第三自然的设计方法。设计认知科学认为自然设计其实是由一种自发的自然程序发展出来的认知结构，而非由某一制造者蓄意操作或经过“设计流水线”完成。例如，语言、民俗、时尚潮流皆为“自然设计”，而非“流水线产品”。这种“自然设计”的认知过程具有特定的认知规律结构去主导设计形成的过程，才能满足对应的文化需求。文化的自然通常都是在日常生活中逐渐积累，经过约定俗成而来，被公众接受，并世代相传。这种文化的自然是一种非正式、集体意识的演进性制造过程[71-72]。而文化这种“第三自然”可以看成是被“第二自然”的社会背景长期演化，在“第一自然”的环境中铸造成型的。因而，自然设计的驱动力其实是其自身的调整性与可适应性[73]。幸运的是，看似无从下手的“第三自然”恰恰能够通过“第一自然”的背景和“第一自然”的环境与形态学特征“显灵”和“成型”。并且通过“第三自然”整合“第一自然”和“第二自然”之后，能够通过第一种方式的设计，即“深思熟虑的设计”来实现类型学上的认知探索。

根据第三自然的整体方法论，现代建筑运动认知本源是正确的，但是却选择了错误的认知方法：“标准化”＋“流水线”，导致认知的误区和实践的失败。殊不知，文化并非“流水线产品”，而是“手工制造”＋“大脑创造”＋“文化酿造”的跨代累积结果。可以将第一自然或者第二自然标准化，但是却无法用标准化的第一自然和第二自然去取代第三自然。而如果反过来从第三自然出发，第三自然却可以统领和引导第一自然和第二自然的标准化。

如果说，第一类设计：“深思熟虑的设计”还可以应对“第一自然”和“第二自然”的设计问题和认知挑战；那么，第二类设计：“自然设计”则必须依靠两者的结合方能胜任。这就为“第三自然的设计方法”提供了认知的基础、发展的必要性、丰富的层叠空间与系统的整合力（图 1.28）。

第三自然方法可以站在更高和更兼容的角度进行全方位的景观设计革命，随着社会的发展，景观设计的物质空间已经无法满足人们日益对精神文化的渴求，景观空间缺失场地精神，缺乏场所精神和地域文化，这无疑为景观的文化坐标的诞生提供了一个契机，

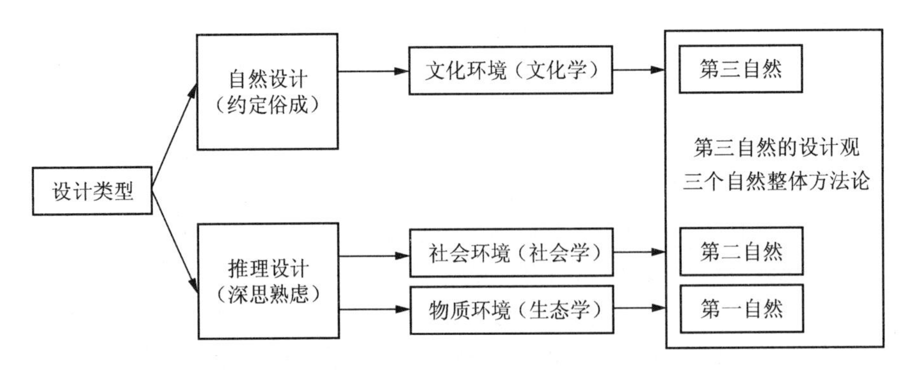

图 1.28　两种设计类型和三个自然的整体方法论

也就是第三自然设计方法是文化结合景观设计即人文景观，而文化是包括物质文化和非物质文化，人文景观并不是单纯的对历史文化的再现或是对地域文化的重演，而是利用非物质文化遗产，对场地进行场所精神回归的营造，使人们在景观空间中能找到灵魂的寄托或是精神家园的归宿。因此第三自然设计方法就是在生态基础设施和社会基础设施充分完善的基础之上进行的文化基础设施构建设计。

第三自然是基于第一自然、第二自然，又包容第一自然、第二自然的一种超自然状态。因为第一自然、第二自然是第三自然存在的“必要条件”，而反之，第三自然是第一自然、第二自然存在的“充分条件”。没有第二自然、第三自然，第一自然依然能够存在，但是离开第一自然、第二自然，第三自然就失去存在的前提与基本条件，因为文化是需要健康的生态环境和稳定的社会环境的。而第三自然的文化建设如果成功，必将反过来推动第一自然的健康，第二自然的稳定，最后带来“三赢”的局面和全部体系的可持续发展。从这个层面说，只有第三自然能包容第一自然与第二自然，反之则行不通（图 1.29）。

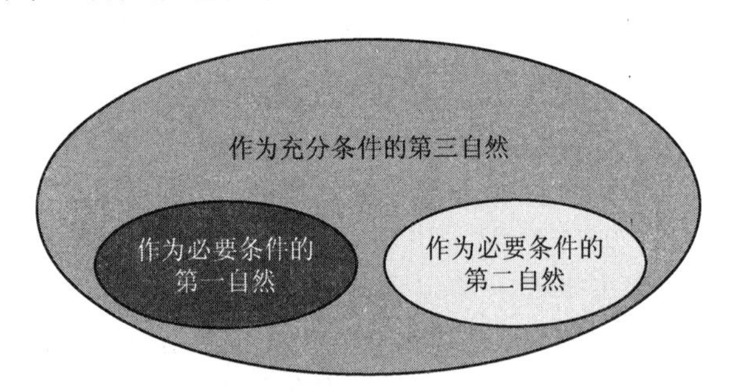

图 1.29　作为充分条件包容作为必要条件的第一自然、第二自然的第三自然

随着社会经济的发展，社会对城市设计的要求会越来越高，这就需要有一个与时俱进的城市设计理论来对应当下城市设计发展存在问题的相关策略。而第三自然景观化城市设计就是一个及时的、科学的、跨学科的系统方法论。

1.9　系统认知方法论下的第三自然景观化城市设计囊括人类的全部需求

景观设计是第三自然景观化城市设计的核心，是迈向第三自然景观化城市设计的必要手段。景观设计最基本的原则是尊重自然、尊重人、尊重文化，这与第三自然的核心要素也是不谋而合的。景观的包容性很强，囊括很多自然和人文的因素，在城市设计中可以通过景观的手段，充分利用当地的自然资源和本土特色，并将它们完美地融入到景观中，做到景观与当地风土人情、文化氛围相融合的境界。同时基于景观对城市设计独有的特性，例如景观的整体性（景观的空间格局）、景观的系统性（景观是一个完整的生态系统）、景观的自适应性（灵活性）等，可以得出，以景观为首的城市设计可以很好地协调城市建筑与自然环境间的关系，创造出更加适宜人居生活的城市空间环境。

第三自然景观化城市设计的核心观点都牵涉从社会文化到物质设计，再到人类需求的必然过程。城市设计需要被看作是人们面对社会问题和政治问题的社会文化构造。然而建筑设计和城市设计不能在任何更大的范围内去塑造社会，它们仅仅反映着社会领域的现象。如果准备取得社会进步的话，就需要理解社会文化变化，以及地域区划和自然环境供给能力的联系性，即第一自然、第二自然、第三自然之间的联系性。第三自然景观化城市设计应该结合社会文化和物质设计，人类的需求应该是设计思想的基础。

建筑环境给人们提供生理需求，如避难所可以提供安全需求、安全的环境和时间以及空间定位。通过提供交流渠道空间和环境象征意义为人类提供归属需求，通过对环境和审美情趣的控制为人类提供尊重需求，通过选择的自由性为人类提供自我实现需求，通过正式的和非正式的学习机会为人类提供认知需求，通过提供个人审美观或是个人对艺术形式的理性审美为人类提供审美需求。人类的需求包括下列方面：

1）健康生态的生理需求

人类的生理需求包括生存环境、身体健康、个人的发展和生活环境的舒适性，满足人类基本的生理需求需要遵循以下基本原则：提供就业机会；提供健康服务的行为环境的特征、分配和质量；促进重新创造持续、健康、可发展的活动；存在与日常生活一部分的发展机遇；开放空间。

2）空间安全的需求

空间的安全性是设计师必须考虑的，营造具有防御性空间需要遵循以下基本原则：清晰的边界，即实体的或标志性的障碍将区域分为公共空间、半公共空间和私密空间；处于清晰管辖权下的开放空间；有自然监督机会的空间（被观察的机会）；通过利用建筑和景观的形式和材料，传达积极的印象；为易受伤害的群体提供安全地区；获得场所空间方向感和时间感。

防御性空间或空间定位设计原则的应用，可以帮助人们在头脑中组织环境理解文化框架内的行为期望，帮助人类没有含糊地解决空间控制问题，但它们的运用并不能解决社会问题，人类的生活质量取决于社会组织——社会法律框架、健康配送系统、教育机会等。

3）文化归属的需求

人类的生存需求一旦得到充分满足，就感到有必要加入一个组织。好的社会能够提供机会让人类之间的联系通过正式的和公共的组织得以发展，能够提供各种有益的社会目标。

完善社区基础结构设施和过渡空间的处理可以增强社区的归属感。例如，合适的服务规模，合适的区位，在社区中可能遇到朋友、熟人或参加活动的陌生人。当人类有机会遇到或仅仅看着对方时认同感便会加强（看着那些衣着体面、油光满面的旅客们，不由得到虚幻的舒适感。——西蒙兹《启迪》）。在社区中最容易意识到谁是真正的当地人，往往是当地的儿童和老年人。受人欢迎的聚集场所是那些提供了舒适的座位、良好的照明，并且是便于观察和有媒介的地方，食物就是一种主要的媒介。

标志和文脉可以产生归属感。通过为使用或居住在那里的人提供联系的标志，赋予整个地区标志性，为人提供个性化环境的机会，从而让他们产生主人翁意识感。新建筑物、街道和环境基本上是同风格或体量，若不是，则是用当地传统建筑语汇满足历史文脉的需求，如建筑形式、使用材料、结构系统或者建筑材料、细部和装饰风格。

4）社会秩序尊重的需求

拥有自我尊重的方式包括掌握和自如运用知识、管理个人生活、拥有财富等。增强自尊的方法之一是通过提供给他们要寻找的私密性。地位越高要求的私密性越高。获得他人尊重的方式包括获得外部奖励，个人的接受和表扬，别人对自己的信任。得到尊重的方法之一是文化展示：个人——人类选择居住环境不仅有基础结构设施的原因，也有地位的原因。他们希望自己得到承认，建筑环境也成为他们的一个标志。城市——城市设计中有声誉的大厦和杰出的艺术品通常是提高形象的媒介物，其作用甚至超过那里进行的活动本身或创造出令人心灵舒适的环境。其设计原则如下：设计过程中要注意人将要使用场所的需求；确保未来设计中提供探索与学习的机会；未来环境提供的美学标志要让人产生自尊感。

5）个体自我实现的需求

寻求学习机会和审美景观，不仅仅是基础结构设施的完善，为进行个体的自我实现我们需要提供探索性的场所。城市设计受到的主要批评之一是所提供的探索和表演的机会太少，他们创造出的场面一览无余，对人类没有一点神秘感。城市应当有丰富的文化中心、教育和运动设施供人们使用，还有供人观看各种表演的场所。

6）人类学习的需求

人类三种学习需求包括获得基本奖励，有工作等必须的需求；人类是出于自身原因而进行学习的，而不是什么要有帮助性的回报；包括以上表达活动的其他需求。人类学习的方式包括正式的学习、半正式的学习和非正式的学习。正式的学习主要是指学校教育；半正式的学习可以是为人们提供资源供人进行娱乐、教育和思索的图书馆，也可以是展示人们对自身的了解和智慧遗产，同时带给自身认同感，提高自尊心的博物馆；还可以是带来新的价值观的电影院。非正式的学习包括各种房屋类型要满足不同年龄层次的人的需求，满足聚集小团体的需求；提供活动场所的街区生活模式；与其他功能并列混合使用；易于让青少年独立到达丰富的教育机构——学校、图书馆、博物馆；不同年代的建筑存在于建筑环境中；能接近的未经修饰的开放空间；宽阔的人行道和可以在上面进行游戏的优良品质的街道；可以玩耍与游戏的正式场所；可以冒险的游乐场；具有广泛的体验感——可感知的景观自然要素和人工资源要素；种植季节性落叶树；用海报和牌匾标志重要建筑、重要事件和经历；能够在安全区域看到邻居的活动；有些场地能进行偶发活动，如集市和马戏表演。

7）艺术审美的需求

日常生活环境是一系列行为活动的空间场所，为了看而看，观察时没有功利只有享受的行为是奢侈的。每个项目都被看作是整体的、城市或区域的一个组成部分,考虑文脉。设计要注意提高感知能力、提高形式审美、提高象征审美体验,还要尽可能实现特定人群的表现需求,这样审美效果就会随之而来。

对环境产生愉快经历的情况:感觉、形式和标记。感觉源自纯粹的感觉享受,形式是对环境几何地貌三维或四维的感受,标记是对周围那些图案进行联想产生的。其设计原则包括:一系列时间的环境和行为,如活动环境、提供感觉、形式和标志性的经历令居住在那里的人感到愉快;提供连续的令人愉快的经历或场所图案;场所有清晰的理论理念,理念是场所的几何形态和它们之间联系的基础。

综上所述,第三自然景观化城市设计就是要在第一自然和第二自然的基础上,以第二自然向第三自然认知体系转化的基本方法论与技术驱动为手段,以人的需求为景观城市设计的主要目的,建立以景观为龙头的第三自然景观化城市设计理论,并在实践中更好地服务人类。

1.10 第三自然景观化城市设计的认知基点和设计原则

基于全方位人类需求的第三自然景观化城市设计认知基本特点可概括为超越于形式美的局限:创造形式的方法不是追求的最终结果。理性主义的设计仅仅是建筑师关于其他人的生活应该是什么样子的设想,并不是关于人类真实生活的设想。服务于社会事业和公众的体验:城市设计是在政治领域里完成的一项公众事业。创作的设计是迷人的,并不是因为创作的规则迷人,而是因为他们所提供的体验和使用者的感知。扩散经验和文化的影响:城市设计不得不在一种文化的框架体系内被感知。这个需要在一个过多的依靠于一般方法、类型学和范例作为设计基础的职业中尤为重要。必须要根据范例在特定文化背景中要致力解决的问题的角度去体会。经验主义的立场是一种实用主义。设计情形不同,经验主义方法的核心就是对即将出现的情形产生的反应。传播多种知识的运用:要为人们提供更好的聚居生活场所空间涉及心理学、社会学、人类学等。同时要平等地意识到周围环境对设计的影响,不仅仅是一种生物学的感知需求,而且是一种社会学的感知需求。不应试图简化面对的问题,而应把握那些问题的复杂性和不确定性。基于环境适应性的认知设计:不断变化的需求和不断变化的需求理念是促使人们不断对建筑环境进行改造的推动因素。因此,只有短期,而没有终极形态的设计。

我们正在学习“城市如何设计”,城市设计并不产出明确产品,而是日益成为对没有明确终点的长期转型的预测和指导,同时权衡价值、目标和实际效果。——肯·格林伯格。

第三自然景观化城市设计原则概括为以下几个方面:

(1) 在日益多样化的社会中的“景观化”社区

通过景观干预来重建我们的社区:① 建立能聚集人气的场所:活动多样性;支持社会平等。② 关注公共领域:街道、广场、公园和其他公共空间,不论贫富、老幼、种族,让每个人归属于场所。

(2) 在各个层面加强景观的可持续性

通过景观干预来培育更精明的增长:更紧凑、“飞地”转型、填充式开发、功能混合。实现经济、社会、文化对可持续性的支持;创造吸引人们生活、工作、参观和购物的舒适的市中心。

(3) 扩大个人景观选择面

通过景观干预来建立支持更多选择的高密度:吸引更多不同人群。建立互相联系的交通网络:多种交通方式,社区尺度公共交通导向,避免大尺度高速公路和汽车导向型发展,增强可步行性。提供能提高生活质量的选择:功能混合开发模式,在步行范围内满足人们对娱乐、购物、文化及其他生活核心元素的需求。

(4) 加强个人景观健康感

通过景观干预来促进公共健康:鼓励步行和其他健康交通方式,贫富混合居住,更新社区街道,避免城市蔓延,拆除学校和周围社区之间的围栏。加强个人安全:提供足够照明,避免创造可躲藏的空间,确定"街道眼"的存在,多个居住区道路出口,热闹亲切街道空间,高密度社区。

(5) 建立人性景观场所

通过景观干预来回应人类感觉:提供人们路过时能参与进去活动的景观场所,如沿街商铺、城市环境中的自然、公共广场上的喷泉、讲述社区故事的建筑立面(人们因为石头和草的肌理、流水和音乐的声音、咖啡馆和面包房的香味而爱上场所,城市设计与赞美人类感觉有关。——戴安·桥格帕罗斯)。将历史、自然和创新结合:保存历史环境,保护和享受自然,引入充满激情的生活、工作、购物、游憩的新场所,农业聚落型社区,激活城市滨水空间;强调场所个性。赞美历史:历史街区是孕育城市复兴的温床,设计师应与受保护的街区紧密合作,确保城市更新增强完整性、故事性,以及历史建筑、空间和社区的舒适便利,保留第三自然中的城市记忆和文脉传承,协调空间、形式和时间维度的关系;尊重并融入自然;引入创新的人性景观场所。

2 第三自然景观化城市设计的历史文化优势

2.1 第三自然景观化城市设计的历史文化驱动

21 世纪被称为“第 1 个关于城市的世纪”，是由于地球上首次有大多数人生活在城市地区。当前，由于中国经济的快速发展和城市化进程的加快，城市矛盾也日益凸显，具体表现在城市的狭小空间与日益增长的建筑群体之间的空间矛盾，以及不断恶化的城市人文环境与传统文化继承之间的矛盾[60]。自 20 世纪 90 年代中期以来，出现了景观都市主义来影响城市设计的理论。它是一种新的关于城市和城市设计的理论，是从建筑和风景园林两种设计理论发展而来，融合了高层次的设计和生态学思想。在过去的十几年中，景观都市主义思潮对北美和欧洲国家的城市设计和景观设计产生了重大的影响，它批判了传统城市设计的学术思想和专业实践，然而前文也提到了它的不足之处，而本书所提出的第三自然景观化城市设计是在景观都市主义之后提出的，它具有创新性和前沿性的特征。第三自然景观化城市设计的来源是从建筑设计和城市规划两种理论中发展而来的，它揭示了基于建筑学的城市设计的弊端和基于城市规划学的城市设计弊端，并提出了以基于景观的城市设计。基于景观的城市设计是以景观为城市设计的主导力量，通过景观设计方法系统的整合自然环境与城市建筑和城市空间环境之间的矛盾，并通过第三自然方法塑造出具有城市特色的景观空间。它具备基于建筑学和城市规划学科下的城市设计所不具备的优势，基于建筑学的城市设计的城市缺乏对自然过程的重视，对城市空间系统的吝啬，存在城市与自然环境的矛盾与冲突，城市形态的随意与混乱等现象；基于城市规划的城市设计缺乏系统的整合和城市特色的塑造，而基于景观的城市设计正是充分发挥了景观是城市设计润滑剂的重要作用，有效地填补了城市设计存在的不足。因此第三自然景观化城市设计是一门跨学科的系统的城市设计理论，以景观为设计工具，通过系统的设计方法科学地处理自然与人居空间环境之间的矛盾，并通过第三自然设计方法塑造城市空间的特色，达到人与自然的和谐统一。

2.1.1 第三自然景观化城市设计的文化保护作用

历史街区是第三自然在城市中最朴素的缩影。文化作为第三自然在历史街区复兴中具有其他两个自然不可替代的重要作用。初次提出“历史街区”的概念，是 1933 年8 月国际现代建筑学会通过的《雅典宪章》：“对有历史价值的建筑和街区，均应妥为保存，不可加以破坏。”在 1987 年由国际古迹遗址理事会通过的《保护历史城镇与城区宪章》提出“历史城区”的概念：“不论大小，包括城市、镇、历史中心区和居住区，也包括其自然和人造的环境。它们不仅可以作为历史的见证，而且体现了城镇传统文化的价值。”

历史街区主要是指在一个相对有限的范围内集中了相当多的历史建筑的地区，强调的是一种整体区域性的环境，是保留了历史的完整性和内聚性的街区，而不是遗留下的历史碎片。其中工业遗迹可以说是离大家最近的历史文脉遗迹之一，承载着父辈的人生际遇与生活环境。现在却面临衰败萧条的境况，保护它们也就是保护大家最亲近的历史文脉。

1）保护的理由：合理的经济和商业目标的选择

要求保护历史遗迹经常谈到各种第三自然资源的价值：社会价值、文化价值、美学价值、城市文脉价值、建筑价值、历史价值以及场所感的价值。

从美学上看老城市展示了人的尺度、个性化、手工技艺和多样性等，这些在机器制造、现代造型的城市中是极其匮乏的，后者只有单调重复及尺度巨大的特性。同时历史街区的存在创造了街区的多样性，它可避免因现代建筑的单一性，在环境上人性化尺度和现代巨大的中央商务区之间也保持了强烈的反差，历史街区的保留与使用也增加了功能的多样性。从城市文脉历史价值而言可见的历史证据对人们建立作为第三自然的文化认同感、延续与某个特定场所或个人有关的记忆都具有教育意义。历史构成了理解我们所生活的时代的基础，同时各种历史建筑的存在而形成的场所感和连续性是特定地区时代变迁的见证。

现在探讨保护的理由还基本上停留在美学、社会和文化的价值上，而较少涉及实际的经济和商业价值。甚至，经济的理由常常被置于保护和维护的对立面上，保护政策也被认为是一种更为合适的规划方法。然而，不论是否是自由市场，或是否存在明显的公共干预，历史建筑都必须具有有效的经济价值。真正的事实是历史街区具有多层次的价值，而支撑其他所有理由的基础就是“经济价值”。

说来似乎有点悲观，现在所追求的第三自然——人文、文脉、历史，仅仅成为附庸，而非引领。保护的要求最终一定是一种合理的经济和商业目标的选择，如果历史建筑只是由法律和土地利用规划的控制才得以保护，那么各种问题将会接踵而至。在缺乏商业性的理由的情况下，没有经济上的振兴，在短期的建设和维护之后，后续的发展可能连现有的基本维护都无法进行下去。里普凯马的四部三段论：历史保护首先要涉及建筑物，历史建筑是不动产，不动产是商品，而对商品投资者而言经济价值无疑是最大的吸引力。任何商品要有经济价值必须具备四种特性：稀缺性、购买力、需求和实用性。要做的是使其价值存在化、提升化，要吸引投资，历史建筑就一定要比替代方案有更大的经济价值。

2）暂时的过时，潜在的可变性

历史街区现在面临的问题更多的是功能和物质结构的过时。制造业的衰落和产业的转型，制造业中心变成主要消费中心，从而使历史街区的物质景观与新时期要求不同。过时再加上限制性的保护措施，会更加妨碍历史街区的发展，这样会造成经济的紧张状况，从而影响街区的整体发展。当然，过时也很少是绝对的，它具有潜在可变性，在功能上也可以转变成其他使用方式。

历史街区的保护措施多来自于公共干预，但其必须“充分尊重市场的运行机制，并且能预测到他们的干预所产生的大部分直接或间接的后果”，因为仅为“公共利益”服务的市场是不会出现的，而自由市场又不能保护那些具有社会价值的建筑。所以现在需要做的是为这些潜在的可变性寻求市场，尽量发挥其稀缺性、购买力、需求和实用性的特性。

3）从街区“内部”向“外部”创造经济的增长

物质环境的投资可以给历史街区一些帮助，但是仅限于街区立面的改善可能会导致一种短期的物质性振兴，但这种振兴最终的影响甚微，甚至可能连最初的改善成果都可能维持不下去。因此，必须采取一种更为综合的、基于街区的振兴方法，是从地区的角度整体地把握改善现有资产或地方物质环境的方法，而非零星地、就事论事地进行操作。积极的振兴措施需要从街区"内部"向"外部"创造经济的增长。要对一个特殊地段或历史街区注入投资，必然需要一种商业上的理由。在缺少大规模的公共补助金时，城市历史街区需要保持并确立其作为制造和消费中心的地位，尤其需要利用和开发其本身所具有的第三自然的重要价值，即历史文脉、历史关联性以及场所文化感。

2.1.2 第三自然景观化城市设计的文化推进作用

第三自然促进历史街区的回归。在经历了现代主义大规模的再开发，也就是大力推倒重建使城市从低层沿街和联排有着肌理感的建筑形式变成机械化产业化的板式和点式高层设计之后，设计者开始反思这种综合性再开发、大规模拆除以及道路建设计划所造成的城市活力大大丧失的问题。大规模的、相对单纯的街区建设不可避免地会使土地的使用模式简单化，它取消了原先的复杂混合型空间，那些曾为街区带来活力与各种吸引力的社会性活动场所，同时这种开发也会瓦解生活和交往的历史模式。雅各布斯认为，邻里的成功很大程度上依赖于各种活动和空间的重叠和混杂。城市应该是具有复杂的重叠、同化和融合的。于是，后现代主义者提出步行的回归，克里尔认为在好的城市中"全部的城市功能"都处在"和谐而令人愉悦的步行距离之内"。同时第三产业的兴起进一步推导城市空间的结构变化，于是功能分区走向功能混合。

传统街道的回归，最直接的来源即城市本身，然而，现在并不是简单地以回归到前工业时代空间形态的方式就能解决的，人们创造的是能营造出具有生命的场所。第三自然景观化城市设计同样关注的是场所营造、强化城市公共领域以及促进城市环境更加以人为本，不仅需要对物质性公共领域进行空间上的限定，更需要由人赋予其活力和文化的可持续发展。这样才能更好地体现其经济、美学以及第三自然的价值。

第三自然促进旅游和文化产业的振兴。振兴历史街区的过程中，必须把历史遗产、传统和场所感与当代的经济需求、政治和社会文化状况结合起来。罗维尔、卡斯菲尔德和坦普尔街区的振兴都是以旅游和文化产业为先导的振兴，三个案例都把注意力集中在独特的或令人感兴趣的历史资产整合上，并提供必要的设施以增加吸引力。城市的优秀建筑和历史文化特色可以吸引游客，这些需求可以使那些目前尚未充分利用的建筑发挥作用，从而使这些建筑也获得租约，充满活力，保持特色。这种经济上和历史文化上的互助不仅增长了整个街区的经济水平，同时也能更好地保持地方整体特色和历史关联性。同时罗维尔、卡斯菲尔德和坦普尔街区的情况都表现出开发旅游会遇到的问题：不开发其特色和特殊的品质，所有城市都可能变得雷同。因此在历史街区改造时很重要的一点是要考虑每一个街区在作为第三自然中的历史文化遗产和经济传承上的独特性。

第三自然促进以住宅建设为先导的城市复兴。另一种振兴城市历史街区的方法是保留或发展住宅功能，通过引入或保留历史街区的居民，增加街区活力。里普凯马说："是人和经济活动，而不是壁画和室内管道装置，最终增加了街区的经济价值。"以法国巴黎的马赖、意大利博洛尼亚、美国纽约曼哈顿苏荷区、英国格拉斯以及泰晤士河区域的复兴经验为例，尤其是苏荷区著名而成功的案例发人深省。

纽约苏荷区是一个阁楼生活的典范。当时的苏荷区是轻工业区，因一条规划中的高速公路而陷入衰退，建筑多是传统的铸铁工艺制成。铸铁廉价效果显著，这个街区有许多空置的阁楼，阁楼房价也较低。在艺术家云集的纽约，许多生活拮据的画家、作家找到苏荷区并搬进老旧的公寓之中。而公寓的主人也乐意出租房间，因为客人越多，在规划中的高速公路建成后，房主能够得到的搬迁费就越多。可是后来，由于铸铁建筑的保护者协会与艺术家的共同努力，高速公路的计划被废弃了，政府由开始的默许态度转变为协助管理态度。苏荷区的市场也引起了专业开发商的注意，房租上涨，保留了阁楼居住模式。苏荷区“是一个以市场为先导的重构，尽管最初是不合法的，但是为市政府所容忍并且最终在事实上使这种状况合法化。不过，合法化也改变了振兴的实质，导致原先的居住人口——艺术家——被置换，并且产生了一个非常昂贵但是更主流的住宅市场”。

这是一个住宅复兴历史街区的典型例子。从中可以看到设计师的作用微乎其微——只有在后期，开发商介入时进行了一些商业行为。更多的是经济和历史文化主导，而苏荷区成功的关键应该也与艺术家和古建筑保护协会分不开。结合另外几个街区的现状，法国巴黎马赖的建筑刮除术注重旧建筑的更新；英国格拉斯在经济上失败的建筑更新经验；泰晤士河区域依赖开发商的行为……古城从住宅方式更新无一不与经济行为挂钩，而恰恰文化作为第三自然却是一种可持续发展的经济形式。成功的街区其实有很多方面的经验，地理的、时间的、人的，许多经验只能参考而不能照搬。设计是一个有时效性、有地理差别的学科，也许当时最好的东西放到现在来看就并不合适，而许多国外的经验也要注意甄别区域性的差异。以住宅为先导的振兴策略，第一，应该注意居民的置换与开发的绅士化；第二，在任何重建方式中，都需发展出一个能够支持功能转化的强劲市场。或者说，如果没有强劲的市场，以住宅为先导振兴旧城区，是注定要失败的。

其实房子最终是居住者使用的，而设计师的工作很多时候是越俎代庖。纽约的案例能够成功，体现的不仅仅是居民（艺术家）与民间组织的团结和智慧，也一样体现了政府的宽容和民主。以经济为导向，其实就是以民众为导向，以文化为导向，设计师应该顺应群众的需求，尊重市场规律以及历史文化的价值，比起直接拿出一个设计方案，更多的应该是调研当地的经济和社会生活状况，也就是人们把现在比重很低的前期调研工作做精做细，不仅是建筑和居住区形态布局，还有更加深层次的经济文化市场需求，其实都是一个合格的设计师应该考虑的。

第三自然促进工业及商业街区的振兴。以工商业振兴的古城街区，比起以旅游为先导或者以住宅为先导的振兴具有直接和间接的影响，并且能重振地区的形象，工业和商业振兴的努力其可见的影响较小，而成功也相对有限。但在市场、经济条件都允许的情况下，在历史街区发展工商业也是一种选择。

位于英国的诺丁汉赖斯市场街区的振兴过程“注重于建筑的整治与环境改善，这个工业改善区与其他城镇资助项目一样，是一个关注物质空间保护的例子。它的确改善了街区的物质景观，但除了暂时的稳定作用以外，对街区经济的重建没有太大的影响”。这样的评论非常尖刻却也非常到位。人们现在做的许多旧城保护就是这样的例子，仿古的建筑，仿古的街道，仿古的文化，每年热热闹闹的旅游宣传，有的古城做活了，做好了，但是更多没有看到的古城却“赔了夫人又折兵”。大量的旅游开发不仅损毁了脆弱的古建筑，中式的木结构建筑更是被“规划”得面目全非，还彻底地改变了当地人的生活方式，千篇一律的旅游景观抹杀了当地居民祖祖辈辈的记忆和文化特色，也带来了污染，许多珍贵的不可再生的历史与记忆都消失了，带来的却是入不敷出的财政经济状况。这一切不合理的措施和失败的教训，都是因为旧城设计没有遵循经济规律和文化的可持续发展，一味盲目地、只追求美观和视觉效果，只讲“面子工程”，可背后付出的代价却是沉重的，失败的街区规划会给之后地区的发展带来不利影响，也会波及周边地区的发展。“如果建筑现有功能在经济文化方面过时，那么就应该需求新的功能。既然赖斯市场企图通过保持和重建原有功能来振兴的可能性已经渺茫，以后将采用这种新的策略”。设计是一个长期的不间断的过程，而所谓的“成功”也并没有一个可以跨越的时间点。就算是成功而有活力的社区，也必须不断地改进以适应社会对文化作为第三自然的需求，对一个设计、一个区域的坚持不懈的关注，与灵活的市场反应功能调整应该是相互配合的。

第三自然促进文脉和谐。第三自然除了从方式上促进历史街区复兴，也从文脉和谐方面促进了历史街区的回归。对于历史街区复兴的观点主要集中于三派：其一是文脉统合，其二是文脉并置，其三是文脉连续，或传统转型/演变。对于其一的主张，保持文脉统合即意味着复制或者模仿周围的风格，其缺点是容易堕落为单纯复制的赝品，“仅仅重复过去的某一特点会形成乏味的将来”（刘易斯·芒福德）。其二，和谐的文脉来自于“不同时代建筑的并置，其中每一个都是自身时代的表达”，此种观点为蓬皮杜中心等的建筑提供了观点。其三的观点认为，文脉的延续性统和了其上两种观点，但模仿和隐喻的手法会因其过于肤浅而被大加斥责。传统文脉适于诠释，而非模仿。此时，第三自然包含了以上三种观点，并在历史街区的复兴中延续了历史文脉与文化文脉，从而促进了历史街区回归的文脉和谐。

2.2 第三自然景观化城市设计的历史文化驱动案例研究

城市空间好像是一种容器，它为种种社会生活活动提供场所，但它又不是消极的容器，它可以促发人的行为、活动，而成为行为的促媒器、发生器。反之，它也可以限制某些行为的发生。第三自然强调城市设计在空间和时间上的整体性，从而通过景观城市设计手法来创造一个有机的城市整体。

透过城市空间的外壳，探究其本质，城市空间与文化、社会生活、经济、工程技术、人们的思想意识、自然环境以及时间等有着不可分割的“血缘”关系，这有助于明确第三自然景观化城市设计的指导思想及观念。总之，如果想建设美好的家园，只有认识了城市空间的各种实质，才能有目的的主动去控制它们。否则，在城市里竖起许多实体的同时，却坐失了许多塑造良好城市空间的机会。

不同主题和理念与不同的书写和演示形式相结合。正如不同的城市设计理论与不同的文化背景之间、不同的城市设计理念与不同的职能方法和与此相关的书写风格之间一样，存在必然的联系。这些不同的方法试图利用不同的方式使城市设计变得有意义，然而所有这些多样性最终归为一点：第三自然景观化城市设计与其在塑造城市过程中扮演的角色。

城市由许多因素共同塑造：对它的不同领悟和理解产生设计区别，这些区别以及它们在城市物质设计中所扮演的重要角色，以及构建这些设计的思想。不同的城市，不同的角度尝试着创造有益身心的物质、社会环境和文化的可持续发展。第三自然景观化城市设计应作为整体考虑并基于整体意识进行设计的实践结果，然而城市却不断被特定的地区发展行业所塑造。第三自然景观化城市设计以不同方式紧扣这种矛盾，不同的理论，不同的方式试图了解城市设计的整体性，接近城市设计的正确方式。

2.2.1 亚特兰大的启发：复兴第三自然

20世纪末的真实城市：缺乏历史文脉的大都市，高速公路组成城市基本形式，准确地说，亚特兰大没有规划，只有一个叫区划的过程，完全放任的区划管理，不具备控制性和约束力的区划，城市没有所谓的用地或者功能的安排放置，或者完全可以说，这是一个没有“规划”的规划。

亚特兰大是美国城市复兴的实验，波特曼的建筑师兼开发商是不得不提及的人物。一个个建筑塞满一个又一个街区，而每一栋房子又用桥连接起来，让自己处于一个空间的中心。而通高中庭使得建筑不再互相依附、互补，也不再互相需要。就这样整体、组团被化解了，下城分裂出了多个下城，成了自治体的簇群。亚特兰大是散落的下城的“发射架”，下城已经“爆炸”了。一旦原子化，它的粒子可以飞散到任何地方。它们随机地落在自由的、廉价的、容易到达的地方，消除了文脉的迷惑性。这是人们所了解的大都市的反面，不是集合体的系统化组合，而是系统化分解，一个对集中的荒诞分解。

没有中心，也就没有边缘，这是没有规划的城市规划，然而无数个社区单元却不断地生长出各个功能健全的小模块而构成整个城市，将城市相同的功能集聚在某些地块上，而忽视了实际的人的需求，并不是规划真正的实质。没有解决使用问题的集聚和功能分配，满足不了人的需求，也一样没有任何意义，“反城市”一样也能够给人带来福祉(图2.1)。

图2.1 鸟瞰亚特兰大

2.2.2 巴塞罗那的启发：延续原有第三自然

城市不再是单纯被动的资料库，而是规划的尝试地点。城市是包含不同形态的实体，不同的组织形式，按照自治地域单元运作。基础设施是保证城市功能实现的前提，有时也反映了城市发展的渊源，基础设施是城市发展的支撑。

巴塞罗那规划：旧城区、扩建区、郊区、居住区外围，通过广场和公园，形成一个又一个街区的中心，为每个街区提供了一个交流的中心，使得衰落的街区可以重生。“这些公园的最重要的目的是将‘城市的后方’——历史上由这些用地的墙围形成——转化成一个有能力为周围的邻里提供新服务的可渗透的城市元素”。

巴塞罗那经验：“必须同时考虑主要基础设施(诸如交通、排水等)、服务设施与周围的城市空间(诸如公园、学校等)的解决方案，而不只是将城市空间作为背景，最重要的是，因为只有凭借这些地区才能赋予它们真正的城市的意义。”公共空间逐渐成为城市组成部分的主旨，无论在市中心还是在其外围地区。一方面，时间也是重要因素之一。另一方面，“城市形态”又一次成为城市规划专家项目中的核心要素(图 2.2)。

图 2.2　巴塞罗那城市风光

2.2.3　巴西利亚的启发：空地上塑造第三自然

茫茫荒野上建设的首都。

城市的功能给分散成几个大块，城市的功能被分散，整个城市的架构是简单忽视了空间的交流，隔断了功能之间的联系。纪念区赋予了这个新兴城市不可动摇的首都地位。这个区域占据了纪念区的中轴线并且应用了垒道技术，建筑物鳞次栉比，包括中垂线上的众议院和电视塔，以及从黎明到黄昏纵贯城市一览无余的中央林荫大道。良好的空间布局和城市形态设计产生城市的空间美感，纪念性的平面布局饱含寓意。

住宅区为巴西利亚提供了一种宜居生活的新方式。经由整齐划一的尺寸，以及高效率地运用绿地和空中建筑使距离触手可及，住宅区提供了喧嚣闹市中的宁静。集中区属于城市中心区，意在创造人们相遇的城市高密度空间。它通常位于两轴的交叉点处。田园区代表着临近建筑区将被高密度种植或保留的大片空地。它不断地变化，在有人定居和无人区之间变换。

单调的布局，明确的功能分区，缺乏的空间交流，并没有掩盖巴西利亚优美和其极富纪念意义的布局形态(图 2.3)。

图 2.3　鸟瞰巴西利亚

2.2.4　芝加哥的启发：塑造超级第三自然

超级街区主义——弹性栅格。

芝加哥平原按照平方英里进行划分，平分为四个部分出售给移民们，进而继续细分，构成芝加哥栅格式的布局。由土地结构构建起来的芝加哥以城市的逻辑为尺度，而非都市主义。同质的同样规模的街区在整个地区蔓延起来，造就了西部大街城市中最长的街道。给予一定的长度形成公园与建筑生动的关系。1949 年传统轴线被摒弃，每个公园、每个建设相应的地区都有政府的组成部分，设计的大尺度，公私合并形成一个个独立的街区。绿带式内城垃圾填埋场，规划为超级街区，校园成为一个独立的小岛，忽视了本身与社会背景，成为超级街区的一部分。在超级街区中一个个大标度的超级大厦林立，超级街区的不断建设工程，拉伸了城市的原始网格，吸收了灵活的、有发展动力的项目，每一座大厦包含于网格之中，又可以被视为独特。

明朗的布局，栅格式的分区，结合建筑的独特性，以非都市主义造就了大都市(图 2.4)。

图 2.4　鸟瞰芝加哥

2.2.5 底特律的启发:后工业化的第三自然

衰退的大工业城市,后工业化的人口疏散,放弃自己的城市。就在城市处于战后向外移民最高峰的时候,拉斐特公园工程被提了出来,起初的规划是促成一个收平和种族融合的发展项目。直到今天拉斐特公园工程仍然以它混合的原住家庭居民、相对高的市场价值,以及各异的种族、民族和阶层差异而自豪。格林沃尔德的邻里概念十分适用,社区向中产阶级居住群体提供着只有郊区才具备的便利设施中心城市住房,这些设施包括低密度、大面积的绿化环境,美丽的公共花园,通畅的停车场和儿童玩耍专用的安全空间。

底特律的衰退同时创造了广阔的空闲空间,大量的土地沦为空地,成为不确定地位的奇特景观,景观应付了人口密度的减少和不确定未来的媒介。环境条件造成的景观都市化可在被遗弃的中心城市以及仍在蔓延的郊区边界看到。出现了一个被遗弃的工业结构,一个改变生态条件增长的机会主义模式。

底特律规划是依据城市发展的趋向,后工业城市的景观都市主义,大量的工业空地被景观取代,混合了后工业最糟糕的污染、隐藏的毒性以及内腐化的城市,逐步被景观改善。生态和基础设施合并正拯救着衰退的城市(图 2.5)。

图 2.5　底特律城市风貌

2.2.6 洛杉矶的启发:超现实主义的第三自然

理想的蓝图与肮脏现实主义。

定义后现代主义,或者说定义洛杉矶,两个存在普遍定义缺陷的术语,在讨论同期城市时扮演了"共犯"的角色。对历史上空间生成作品不加选择的引用,导致肤浅的模仿,一座在布景设计的城市规划中拥有很多露天片厂的城市,这就是洛杉矶。缺乏深度、中心和主题连贯性;作者的辞世,主题和华美的故事;模仿作品的历史;假象的空间逻辑;不均匀性的破碎或混乱。洛杉矶成为中心丧失、碎片、无批判的妄想、缺乏主要的描述的样本城市。

洛杉矶没有曼哈顿严正的固定边界，没有萨凡纳严格的规划，更没有新奥尔良的景观构造，却表现出完整的、无可挑剔的地理排列，使城市能够在精确的构图范围内适应地貌。建筑、街道、广场保护区以 45°旋转偏离北方，城市中心广场边缘建造教堂与政府。一条长 17 km 的商业走廊将商业区与圣莫尼卡和海岸连接起来，四个街区的连接构造将西湖公园两条独立的街道连接起来，形成完整的"林荫大道"，带状的林荫大道连接着城市不同要素。开放的空间的持续增长，额外的公共公园、广场、购物中心，洛杉矶成为大众娱乐休闲的场所，各阶层人度假的胜地。

超现实主义，乌托邦式的城市，让洛杉矶变成活着的实体，爱恨的客体沦为一种唯我的孤独存在(图 2.6)。

图 2.6 鸟瞰洛杉矶

2.2.7 费城的启发:城市美化运动下的第三自然

城市的构成包括临河路和从一条其中一个岸到另一岸的主路，一条位于城市中间的，从一边延伸到另一边的大路。城市中央是个面积为 4 hm^2 的广场，广场每一角用于公共事务的建筑，四个部分中都有广场，还有跨越两岸的 8 条道路，20 条跨越两边、横贯城市的道路，形成棋盘式的格局，成为费城的中心。经历了 19 世纪的扩张城镇变成大都市，后工业时代中心城难免衰落的命运。

费城再建的三个阶段如下所述：

1）城市美化运动下的公共设施建设

费尔蒙德林荫大道和特拉华大桥。费尔蒙德大道外的海岬，位于城市的北部沿着斯科吉尔河，底部有希腊风格的供水设施。新修的林荫大道既是市中心也是一条干道，南边两座广场充任了费尔蒙德公园，扩大了西部郊区大门。各广场有放射性干道连接。

2）独立大厅

费城或许是美国最神圣的圣地，被称为独立大厅和独立广场。独立的广场预示着注重整洁、便于汽车同行的出入通道和开放的绿化景观带被选择成为中心地带。城市网格中几个广场分立，放射状干道丰富着布局，俨然是一个广场式的布局。

3）埃德蒙·培根的"更美好的费城"城市设计

环绕城市的公路计划，将被围合的城市每一部分在功能上进行规范化和最优化。分别处理办公、行政、购物和居住的各类标志性项目，通过汽车通道、公共交通以及步行交通网络的周密设计连接起来。约占六个街区的停车场连接着各主干道，办公综合中心的建设及东部购物街改变了城市广大民众对费城的观念。费城成为一个复杂的、多中心的商业、工业、家庭、娱乐和文化功能网络，通过迅速发展的交通和通信技术相互连接（图 2.7）。

图 2.7　鸟瞰费城

2.2.8　亚洲大都市的梦魇：快速城市化下的第三自然

规模很关键：亚洲的城市已经远远扩张到政府能够提供基础设施的范围，一连串的巨型建设项目吸纳了数十万平方米的商业空间，建造了上百万人居住的住房，这种规模让人回想起柯布西耶的"当代城市"。

新的城市形态正在亚洲的大城市中出现，推翻了以往的建筑史形成了自己的城市规划，亚洲的大陆未来将会是一个拥挤的大陆。规模巨大的建设项目，高密度的居住环境，不断变化的城市中心一度被认为是遥远的异国他乡，隐约的展现未来的居住环境。

城市膨胀：人口的急剧增加，城市土地使用冲突，基础设施不足，环境污染，交通堵塞等，城市的膨胀将成为亚洲大都市的梦魇（图 2.8）。

整体性是第三自然景观化城市设计中比较重要的。第三自然景观化城市设计的根本目的就是利用各种设计手段形成有机和谐的城市整体。在城市整体性中，包括城市精神和物质层次上的整体性，即城市文化和社区的整体意识以及城市结构上的整体性。前者在现代社会中可以通过公众参与过程形成社会文化意识，罗西所说的"类似性城市思想"就是这类的尝试；而城市意象是市民对城市建成环境的深层文化要求，林奇的意义在于证明了人们的头脑中具有"城市"的概念。而要形成城市整体物质结构，需要对城市建

图 2.8　鸟瞰上海

设活动进行统一控制和管理，协调各部门的发展利益和关系。因此需要城市法规的管理和设计准则的控制。因此整体性原则考虑的内容包括以下几点：

① 城市文化和社区整体意识：群体意识与城市/社会理念——参与形成多样化，也形成整体感（控制和变动作用是互动的）。

② 城市宏观控制管理权力：以现代行政法律法规的管理代替古代中央集权时的社会统治理念（礼/风水）。

③ 技术层面的设计准则控制：包括类型学和形态学控制。

然而第三自然景观化城市设计在亚洲快速城市化下最重要的任务其实是“对抗千城一面”。亚洲的大部分城市不如欧美城市的文化特征性强，在工业化和现代化的快步中很容易出现重速度轻“文化度”的通病。尤其在中国城市化下，本来就脆弱的城市文化特征在强大快速的城市开发下瞬间灰飞烟灭，新的体块以大量趋同性面貌出现。在大城市中很容易迷路，从建筑风貌或者景观中也无法判断自己身处何方，迷茫的都市和都市人，背后是大幅退缩的“第三自然”，城市设计师正在主动或者被动地做着“拔树种房子”的工作，把本来生动多样的地域文化和景观在“城市设计流水线”上制作成最批量化生产的“标准化产品”。在这条可怕的流水线上，人们其实正在重复 20 世纪初“现代主义流水线”的同样错误。第三自然正在消失和死亡，如何通过新的城市设计方法“找寻失落的文化”是和“找寻失落的空间”同样紧迫的任务。

2.3　第三自然景观化城市设计的历史文化适应性

第三自然景观化城市设计的运行有着一个完善的机制（也就是专家系统），它是以景观设计为基础，建筑学、城市规划、环境艺术等其他学科作为支撑或参考，在设计的过程中它需要遵循一些规范（法律法规、政策因素等），尊重场地的原有事实（比如场地条件、地形、人文环境、历史文化等），并根据这些已有的分析可以得出不同的设计方案或结果，设计师根据自己的分析判断，找出一个最适合场地的设计方案，同时必须兼顾历史文化适应性。

2.3.1 第三自然景观化城市设计的“适应性”与“自适应性”

适应性第三自然景观化城市设计是以保证城市整体有机感和延续性为前提，以具体的城市问题和特定的人（阶层和社区）为设计服务对象，以激发城市多样性、提高城市活力为目标，以受到控制的多样化的、长期的、小规模的、不同阶段的建设活动对城市文化的形成和更新过程起作用。它是多学科共同作用的领域，工作范围不仅涉及城市物质环境设计和控制，它提倡公众参与和公私合作，希望将更多的人、资金等多种城市社会经济力量组织引导到景观城市设计的一系列过程中来（包括设计、决策、投资、营建与维护等）。在这适应性景观城市设计过程中利用控制性因素来规范、调整动态性因素，使城市成为有机整体。同时通过吸引和适应动态性因素来提供城市多样性和适应性，以灵活机动地处理各类景观城市设计问题。

城市是人与自然环境、社会文化氛围、物质形体空间及其形成运作机制的复合表现，既有具象的视觉特征，又有非物态的品味特征，而第三自然景观化城市设计则是对这三者的适应性设计：对人与自然环境的适应设计（Human/Nature Environment Design）、对城市整体社会文化氛围的适应性设计（Culture Atmosphere Design）、对城市物质形体空间的适应性设计（Physical Space Design）以及对形成与运作机制的适应设计（Operating Mechanism Design）；具有适应性的系统设计才是第三自然景观化城市设计的完整内涵。第三自然景观化城市设计只有延伸到城市设计的范畴才可能实现其系统的目标。

适应性第三自然景观化城市设计首先应基于第一自然适应人与自然的需要。环境是人类21世纪发展战略的主题，重视环境、保护环境和合理利用环境是人类生存必须遵守的规则，如何认识环境对人类生活环境所蕴含着的价值是实现城市设计中环境的价值效应乃至人类环境战略目标的关键。现代城市设计中对自然环境进行保护与再生的价值主要体现在经济价值、心理价值和社会价值三个方面。一方面，城市设计环境策略目标是保持和合理利用自然生态环境，继承和保护城市历史环境，努力协调与自然关系，多方位在现代生活环境中融入历史文化元素，使得使用者、开发者和社会均从中得益，提高使用者的生活环境品质，保证开发者的回报率，并吻合社会的环境发展策略，从而实现社会设计环境策略的价值效应。另一方面，现代景观城市设计的根本任务之一是寻找关系人的需求，增强社区感和空间识别的途径，即通过物质空间的人性化设计为满足人们使用的方便、心理平衡、社会交往和视觉舒适等方面的需求提供可能性和选择性，创造层次丰富的舒适空间。正如亚历山大所言，城市中确实存在的那种功能综合现象和人对这些功能的物质对应物的重合使用，从而使城市具有选择性和可生活性，人能根据各自所需在城市中找到属于自己的“生活”，人的个性因此不被束缚，它是城市空间呈现活力的本质。因此，要重视综合的功能，提高城市空间的可生活性。

个人、家庭的私人活动和社会群体的公共活动均发生在与各自领域相对应的物质空间，领域感要求空间具有层次性以适应不同层次的生活活动。通过城市层次划分界定的具有领域感的城市空间，能给人以安定感并提供空间的可读性，并形成丰富的空间层次。另外，城市空间设计考虑得是否周全和细致强烈地影响着人们的视觉上和使用上的舒适度，它主要体现在空间的比例尺度和各种细部的处理方面，它是空间人性化设计的重要组成部分。视觉的舒适性影响着人对空间的兴趣和理解程度，而使用上的舒适性则影响人对空间以及其中设施的使用率，它最终会影响在空间中发生的活动质量。适宜的空间比例尺度是人在进行各类生活活动时对空间心理感受的需要，良好的细部设计和施工质量能吸引“进入”空间，“使用”空间里的各种设施，“介入”空间内发生的各种城市生活。

适应性第三自然景观化城市设计应基于第二自然并走向第三自然适应城市整体社会文化氛围。这是适应性景观城市设计中的统领和基质性的工作。任何一座有历史的城市都有特定的社会文化氛围，它们在一定程度上虽然难以用具体物质加以表达，但却不难体会与感触。同样高楼林立、街道纵横的都市，在北京你能体会到中华传统文化雄浑的震撼，作为古老而年轻的国都它始终给你以庄严与肃穆之感，在这之后确实又是令人回味悠长的老北京亲切的人际交往，传统与现代就是这样在延续与融汇中形成了特有的京派文化。而在上海，感触到的是一个中西合璧的世界文化博物馆，这里始终走在中国新潮经济与文化模式的前列。这座城市似乎更加务实，这就是人们谈论的海派文化。虽然城市设计如果对文化背景不加以区分，采用单一的形体手法，必然造成城市空间特色的丧失和社会文化肌理的破坏。即使是设计一座崭新的城市，从一开始就着力于社会文化氛围的确立、研究与营造，也自然是最有决定意义的步骤。

所谓对城市整体社会文化氛围的适应设计应是一种偏重于软件的形象研究与策划，它表现在城市设计思想中对传统文化和现代经济生活的理解、尊重与把握，表现在景观城市设计手法中对原有的社会文化元素的有机组合，表现在景观城市设计操作中对其形成机制的促成，即形成基于第三自然的景观城市设计机制。

适应性第三自然景观化城市设计的第三自然适应要素——文化性要素。每个区域、每个城市都存在着深层次的历史与文化差异，它们的空间结构关系、肌理、形态特征都蕴含着人们在此长期生活的行为方式与文化积淀，因此城市与空间形成了文化作为第三自然的意义和空间秩序。

民族的文化价值观念导致了生活方式和社会行为的准则，由此而形成社会空间，在每一特色的地区，种族群体的文化传统及其演进对城市空间的组织与发展产生影响，形成了第三自然城市空间的文化特色，空间的文化特色主要表现为：一方面其空间物质形态积淀和延续了历史的文化，另一方面它又随着整体观念和社会文化的变迁而发展。空间结构形成后又反过来影响生活在其中的第三自然居民行为方式和文化价值观念。

2.3.2 基于历史文化演进的第三自然“新城代谢”要素

我国大多数城市都是在传统城镇基础上发展而来的，从而城市的空间结构（Spatial Structure）和城市肌理（Texture）中可以找到城市空间发展的文脉（Context）和历史发展的轨迹。在这些隐形的遗产中，新老空间在空间结构上可以找到发展的结合部，称之为“新城代谢”。

对一些古老的历史文化地段、独特的自然环境以及空间要素，如广场、街道和历史性建筑等应采取整体特征与风貌保护，使新老空间在同一地方共生一体，不破坏原有的整体结构，这是对显形历史遗存的直接发扬和延续。

齐康教授曾指出：“城市文化的特点，某种意义上是不同历史时期的不同管理者、规划者和设计者素质的综合反映。”这其中也包括使用者的参与设计。这些素质的综合反映主要表现为不同的文化价值观。它不但受传统的文化、各地的乡土风俗和传统习惯的影响，而且应承受当代新科技、新生活方式以及外来文化的冲击。“新城代谢”旧城需适应以下要素，包括对价值观地点（场所）、特色、遗迹、历史、活力、行为准则等要素的适应。

1）价值观要素

价值观要素是一定范围的人群在个体和社会环境状态总体上趋同的评价标准。对城市而言，价值观体现了人们对城市物质生活和精神生活状态的态度和追求趋向。可以说价值观是人的认识的浓缩。不同人群、不同时期、不同地域，其价值观大相径庭，不同的价值观导致不同的行为准则和生活方式，进而造就不同的城市空间和形式特征。例如，传统西方宗教至上和以人为中心的价值取向，使城市建筑对立于环境，宗教空间成为城市的主题，而传统中国的“天人合一”缺陷造就了城市建筑与自然环境融合的山水城市和园林居所。功能主义主张“少就是多”的简单美，使现代建筑单调乏味，而后现代主义主张多元、复杂和情趣，使城市建筑更具人情味。所以研究和适应不同人群、不同时期、不同地域的价值取向，可以使城市生活空间形式更具多样性，给市民提供更多的选择。

2）场所要素

场所指人与环境相互作用的关系范围，不仅包括静态的地点含义，更包含了人的活动及其与环境间的作用状态。故而场所是文化产生和发展的原点和物化形式，而文化形成模式或不同源的文化反过来通过人的活动促进场所的演化，而城市便是大小场所的集合，是各种文化的物质载体。对不同的地域、地理条件下的适应，城市结构形态均有其各自的特色。所以研究场所对人们认识城市，促进其发展，塑造更多适应人生活的城市空间，意义重大。

3）特征要素

作为城市文化而言，特征是表现其主要结构和性质并区别于其他的明显性要素，是地域、文化、人群、传统等因素的综合精华。不同地域的城市有不同的文化特质，如北京的四合院、客家土楼、土楼的吊脚楼，显示不同的地域文化气质，不同的文化背景亦造就不同的城市特色。如纽约崇尚资本，城市表现为规整街道、摩天大楼和庞大的城市公园，而东京珍惜土地资源，城市表现为高密度的肌理、拥挤的街道和繁忙的交通。

发现城市中富于特征的文化要求并发扬光大，不仅可以增加城市的可识别性，而且可以使市民增加归属感和自豪感，从而促进城市的多样性和潜力的发展。这便是第三自然景观化城市设计想要达到的目的之一。

4）历史和遗迹要素

历史与文化从来就不可分割，同样属于第三自然的范畴，历史通过文化加以传承，文化同历史积淀、发展，只是历史更偏重过去的记载。遗迹是历史的片段和佐证，它以物质形态诠释历史，作为历史和遗迹形态的文化不仅应当得到保护，更应该与今天的城市空间环境有机融合起来，使其在当下的人文环境中得到再生。

5）城市活力要素

文化活力是指那些能刺激人的精神生活、在一定范围内使其一直保持动态并不断健康地自适应因素，如创意、发现、交流、矛盾、碰撞等文化现象。城市活力一方面是指上述纯文化活力因素；另一方面是指城市生活的多元化因素和城市形态的多样性和城市商业形态的多样化，城市空间环境的多元化形态和多样可选择性等。城市活力的发掘、保护、重构和建立使其自适应性发展的机制是适应性城市设计的实质性和实效性内容之一。

6）行为/准则要素

行为心理学认为人的整体行为模式是受人的整体认识图式控制的，而人的整体超长行为也会反作用于已有认识的图式，使其自适应，从而建立新的认识图式。行为准则便是人的整体认识图式在一定范围内的体现。比如传统习俗对行为的规范，时尚潮流对行为的引导，宗教的教规、道德的规范等。如同对交通规则的了解有助于道路设计的完善，对人的行为准则的研究，可以使城市设计更适应人性化的基本要求，并可引导城市文明建设[74]。

上述观点要求人们将城市空间看做是时刻进行"新城代谢"的、有生命的机体，将空间的发展看作是一种内在的在原机体上的生长。

2.4 风水：世界最早的第三自然景观化城市设计尝试

中国古代对文化理解可追溯到先秦时代，《周易》贲卦《象传》说："观乎天文，以察时变，观乎人文，以化成天下。"汉代刘向在《说苑》中说："凡武之兴，为不服也，文化不改，然后加诛。"偏重于文治教化之意。梁启超说："文化者，人类心能所开释出来之有价值的共业也。"[75]总之，中国古代对文化的理解，基本上止于精神文化层面，超乎科学范畴。在西方文化(Culture)则为"耕种"之意，在十六七世纪更引申为树木和幼苗之培养，进而追求人类身、心、灵的平衡与提升，俾以达到优质社会与成熟人格的境界。也有学者指出，文化的实质性含义无非是"人类化"，为人类价值观念在社会发展中，经由符号这一介质再传播的实现过程，而这种实现过程包括外在的文化产品的创造和内在心智的塑造[76]。也就是说，凡是超越本能的，人类有意识地作用于自然界和社会的一切活动及其产品，都属于广义的文化。但法国学者则以"生活方式"(Gwnre de Vie 或英文的 Lifestyle)来代替文化的概念，认为文化就是人类的生活方式。由此文化可被看成是生存于地球的人类，在特定地理环境和历史时期内，所进行的一切能对地球自然环境和社会环境产生改变或影响的物质活动和精神活动的过程及其结果的积累。

毋庸置疑，任何一个有特定文化的民族都会通过建造房屋、开辟道路、耕种土地、修筑水利工程、繁殖或限制人口、传播宗教等活动改变其生存空间内的环境，则被称为文化景观。地理景观最初被视为一般自然综合体，景观学派更把它看成由地貌、大气、水、土壤和生物等要素构成的地表区域，此一理论在苏联曾受到很大重视，并对中国地理学家有相当程度的意义，目前景观的概念已有发展，它是由自然和人文地理现象组成的地域综合体。古代风水术中的堪舆大师其实就是最早的"第三自然设计师"。他们对第一到第三自然那种一体化的小心翼翼考察、体贴入微地设计(图 2.9)，至今仍然值得学习。

风水其实是中国独特的第三自然文化景观概念，是一种软性的非物质文化遗产。文化景观概念源于德国 19 世纪下半叶，德国地理学家拉采尔(F. Ratzel)提出"文化景观"的概念，并强调种族、语言和宗教景观的研究以及文化传播的意义[77]。文化景观提供了思索第三自然的独特天际线。

1885年温默在其《历史景观学》一书中提议，要把注意力集中于“景观”的全貌，提倡景观内涵的自然与人文意义的兼容并蓄，体现了地理学的整体精神。德国地理学家施吕特尔(Schuluter)认为，景观可以分为两类：一类是原始景观，即在经过人类活动重大改变以前存在的景观；一类是文化景观，即原始景观经由人类活动改变以后的景观。1906年他提出“文化景观型”的概念，认为景观有它的外貌，在它背后又有社会、经济和精神的力量。20世纪上半叶的许多德国地理学家都认为，研究原始景观向文化景观变化的过程，是研究人员的中心任务[78-79]。乔丹认为：“文化景观是文化集团在其居住地域上所创造的人为景观。”德伯里则指出：“文化景观包括人类对自然景观所有可辨认的改变，包括地球表面及生物圈的种种改变。”[80]知名的美国地理学家卡尔·索尔(C. O. Sauer)认为：“人类按照其文化的标准对其天然环境中的自然和生物现象施加影响，并把它们改变成文化景观。”[81]

图2.9　古代堪舆大师是最早的“第三自然设计师”

文化景观的形成是一个历史的过程。历史的方法引导人们用发生学的观点来研究文化景观，认为同一自然条件对于不同文化的人群会产生不同的意义[82]。新石器时代后期，农业生产革命之后，地球表层逐步被打上文化的印记，尤其是20世纪以来，人类扩增对地球表面的占领，至今除了少数不可居住的地带外，几乎没有一处不被文化景观所笼罩。即使在现代不可居住地区，人们往往仍不难发现古代文化景观的痕迹。

由于人口和民族的迁移，一个地区的文化景观往往是由各种文化叠置形成。对此，美国地理学家惠特尔西在1929年提出“相继占用”(Sequent Occupation)这一概念，实际上这就是文化的沉积演化。在分析中国文化景观的形成过程时，尤其是在分析那些曾经有过不同民族占领史的地区的文化景观时，就会发现这些文化层的沉积叠置。

综上所述，第三自然文化景观是文化在空间上的反映，是一种落实于地球表层的文化地理创造物。第三自然文化景观对可分为技术体系的景观和价值体系的景观两大组成部分。技术体系的景观(具象景观)是指人类加工自然而产生的技术的、器物的、非人格的、客观的东西在地球表层形成的地理实体，如聚落、农业、工业、公共事业等；而价值体系的景观(非具象景观)则是指人类在加工自然、塑造自我的过程中形成的规范的、精神的、人格的、主观的东西在地表构成的具有地域分导的意象事物，如民俗、语言、宗教等，但二者并没有绝对的界限，如实在的聚落景观中，也存在抽象的风水观念，而在精神性的宗教文化中，也有具体的寺庙、塔、石窟建筑等景观。

第三自然文化景观的发生、发展，既离不开时间，也离不开空间。不同地区的人群共同体，在不同的生存环境中逐渐形成各具风格的生产方式和生活方式，养育了各种类型的文化景观，产生了景观的空间差异；而同一地区的人群共同体，又因生活环境的变化和文化自身的运动规律的不同，在不同历史阶段形成了不同形态的文化景观，产生了景观的时间差异。《文心雕龙·时序》云："文变染乎世情（地域性），兴废系时序（时间序）。"说的就是上述现象。所以中国文化景观经历了几千年连续不断的演进，具有鲜明的历史特征。数百万平方千米的广袤领土，又为缤纷多彩的文化景观的产生和交流，提供了辽阔的地理舞台。

第三自然文化景观的区域差异虽是一种空间现象，但它却是历史发展的结果。如果仅从空间角度研究文化景观，而不以时间上探讨它的形成和发展，就很难对它的空间分布做出确切的说明。文化层形成的第二个途径是大量地采取他族文化，形成与原有文化不同的新一层文化。这种现象的出现有两种情况：一是由于战争，被征服者被迫接受征服者的文化；二是长期受相邻先进民族文化的影响，自然地采用他族文化，然而本民族原有的文化并不会骤然消失，许多有生命力的文化元素依然长期被留下来。这样，所采用的他族文化自然形成一个新的文化层，本民族原有的文化则成为底层文化[82-83]。

文化的产生发展具有空间分异现象，这早已为人们所认识。中国地域辽阔、人口众多，给历史文化景观的形成和发展提供了充分的空间。这一区位特征也是中国文化不同于世界其他国家的地方，就是环境的半封闭状态，中国文化的发展除了来自北方的游牧民族和冲击外，基本上不受外来势力的干扰，从而保证了文化的相对稳定和延续。

从世界建筑文化背景来比较，中国传统建筑文化一个极其显著的特点是，各种建筑活动，无论都邑、村镇、宫宅、园囿、寺观、陵墓，以至道路、桥梁等，从选址、规划、设计及营造，几乎无不受到所谓风水的深刻影响。"风水"之义，盖为考察山川地理环境，包括地质水文、生态、小气候及环境景观等，然后择吉而营筑城郭室舍及陵墓等，实为古代的一门实用的学术，故国家机关中，也有钦天监专设官员职守风水事宜，如《大清会典》载："凡相度风水，遇大工营建，钦天监委官，相阴阳，定方向，诹吉兴工，典至重也。"[84]

风水对于居住环境的影响，主要包括三个方面：第一，是对基址的选择，即追求一种能在生理上和心理上都得到满足的地形及环境条件；第二，是对居处的布置形态的处理；第三，是在上述基础添加某些符号，以满足人们避凶趋吉的心理需求[85]。在风水理论的影响下，中国古代城市的选址、规划等形成了一定的模式。如历代都城建设中注重"择中观"，即选址时探求其适中的地理位置，通常为一个区域的地理文化中心。同时，聚落、城市等的基址皆背山面水，一般位于水曲处或河流交汇处，周围众山环抱。此外，都城的布局结构也模式化，即"择天下之中而立国，择国之中而立宫，择宫之中而立庙"[86]。

这套具有现代城市选址、规划、生态、景观、建筑设计理念和方法内涵的风水体系，发端于商周时期。被中国及周边各民族尊称为"天可汗"的唐太宗曾授命吕才整理风水术书，吕才指出："逮乎殷周之际，乃有卜宅之文，故《诗》称'相其阴阳'，《书》云'卜惟洛食'。"[83]其中"卜宅之文"就是风水。现代研究表明，除了《诗经》里面史诗性、传述性的记载，最早严谨地记载了历史真实的就是《尚书》。《尚书》中关于城市选址、规划、经营等活动的具体记载，及根据这些实践活动最后形成的理论总结《周礼》，成为中国古代城市规划和风水理论的圭典。

公元前 1046 年周武王灭商，建立新王朝，重新进行了国土规划，掀起了中国历史上第一次城市建设高潮。周武王认为洛阳是建立陪都的理想之地，对于这里的形势，他曾赞美道："我南望三涂，北望岳鄙，顾詹有河，粤詹洛、伊，毋远天室。"[87]即他认为洛阳南有陆浑嵩岳，北有太行黄河，境内水源充足，洛伊一带居天下之中，是周朝建都的好地方。其所指"天室"也就是后来所说的"太室"嵩山，意即天神居住的地方。周成王继承其父遗愿，派召公和周公相宅，营建东都洛邑。对于这次城市规划和建设，在《尚书》里留下了更系统、更完整的从选址到经营的全过程的官方文件。这次都城规划、建设的经验总结，为中国古代所有建筑和经营活动提供了理论和实践的基础，并形成了后来风水观念中宅、村、城镇基址选择的基本原则和基本格局，即"负阴抱阳、背山面水"(图 2.10)。同时，城市选址的"择中"观念更为明确。

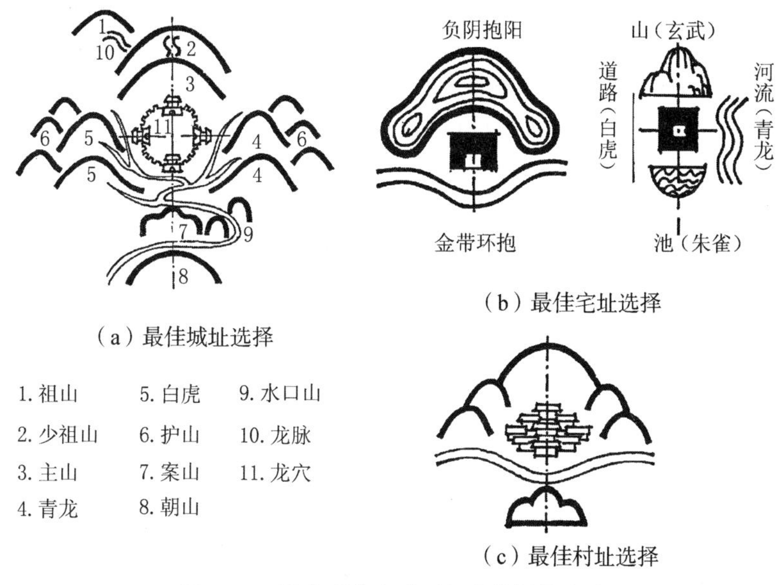

(a) 最佳城址选择

(b) 最佳宅址选择

(c) 最佳村址选择

图 2.10　风水观念中城、村、宅的最佳选址

《周礼》是在对前人，特别是洛阳选址、规划、经营等实践活动的理论总结基础上形成的，给中国的城市建设留下了宝贵的资源，其思想核心就是建国制度。所谓建国制度，简单来讲，就是指国土规划，它包括对资源的调查、评估及环境容量的考察等，在此基础上，通过人为的技术措施，提高土地产量和人口容量，并建立三级城市，即"王城"，诸侯、公、卿等的"都"以及"聚落"。在《周礼》中，人们对于都城选址中的"择中观"有了更深入的认识。《周礼·地官司徒》云："……地中，天地之所合也，四时之所交也，风雨之所会也，阴阳之所合也。然后百物阜安，乃建王国焉。"[88]也就是说，"地中"是一个"山水相交、阴阳融凝"[84]的环境，人与自然处于理想的和谐状态，从而实现与天地自然节律的共振，促进万物的生长繁育，求得人与天地万物，乃至整个宇宙的大和谐。此外，对于都城的布局结构也有了更详细规定，即《周礼·考工记》载："匠人营国，方九里，旁三门。国中九经九纬，经涂九轨。左祖右社，面朝后市，市朝一夫。"[88]所有这些在《周礼》中系统化为中国理想的都城模式。我国自东汉以来的城市，从东都洛阳到北魏洛阳、唐长安、元大都、明清北京等，都是以《周礼》里所表述的城市模式为最高理想，并根据时代的发展变化和具体情况来规划经营的。

中国古代的风水理论及城市选址规划思想均以关注与人类生存密切相关的自然环境为基础，其宗旨与基本追求即审慎周密地考察自然环境，顺应自然，有节制地利用和改造自然，创造良好的居住环境，臻向天时、地利、人和诸吉咸备，以达到天人合一的至善境界。虽然用风水的思想进行城市设计与本书提到的第三自然景观化城市设计还有很大差距，但是当时的城市设计已经开始关注人与自然的和谐相处的原则，这已经是对第三自然景观化城市设计的一个初探，虽无刻意，但已有所显现。

2.5 类型学：西方现代设计思想中传承第三自然的历史管道

沙里宁在分析了中世纪欧洲城市的有机体形态后，用归纳的方法认为今天的城市也要按照有机体的模式发展。他在提出“分散城市”理论时却又机械地应用有机体的概念，结果导致分散城市实际上是机器模式的城市，中世纪的欧洲城市确实具有某些有机体的特征，但现在的城市不会按照有机体的模式来发展[89]。所以需要一种全新的设计语言，即类型学。

根据《大英百科全书》中所载：“一种分组归类方法的体系通称为类型。类型的各成分是用假设的各个特别属性来识别的。这些属性彼此之间互相排斥而集合起来，却又包罗无遗——这种分组归类的方法因在各种现象之间建立有限的关系而有助于论证和探索。”关于类型的设计认知其实传承着人类的历史、传统与文化发展。人们需要找寻到足够的认知参照系统来认定自身的存在。历史虽已成为过去，但历史却赋予一个城市深层的文化内涵，它留存在地域的文物古迹之中，弥散在场所的环境氛围中，潜藏在民间的习俗风情中，蕴涵在人们的内心情感中。历史是连续的，过去、现在、将来是一个时间在空间中的连续文化统一体，不仅仅展现为一种过去、现在、将来三种向度的恒定关系，更呈现出一种不完整、非恒定的片断性特征。过去，不仅仅是过去了，而且在现时之中依然存在；即现时之中存在着某种由近及远的对时间的组织，一种现在完成时态。过去就一直在通过不同的类型彰显，或体现在废墟、文物、遗迹、古董之上，或体现于有关过去的文献和思想意识中，文化的类型物化于空间和建筑的类型。

“十次小组”(Team 10)成员、荷兰建筑师艾多·凡·艾克(Aldo van Eyck)在1959年该组织的奥特洛(Otterlo)会议上发言时说：“每个时代都要有将各种元素组合起来的语言——这是一种工具，用以处理这个时代的人提出来的问题，同时也用来处理一切时代共有的问题——从原始时代以来它们都是批同的。是时候了，我们应该将旧有的东西放进新的东西中来，要重新发掘人性中的古老的品格，那些永恒的东西。”1967年，艾克又写道：“在我看来，过去、现在、未来一定是作为某种连续的东西存在于人的内心深处。如果不是这样，那么我们所创造的事物就不会具有时间的深度和联想的前景。人类几万年来都在使自身适应外部世界，在此期间，我们的天赋既没有增加，也没有减少。”[90]尽管社会的发展使旧有的生活方式不断地更新，但作为人类最基本的生活内容之一的“活的内核”，“第三自然”几千年来并没有因岁月的流逝而消失。相反，它演进着、发展着，并强化着，或以不同类型学形式表现出来——但是本质的东西，依然是“第三自然”。

类型是从历史中抽取出来的隐含系统，它凝聚了人类最基本的生活方式，其中也包含了人类的心理经验的长期积累。T. S. 艾利亚特(T. S. Eliot)认为“传统是不能被继承的,除非付出艰辛的努力。‘现在’应当在同样程度上改变‘过去’,一如‘过去’始终在指引着‘现在’,所不同的是,意识中‘现在’是对‘过去’的一种认识,它超越了‘过去’对其自身的认识”。历史的建筑和城市与现代的建筑和城市都具有物质性,都是为人所用,又都有着类似的基本功能,也都同样能够表现各自的时代,贯穿其中的,就是类型学的延续[91]。因此,抽取已存在的建筑和城市中的某种结构——如类型,推移到现在,既然前者对人类有所“意义”的话。那么后者也可以对人类产生“意义”。类型学是一种解决历史文化传统延续的有效的“第三自然”的途径。

类型学辩证地解决了过去、现在、未来的认知关系问题。它是从对历史模型形式的还原中抽取出来的,是某种简化还原的产物,同时又具有历史意象,在本质上与历史相联系。这些抽象出来的类型学形象经过历史的淘汰与过滤,是人类生活和传统长期的积累,具有强大的生命力。显然类型学是建立在“抽象产物的形式基础之上的历史的设计方法,历史信息的传达来自这些抽象产物形式的深层结构——类型”。此观点基于一种传统和历史的特定视界,它是从历史的恒定面上看待传统。另外,类型概念本身就标志着其抽象性,是借助最简单的几何形体用现代语言表达历史形式的最适宜的载体,它并没有背离生活和时代,它获得的是历史的延续。同时,其抽象性为引入计算机和人工智能到设计科学中,铺平了认知“第三自然”的道路。

类型学的理论特征有效阐述了建筑的城市性,同时又提供了城市的景观性。它强调城市是集体记忆的中心,认为城市构成了建筑存在的场所。而建筑是构成的片断,作为城市有机体的部分,任何建筑的创作都不应该脱离其母体,应当与城市现存空间形态相结合,并从认识论的高度阐述了城市的内容:城市中存在的现实形体,凝聚了人类生存所具有的含义和特征;城市是在时间场所中与人类特定生活紧密相关的形态,其中包含历史,它是人类文化观念在形式上的表现。类型学的最终目的是要以类型的处理取得城市形态的连续,类型思想将城市形体环境的秩序结构作为具有意义的实体来感知,它是城市形体环境组织的恒定法则。这种“第三自然”法则不是人为规定的,而是在城市的历史发展中形成的。

类型学是从人类生活的文化角度来观察而非仅仅局限于实用的环境。罗西的城市分析实践证明了“一种特定的类型就是一种生活方式与一种形式的组合,尽管它的具体形式因不同的社会有很大差异;文化的一部分编译进表现形式之中,绝大部分编译进类型之中”,“它的逻辑先存在于形式”,而后以一种新的方法构成形式,差别是时间维度上的循环前进。因此,类型与现实具体表现形式不构成重复制作的关系,它能够促使各种彼此不相似的创作结果“共生”,而又一脉相承。

类型学(Typology)是一种总结现象并从中进行抽象提取来解释事件,同时也能够清楚地说明现象之间模式关系的一种理论[92]。类型学的还原步骤“具体—抽象—具体”中,若直接从具体到具体则会变成模仿,但若加入抽象的概念即可以处理历史的问题,而其抽象到具体的过程即可解决现实的问题。类型学设计方法由符号化的方法出发,致力于形式探索和方法的分类,在确立了意义与形式既同构又可分离的观察方法后,能够了解到事物的深层结构。“模型”对应于中国艺术的“象”的概念;而“类型”则对应于“意”[93]。西班牙著名建筑师莫内欧认为如果不根植于过去、不根植于历史和传统,要建立一个有着坚实基础的未来或是一个能够真正保证人类文明社会持续良性发展的文化是不可能的。类型学的抽象性提供了认知科学引入“第三自然”的最佳捷径。

2.6 全球化:处于巨大变革中的第三自然景观化城市设计

21世纪是信息科技的时代,信息传播速度极快,在世界范围内某些富有特色的知识、技能、美学趣味等,会迅速地向四方传播,一时为人们所欣赏和效仿。这种运动甚至扩大到文化和思想,扩大到认识世界和表现世界的方式。城市设计也不在例外。对于这种潮流可以称之为“趋同现象”或“同化运动”。当前的设计领域也存在这种现象,人们对世界上某些成功的案例或是某些设计大师的作品顶礼膜拜,这种统一化的逻辑逐渐使整个设计领域的创造性遭受压制,设计的个性和形态遭到破坏。从另一方面说,面对趋同化现象的压力,个性的觉醒是一种压倒一切的需要,即对特性的需要的表现。这种表现人们在世界各地都能看到,而且某些国家努力提高本国的文化价值所取得的成功也是举世瞩目的。这使得人们对区域特性、地方特性、民族文化的追求,越来越有目的性,自觉地去发展地区文化,包括城市内部的文化,历史城市及城市中的历史地段的保护,地区建筑特色的追求等。趋同现象下地方特色的追求,现代化的巨浪与继承文化的呼吁和努力,同时存在,这是研究现代世界文化,包括城市设计文化,不可忽略的两个方面。各种不同学派在不同方向上做各种探索,众说纷纭,互起冲突,这似乎充满矛盾;但世界就是处于矛盾的对立统一中,文化的多元与共存之中,没有哪一种文化可以代替其中的任何一个文化。

人类近两百年来的快速发展历史印证了文化作为一种社会可持续发展的巨大动力的不争事实。因此,有必要回顾一下城市的发展史以及技术文明快速变化的环境通过文化的进化对人类城市生活的深刻影响。

现代城市的发展很大程度上是郊区化的发展。其第一阶段是起源于阶层地域分化的居民外迁,这时主要靠铁路联系郊区与市中心。之后小汽车的出现破坏了传统郊区化的进程,以洛杉矶为例,为了房地产业低密度住区的发展,市中心和城市公共交通被放弃,因而城市呈网格状发展而非传统的同心圆模式。郊区住区发展到一定规模后,郊区化进程由量变到质变,大型购物中心与其配套的大型停车场随之外迁。由于郊区提供了方便的公路货运和大量修建厂房的空地,工业开始扩散到郊区。与此同时,市中心的作用被削弱,遍布单一的写字楼,由于郊区化发展导致的种族分化引发了城市危机。最后服务业等后工业活动外迁,曼哈顿这样的大都市表现得尤其明显。此时的郊区已经发展成为集住区、商业、工业和服务业为一体的地区,后郊区(后城市)得以形成。

二战以后,城市的中心与边缘开始混合。后城市(后郊区)逐渐形成,这种地区的特点为:位于传统大都市附近,人口数量和劳动力呈上升趋势,规模大且城市化程度高,不受单一的城市中心控制。后郊区(后城市)没有单一的中心,命名方式也很特别,它们有时以数字命名,有时以附近城市名称的组合来命名。关于影响后城市(后郊区)空间结构的因素,有说法是无政府主义,有说法是道路基础设施的影响,也有说是由于文化的进化,经济资本主义转变为信息资本主义的影响。

同时期欧洲也出现了相应的集中与分散。在它最有活力的大都市地区出现了边缘城市，这些地区的出现及特征大都归因于：房地产的发展，无历史名城中心严格规划的优势，以及遵循传统市中心肌理的发展。欧洲边缘地区形态的发展有两种形式：蜘蛛网式与网格式。呈蜘蛛网式发展的地区有：巴黎、罗马、雅典与马德里。这种郊区对大城市的离心作用，从大城市的角度看是削弱了大城市，应当被抑制；但从全国的角度看，又有利于城市体系的平衡，应当被支持。呈网格式发展的有荷兰的兰德斯塔德地区，它是建立在不同城镇的网络结构上的，呈现出多中心状态。总之，欧洲的边缘城市发展比美国更为复杂，在这里，向心与离心，集中与分散同时发展，它们共同展现了一个复杂的地区在扩大过程中的不同侧面。以法兰克福为例，它的中心的发展与边缘地区密度的增大在同时进行，最终使两者之间的界线逐渐模糊。

在城市的郊区化发展的进程中，城市呈不连续性发展的状态，大量城市空地随之出现。这种不连续性发展表现为：高大的办公楼间的空地与废弃的工业用地在城市中出现；城市的发展在地域上呈现出阶级性差别，即"在被市场忽略的穷人和享有特权的有钱人之间，差距拉得更大了"；我们不该忘记市中心许多重复功能和规划的不连续的郊区，导致混乱的城市，例如兰斯塔德。大量城市空地的成因是，如今人们是以汽车的尺度而非人的尺度来衡量空间，停车场早就成了巨大尺度的空地，是汽车造就了这些荒废的土地和后城市景观。这些开阔的空地使得新兴的城市化模式难以定义，并非因为空地不能赋予周边地段含义，而是因为这样的空地太多了。然而空地也有其本身的潜力，一是人们不用花心思赋予其含义，二是空地拥有无限发展可能。或许可以考虑这样的发展方式，在保留空地的同时并赋予其价值，实现"低密度的建筑却发挥着齐全的功能，最少的建筑却激发了人们最多的活动"。

后城市（后郊区）有着复杂的功能。与城市规划所强调的功能分区相反的是，现代大都市的功能、活动与类型都混杂在一起，而这样混杂的地区反而有着更大的发展潜力。同时，城市中大量的空地也逐渐被赋予功能，例如各种各样的广告已经逐渐渗透到公路上。在后城市的发展过程中，汽车、快速交通与城市的发展在融合，混杂发展与原本的区域划分在融合，而汽车串联起不同城市的碎片，则是这一发展的核心所在。

大都市的虚拟化源自汽车城市的兴起。随着汽车的普及化，人们所要到达的地点由各种快速交通所连接起来，地点与地点之间的距离开始用时间来衡量。这时，交通的便利性决定了城市的远近与地区的发展。"新兴的通信技术、资本和投资的不断流动，劳工的分配以及更灵活的生产和消费体系"共同改变了城市的面貌。

同时，城市也是全球网络的一部分。运输和交通网络破坏了传统大都市的向心性，但是这种转变并非一蹴而就。电话削弱了传统单一功能贸易地区的意义，通信技术减弱了人们对密集型居民住宅的需求，而高科技则影响了工厂的选址并产生了新兴的生产方式。同一时期货币也在经历着虚化的过程，其与城市空间的虚化紧紧相连。文化技术和经济的全球化改变了人们对地理和距离的概念，地理上的向心力使得国际金融和商贸中心联系在一起。在这种发展趋势下，地区的发展呈现趋同化，就如全球的机场一样，都有着流动性、易达性和具备完善基础配套设施的特征。在这种发展条件下，区域空间的特性和差异性就显得分外重要了。

随着文化的进化，现代城市数码方面的发展和由此诞生的城市的不可见网络和功能正在逐渐引起人们的重视。不同于以往有机体的比喻，人们将现代城市定义为原子城市，体现出其复杂性和不安全感。计算机虚拟空间与后城市空间有一定的相似性，同时虚拟技术是与实在的物质基础一起在影响着城市。城市正在渗入隐形的网络，变成有形的实体，并且朝着趋同化的趋势发展。

1）个体化对城市居民的社会行为所造成的影响

西方城市的发展与社区和社会生活的发展关系密切。19 世纪，工业资本主义兴起，中产阶级作为西方社会的重要组成群体，对西方城市产生巨大影响。美国的城市化进程在一定程度上是通过一种城市化的中产阶级文化的传播来展开的。在中产阶级“个人主义”的社会背景下，以移民迁徙为例，从切断现有社会关系和建立新型人际关系角度，说明人（社会群体）在城市中具有很强的流动性和灵活性。但是这并没有使大都市成为一个完全由不可分的个体组成的集合，而是使其转变为具有分裂性的社会形态。

2）不同视角下社会群体对城市空间产生的影响

针对社会不同视角，分别从后郊区现象、多元文化、多民族、多性别和性意义五个方面进行阐述，描述当代城市的社会景观。

关于西方城市郊区化现象，后郊区相对传统社区在功能和社会上具有多样性，但是并没有大都市繁华地带社会成分的比例和混合具有的细密形式，相对于异质性的大都市，后郊区的形式更松散，呈现碎裂性。

城市能够给不墨守成规的人们、反正统主义者和独立的个人提供其社交和创造力得以发展和滋生的土壤，因此，核心大都市一直在吸引各种亚文化群体、艺术家、表演家、娱乐界人士以及知识分子。文化和社会的多样性使得后城市空间极大促使了各种社区集中化发展，多元文化是当代大都市的重要特征之一。

随着中产阶级向郊区的移民，社会经济及种族隔离趋势愈加明显，经济状况使得那些长期失业和靠社会救济生活的人们在社会中被隔离出来。“少数民族聚居区”带上了种族歧视和弱势群体的戳记，城市最尖锐的矛盾和最大的社会不公在种族问题上暴露无遗。

研究表明，社会上遭受不公平待遇的少数人群很容易聚集在那些最不明显、社会控制最弱和同好此道的人最集中的地区。有特殊性偏好的人群也是如此，这种个体建立的生活不是以个人的家庭、种族群体或社会经济阶层等传统模式为基础，这种依靠个性化而形成的、个体又并没有共同历史的多元的亚文化的圈子，是在进行第三自然景观化城市设计时不可忽略的问题。

关于性意义上的大都市，主要阐述妇女与城市的关系及其在城市景观中的地位。郊区化依赖一种强烈的性别敏感性的意识形态，即人们对郊区生活的追求是让妇女和儿童离开早期工作的“令人道德沦丧的”工作领域，于是郊区化加固了这种“区域分离”的城市观念。当传统郊区演变为与后郊区的杂交混合体时，城市和郊区这种性别两分的状态才开始不再清晰和整齐，如今妇女日益增多的机会和日益自主的生活经历使她们与城市关系变得复杂。关于城市景观的社会空间结构，应该思考“不同群体中的妇女如何利用和感受城市？公共空间对于中产阶级妇女、贫困妇女、做了母亲的妇女、女同性恋者来说是否具有同样大的威慑力”？

城市公共空间的本质随着社会转变发生的变化，这里所说的本质是指空间在被使用时是否具有真正的公共性。随着现代工业社会的发展以及个体的社会和地理流动性日益增大，“社区成员”与地域之间的密切联系丧失，城市首先成为了一种社会网络，“社区”并不是指某一地点，而是一套社会关系。传媒和交流技术使公共空间变得非物质化，而公共空间在整体上和物质上也受到经济和社会私有化进程的威胁。在这种背景下，“集体空间”出现，指城市中人们聚集的场所，虽然它们因为是被私人拥有而在某些地方比较排外，但却一直是丰富多彩的社会生活的舞台，包括购物中心、体育场馆、主题公园和主要餐馆，即公共空间的私有化。当今的公共空间，特定的群体占有了这些部分，却排斥其他部分。如为大众建设的完全民主化的公园按中产阶级的要求进行改造，来排斥那些无家可归、瘾君子等“不受欢迎的人”；摩天大楼有选择地吸引着一部分人，使自己成为城中城，不受欢迎的个人或群体被排除出去；巨型购物中心把公共空间的地位降低到一个以单一购物为指向的区域，不允许进行与城市有关的各种无组织的政治和社会活动，因为购物中心是属于私人的，它可以对使用者的行为进行各种限制，今天的购物中心“被设计得像一个设有警察分站的圆形监狱”。

公共空间私有化从本质上讲是由保护物质财产和空间完整性的欲望所驱动，人们对街头暴力的恐惧（实际上它本身就是公共空间的不断私有化的原因和结果）导致了新一类城市布局的出现，即“以停车场和快速行驶的车流所环绕的、毫无特色的、缺少窗户的建筑立面的一个封闭而又守卫森严的孤岛”。

在20世纪后期，文化也被作为城市物质和社会生活的主要经济动力，在大众旅游和文化工业的市场上，人们越来越多地把城市当作某种形象集合来展示或出售。以迪士尼乐园为例，它模拟大众公认的中产阶级文化，将社会差异进行美化，提供一个远离武器、酒精、毒品和无家可归的流浪汉的令人欣慰的私有化环境，并且是以消费为主的主题公园形式。迪士尼乐园和热闹喜庆的市场并没有真正解决犯罪和无家可归等任何一个城市问题，只是把许多不协调的矛盾之处掩盖了。那么，开发文化的可持续发展作为第三自然景观化城市设计系统并运用到实践中来解决城市问题就迫在眉睫了。

那么在面对对外开放的新形势下，如何认识在外来文化、外来思潮的冲击下，该怎样继承民族文化，保持中国特色呢？就文化而言，第三自然景观化城市设计的最高境界就是将地区文化完美地融合到城市设计中，那么具有中国特色的第三自然景观化城市设计就是将中国传统优秀文化融入城市设计中，同时吸取外来文化的精华，做到古今中外皆为我用。例如，中国园林艺术的理论与实践，是我国非常优秀的遗产，至今仍有强大的生命力。但古典园林与今天的生活现实有一定距离，如何发展中国园林的创作理论，摄取世界的园林遗产（包括日本园林）的成就，贯注新的血液，探索今日中国的新园林，是有积极意义的。而具有中国特色的第三自然景观化城市设计更应如此，首先，将中国传统城市设计原则和基本理论的精华部分（设计哲学、原理等）加以发展，运用到现实创作中来；其次，把这些传统形象中最有特色的部分提取出来，经过抽象、集中提高，作为原型，再用到当前的设计创作中去；最后，结合当代西方优秀的城市设计案例作为先例研究，将别人的设计原理与我国的国情具体结合在一起，运用到城市设计中，达到西学中用，中西合璧的效果。

3 用景观化城市设计研究开启认知第三自然的大门

3.1 "景观设计中的研究"与"景观研究中的设计"

景观设计和景观研究是什么关系(图 3.1)? 众所周知,只有达到一定水平时景观设计作品才有可能被视为一种研究的成果,那么要达到这个目标需要特定的目的和定向的设计研究方法是什么呢? 很明显,景观设计是一种很广泛的事业领域,它不会轻易"萧条"下来。景观设计的工作方法和构成方式是受个人偏好和文化、技术、经济以及生态发展(以及时代潮流)决定的。景观设计过程不是顺序的、线性的,而是不可预料的,或者说在局外人眼里是偶然的、古怪的,甚至是混乱的。为这种复杂的、富于变化的、分层的领域设计一个科学的思考模型,很容易导致简化,这样一来,所谓的"研究"成果就很可能不被景观设计实践者和学术研究者所重视。更重要的是景观设计和景观研究这两种活动,从开始就是向不同的方向发展的,反复于文化与科学中。景观设计是一个发展的过程,是创造性的、理性的,从技术、实践、文化等方面广泛借鉴经验的。它是一种"中间"的领域:广泛的和多学科的,传统的同时又是创新的,一方面延伸到技术科学的各个领域,另一方面也是艺术的。

图 3.1 互补关系

德隆说:"未来有些事可以被预料,其他的则需要设计。"[94](图 3.2)

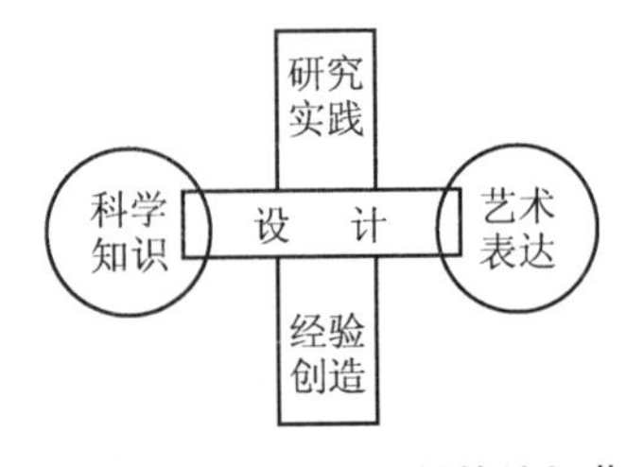

图 3.2 可设计与可预料的认知范畴

景观设计本质上来说是一种对未来思考的活动。景观设计师更倾向于把目光投向"景观可能成为什么",他们经常向前看而不是向后看,他们很少这样做以致他们不会去探究"什么已经形成"和"为什么",也不知道"设计先例"已经有意无意地支配着他们的设计认知,而且一旦他们只"向前看而不是向后看"时,设计大错就可能酿成,柯布西耶的纯功能主义"大巴黎规划"正是如此。景观设计师以务实的方式运用自己的知识,但是当他们认为有必要时,他们也会倾向于为了美观而"改变规则"。这种"诗的破格"可能是那些学术家坚持反对将景观设计和研究行为联系起来的根源。然而,恰恰是逻辑思考和审美之间的紧张关系使景观设计变得这样复杂和富有挑战性。

一件景观设计作品自它被实际建成的那一刻起就同时成为精神层面的构筑物,随着周围环境的改变,它在精神层面的作用也会开始显现。各种各样的选择在设计过程中被估量,同时也得到发展,这种设计过程既有数据的支持也有基于直觉。景观设计师通常把一些概念建立在科学知识与设计经验的基础上，但同时他们也会基于同样的基础走一些“捷径”，即根据直觉得出结论。这种设计所得的产物与研究所得的产物是完全不同的。景观设计师从一开始就会把景观设计当作一件需要创造的工作，同时它又必须是“可建造的”，而研究者则更多地从知识演化的角度去看待一项研究。换一种说法就是，景观设计师的目标就是创造好的景观，为了达到景观的最高形式。而研究者试图理解景观设计师的想法和表达，他们的目标是发现景观的“起源”和“运作”。

景观设计研究者必须要关注“为什么做和怎么做”景观这两个问题。这涉及实地考察，有秩序的系统分析与归纳。然而，在景观设计过程中景观设计师也同样需要思考，有时甚至是实际行动。发明与创新型设计的研究需要研究者去探索结果背后的东西。为了达到这个目的，可以采用一种“侦探式”的研究方法，包括逻辑思维与系统分析及比较，以及不是那么严谨的“景观设计师式的调查询问”。

普瑞斯(Press)认为：“研究是能够增加知识总量的系统性调查，并通过调查方法和结果这两种形式呈现给其他人。”

德容和范·德·沃尔德特(De Jong and van der Voordt)认为：“学习是一个广义的词汇，它表示通过深刻的思考促进知识的增长，并且通过系统性的分析进行实验，识别，或者归纳主题。”

景观设计研究是针对完全不同的领域的一项设计工作，比如产品开发，即发展新的更好的景观构件和技术方案，或者是实际应用，即发展新的景观设计方法和新的景观设计工具。但是大部分景观设计相关研究的目的是了解设计的背景和思路。这从本质上说就是基础研究，即使它的研究对象是应用性质的，而不是纯理论性质的。研究者发现自己要面对的是数量庞大、种类繁多的“景观作品”，每一个都有自己的独特内涵以及特征空间、形式、材料和细部。研究人员该怎样着手在如此广泛领域的调查研究呢？景观设计在技术上并不一定很复杂。真正让景观设计变得复杂的是不同方面之间的协调整合。然而普遍的科学研究原则要求人们将研究重点放在具体的、严密的定义问题上，以便进行深入细致的研究，而在景观学中如果要能够清晰明确的定义一个研究领域，往往被证明是很困难的。出于这个原因，景观设计研究的成果往往被其他学科的专家所质疑，认为成果过于宽泛、冗长而且模糊。一方面，为了使研究成果更加清晰明确，景观研究人员需要适当地缩小他们的研究主题。但另一方面，这也不应该导致研究的过度简化或者抽象。如果没有一个充足的大环境，设计型研究在设计师看来就可能沦为一项完全不相干的多余工作，这正是目前中国设计院和各大学设计研究机构的互不搭理的真实关系的写照。

亨克特(Henket)认为：“设计是一项涉及面很广的工作，科学应该尝试去研究这些领域之间的联系。”

詹森(Jansen)认为：“只有通过各个方面对一个微小项目进行大量深入的研究，才会有成果。”

达菲(Duffy)认为：“设计的学问是不会乖乖地待在那儿等你去发现的。”

在学术性的大环境下，对设计研究的价值产生质疑并不是件困难的事。但研究者面临的挑战应该是发展一种研究形式，能够正确地揭示设计者的想法和作品之间的认知关系。景观设计师往往会运用他们自己的知识、见解和技巧。这些不是虚无缥缈的，而是会体现在相关的有创新性的工作形式上。对于景观设计来说，只要它的目的是进一步的认识和了解,就能够对研究起到潜在的作用。

马修斯(Matthews)认为:“重组设计研究对设计者是很有必要的。大多数设计研究都是由技术人员、系统分析员、历史学家、心理学家、社会学家、人类学家、组织和管理学家所进行的。而很少有设计研究是由设计者来进行,通过他们最擅长的方式,即设计。”

对一个景观研究过程(而不是设计过程)来说,重要的是要求有条理的解析、系统性的意见采集和紧随其后的思想交流。研究者不应该拒绝去研究那种典型的涉及面很广的设计构思,但为了更好的研究,景观设计者应该要进行某种程度的收敛。

大多数对于当代景观的研究都是描述性质的,往往侧重于去分析某位景观设计师或者团队的所有设计作品,以及作品背后潜在的设计意图。但是,景观设计研究应该包括设计知识和经验的联系,以便更好地了解设计背后的思考与选择,而这些决定了最终的成果,让人们能够理解一个景观或者环境是怎样构思的,又是怎样被感受的。景观设计研究必须囊括各个方面之间特性的相互影响,同时也意味着加入一定的限制,这些限制能够缩小研究范围,而不是简化和抽象。这就必须涉及定义主题、确定内容、建立关系,以及解析复杂的景观设计构成等方面。

马修斯认为:“设计并不仅仅是一曲知识的交响乐,它构筑了自己独有的多元知识体系,使可能的变化变得可见,也能够被实现。”

达菲认为:“对于设计师来说,重构一个尊重公众的知识系统是十分必要的。设计师必须要以自己的方式创建自己的模型和未来。”

景观设计并不符合科学研究那种经验主义的观念特征。景观设计和研究不一样,但它却可以导向研究。这就意味着在景观设计过程和作品中必须要加入一些清晰有序的可识别的认知成分。在这个方面景观研究人员不应该简单地去模仿其他领域的研究方法,景观设计导向型研究项目需要“看得见,用得着”的新的方法论,或者说是方法论的组合,能够充分地展现出景观设计的本质。与此同时还需要学习一些有效的科学方法,或者为景观设计导向性研究找到合适的模型与方法。这意味着研究者必须要设计一种新的研究形式,比如现在提倡的“第三自然”的方法。

3.2 基于历史文化调研的“设计先例研究”与“类型学研究”

第三自然景观化城市设计是对未来城市设计的一个文化愿景,是在第一自然、第二自然基础上,迈向第三自然的第一步。这对研究城市设计提出了更高的要求,普通的城市物质空间已经不能满足居民对未来城市的文化需求,人们需要在精神文化层面上提高城市的文化特色和可识别性,本书提出了两个景观设计导向型研究所需要的“看得见,用得着”的新方法论,作为第三自然景观化城市设计的研究切入点,这就是基于历史文化的“设计先例研究”与“类型学研究”,前者可以“透视”出无形的历史文化精髓——“第三自然”之魂;后者可以“解剖”有形的设计形态学特征——“第三自然”之躯。

基于历史文化的“设计先例研究”方法是设计师在设计一个城市时,对城市最基本的尊重。古语说得好“皮之不存,毛将焉附”,如果一个城市丢失了自己应有的历史文化语言,那么任何形式的设计都将失去了灵魂,而没有灵魂的城市终将是失败的,这是对设计师的一个警示。迈向第三自然的城市设计对文化是尤为重视,文化景观是第三自然的核心。谈及文化，它是包括物质文化和非物质文化，物质文化景观是对历史文化先例的再现，而非物质文化景观是对历史文化先例的追求，在于整个场所精神的营造，使人们勾起对历史文化的回味，传承这种优秀文化的精神。因此历史文化先例调查包括物质文化调查和非物质文化调查，不仅要了解整个城市在过去的历史风貌和城市的文脉概况，还应该了解城市居民的历史风俗习惯、文化活动、生活礼仪等方面的内容。这对城市设计是非常重要的，它是定位一个城市特色的标志物，是设计必不可少的一个环节。

基于历史文化的"类型学研究"法是本书在分析案例时的另一个基本方法，笔者认为做设计科学其实最基本的工作就是两个：第一是定点，即选址；第二是定形，即形体塑造。无论是定点还是定型，"设计先例研究"和"类型学研究"是两个设计认知研究的利器，其实常常出现两者交织的局面。定点是设计认知中关键的第一步，因为再美好的型，如果定错点，就是失败的设计。在古代的城市设计中，城市选址大多采用风水学理论，讲究城市需要依山傍水，布局讲究"左青龙，右白虎，前朱雀，后玄武"的原则。定形是将整个城市的形态确定下来，形态样式多样，有几何规则的，也有弯曲自然的，还有两者相互混合的。不管是什么形态，笔者认为任何形式的空间形态都可以用类型学的方法进行高度抽象的概括，通过类型学分析法，可以将设计的不同类型进行归纳，使设计师的思想意图变得清晰明了，同时经过经验总结还可以得出不同类型的功能，再经过横向的对比发现设计的原型，这对开发第三自然景观化城市设计的设计工具是一个非常有益的工作方法。

3.3 走向第三自然的景观化城市设计研究

应该探索组织第三自然景观化城市设计师知识结构的普适方法。第三自然景观化城市设计是设计建成环境的一种跨学科的方法，既须具有建筑师的眼光，又要通过考虑城市设计政策对生成环境的形式和意义的影响，使其具有可操作性。

城市设计出现于 20 世纪 60 年代某个时期。这个领域产生于对城市形态品质的探求。这个领域从实践工作而不是从学术研究中脱颖而出，大体上，知道实践的"理论"还处于以不同的典型解决方案为基础的示范层面上。基于此，关于"城市设计师应该掌握什么知识"这一问题，需要探讨一个成熟成功的实践以及伴随它的持久理论方法。

方法则要强调普适性，普适不是否定例外，否定特殊性，而是在大多数情况下成立的方法。这里考察的知识主体架构来自于第三自然景观化城市设计相关的不同领域和学科，它们共同构成关于城市设计的认识论基础。为了建立城市领域的实际知识，不应该寻求所谓的正确的方法或者理论，而应该集所有充实了城市设计师所熟知的研究并做出评价。

（1）第三自然景观化城市研究策略

第三自然景观化城市设计的研究策略有多种，本书介绍三种。第一种研究策略被称为文献法，文献法起源于人文领域——文学和历史是最显著的，并依赖于文献搜索、参考和评论。文献法的意图是讲述一组特定的事件故事。第二种研究策略是现象学方法，它提出了关于这个事件的全景视点，所有事情互相关联，其实践完全依靠研究者关于事件的全部经验。第三种研究策略是实证主义，它描述解释中的叙述价值，是与现象学方法对应的。

（2）第三自然景观化城市设计调查方式

第一种方式是历史描述，在这种方式中，研究基本是以历史事件的论述为基础——

不管是现场还是历史文献、平面图、草图、画、档案或者主题分析。第二种方式是经验推导，通过推导、现象解释可以概括起来用以发展理论。第三种方式是理论演绎，在这种方式中，理论的发展是以先前的知识为基础，然后通过研究来证实。

（3）第三自然景观化城市设计关注的领域

第三自然景观化城市设计关注的领域包括城市历史研究、视景研究、意象研究、环境行为研究、场所研究、物质文化研究、类型学和形态学的研究、空间形态学研究和自然生态研究等方面。其中城市历史研究这个领域的兴起和繁荣保证了对城市历史进一步的分类和分析，以帮助设计师选择恰当的研究并揭示更多的超出文献所能认识到的内容。视景研究是设计师通过文字和图像的方式来辨认和描述什么是他们所认为的好的环境。意象研究包括人如何把城市视觉化、概念化及最终理解城市的大量研究工作，意象研究的实质与视景研究相反，它挖掘的是一般人而不是研究对环境的意象。环境行为研究的是人与所处环境之间的关系，环境行为研究几乎全是实证主义的，它建立在科学的基础之上，它被认为是最直观的，通常高度个性化的设计程序，使设计结果更加严谨、合理，值得信赖。场所研究用来反映个体对物理环境及其情感内容的强调。物质文化研究是人类学的一个分支，关注把实物当成文化和社会的工具和反映的研究，这个领域体现更多的民间场所和文化景观的研究。类型学和形态学的研究经常被简化成一种从现代城市借用来的建筑设计哲学，实际上，类型学和形态学研究包括了一个很长的研究城市及其形态尤其是控制其生成的社会经济进程的传统。空间形态学研究致力于解释城市类型学图形的基本特征，这些研究背后隐含的假设包括城市形态的空间要素，例如住所、交通路线等，以及量化这些要素及其相互之间的必要性。自然生态研究，景观建筑师在这个领域上做出了大量的贡献，它们强调将城市视为一个自然的文化和生态系统。

总而言之，建立第三自然景观化城市设计知识的"普适方法"对更大的研究和实践背景的实用性仍有指导性。这些也将会拓宽大部分专业人员所利用的常备参考资料。本书将在下一部分基于前述的认知科学和人工智能的基本方法论与第三自然的世界观来继续开拓景观化城市设计的"普适方法"。

上篇参考文献

[1] Gardner H. The Mind's New Science: a History of the Cognitive Revolution[M]. New York: Basic Books, 1985.

[2] Newell A, Shaw J C, Simon H A. Elements of a theory of problem solving[J]. Psychological Review, 1958,65(3):151-166.

[3] Rowe P. Design Thinking[M]. Cambridge, MA: The MIT Press, 1987.

[4] 邬峻. 建筑原型的表现模拟与分析[J]. 建筑学报,2004(6):27-31.

[5] Newell A, Shaw C, Simon H A. The process of creative thinking[M]//Gruber H, Terrell G, Wertheimer M. Contemporary Approaches to Creative Thinking. New York: Atherton Press, 1967:63-119.

[6] Bazjanac V. Architectural design theory: models of the design process[M]//Spillers W R. Basic Questions of Design Theory. New York: North-Holland, 1974:8-16.

[7] Churchman C W. Wicked problems[J]. Management Science, 1967,14(4):31-38.

[8] Brown D C, Chandrasekaran B. Design Problem Solving: Knowledge Structures and Control Strategies[M]. London: Pitman,1989.
[9] 王树根.基于认知心理学的模式识别模型框架[J].武汉大学学报(信息科学版),2002(5):543 - 547.
[10] Sperling G. A model for visual memory tasks[J]. Human Factors,1963(5):19 - 31.
[11] Atkinson R C, Shiffrin R M. The control of short-term memory[J]. Scientific American,1971,225(2):82 - 90.
[12] Sperling G A. The information available in brief visual presentation[J]. Psychological Monographs, 1960,74(11):1 - 29.
[13] Neisser U. Cognitive Psychology[M]. Englewood Cliffs,N J:Prentice Hall,1967.
[14] [法]莫里斯·梅洛-庞蒂.知觉现象学[M].姜志辉,译.北京:商务印书馆,2001.
[15] 郑南宁.计算机视觉与模式识别[M].北京:国防工业出版社,1998.
[16] Simon H A. The structured of ill-structured problems[J]. Artificial Intelligence,1973, 4(3 - 4): 181 - 201.
[17] Reitman W R. Heuristic decision procedures, open constraints, and the structure of ill-defined problems[M]//Shelley M W, Bryan G L. Human Judgments and Optimality. New York: Wiley, 1964:282 - 315.
[18] Newell A. Heuristic programming: ill-stuctured problems[M]//J Aronofsky. Progress in Operations Research. New York:John Wiley,1969:360 - 414.
[19] Wallas O. The Art of Thought[M]. New York: Harcourt Brace Jovanovich,1926.
[20] Cross N. Design cognition: results from protocol and other empirical studies of deign activity[M]// Eastman M, McCracken M, Newstetter W. Design Knowing and Learning: Cognition in Design Education. Amsterdam: Elsevier,2001:79 - 103.
[21] Chan C S. An examination of the forces that generate a style[J]. Design Studies,2001,22(4):319 - 346.
[22] Tzonis Alexander, Oorschot L. Frames, Plans, Representation: Concept Dictaar Inleiding Programmatische and Functionele Analyse[M]. Delft: Faculteit Bouwkunde, Technische Universiteit,1990.
[23] Habraken N J. Transformation of the Site[M]. Cambridge Massachusetts: Awater Press,1983.
[24] Steadman J P. Architectural Morphology an Introduction to the Geometry of Building Plans[M]. London: Pion Limited, 1983.
[25] 张仰森.人工智能原理与应用[M].北京:高等教育出版社,2004:15 - 48.
[26] Venturi M. Town Planning Glossary: 10 000 Multilingual Terms in One Alphabet for European Town Planners[M]. München: K. G. Saur, 1990.
[27] Kay N W. The Modern Building Encyclopaedia: an Authoritative Reference to All Aspects of the Building and Allied Trades[M]. London: Odhams Press, 1957.
[28] Elizabeth W. Cambridge Advanced Learner's Dictionary[M]. 3nd ed. New York: Cambridge University Press,2008.
[29] Olwig K R. Recovering the substantive nature of landscape[J]. Annals of the A. A. G,1996,86(4): 630 - 653.
[30] Makhzoumi J, Pungetti G. Ecological Landscape Design and Planning[M]. London: E and FN Spon, 1999.
[31] Calder W. Beyond the View: Our Changing Landscapes[M]. Melbourne: Inkata Press, 1981.

[32] Jackson J B. The vernacular landscape[M]//Penning-Rowsell E C, Lowenthal D. Landscape Meanings and Values. London: Allen and Unwin,1986:65 - 79.
[33] James P E. The terminology of regional description[J]. Annals of the Association of American Geographers, 1934,24(2):20 - 28.
[34] Olwig K R. Representation and alienation in the political land-scape[J]. Cultural Geographies, 2005,12(1):19 - 40.
[35] John S, Edmund W. The Oxford English Dictionary[M]. Oxford: Oxford University Press,1989.
[36] Merriam-Webster. Merriam-webster's Collegiate Dictionary[M]. 10th ed. Springfield: Merriam-Webster Inc. ,2001.
[37] 黄清平,王晓俊.略论 Landscape 一词释义与翻译[J].世界林业研究,1999(1):74 - 77.
[38] (美)盖奇,(美)凡登堡.城市硬质景观设计[M].张仲一,译.北京:中国建筑工业出版社,1985.
[39] Alan R H B. Geography and History:Bridging the Divide[M]. New York: Cambridge University Press, 2003.
[40] Hadfield M. A History of British Gardening[M]. London: Spring Books, 1960:177 - 220.
[41] 陈植.观赏树木[M].上海:商务印书馆,1930.
[42] 陈植.造园学概论[M].上海:商务印书馆,1935.
[43] 陈植.对我国造园事业的几个问题的再商榷[M]//陈植.陈植造园文集.北京:中国建筑工业出版社,1988.
[44] 陈传康.苏联景观学的发展现况和趋势[J].地理学报,1962(3):230 - 240.
[45] 孙筱祥.中国风景名胜区[J].北京林学院学报,1982(2):12 - 16.
[46] 中华人民共和国建设部.园林基本术语标准[S].北京:中国建筑工业出版社,2002.
[47] 李树华.景观十年、风景百年、风土千年——从景观、风景与风土的关系探讨我国园林发展的大方向[J].中国园林,2004(12):29 - 31.
[48] 辞海编辑委员会.辞海:彩图本[M].上海:上海辞书出版社,1999.
[49] 王绍增.论 LA 的中译名问题[J].中国园林,1994(4):58 - 59.
[50] 王绍增.必也正名乎——再论 LA 的中译名问题[J].中国园林,1999(6):49 - 51.
[51] 路秉杰."建筑"考辨[J].时代建筑,1991(4):27 - 30.
[52] 吴焕加.关于 ARCHITECTURE 的译名[J].世界建筑,2000(7):70 - 71.
[53] (美)埃德蒙·培根.城市设计[M].黄富厢,朱琪,译.北京:中国建筑工业出版社,2003.
[54] 克里斯蒂安·德维叶.城市建筑学及城市设计[J].林夏,译.建筑学报,1985(2):22 - 26.
[55] 俞孔坚.景观都市主义:是新酒还是陈醋[J].景观设计学,2009(5):16 - 19.
[56] Anon. What is Landscape Architecture[R/OL]. Washington, DC: American Society of Landscape Architects, 2007. (2008 - 10 - 30). http://www. asla. org/uploadedFiles/CMS/Government_Affairs/Member_Advocacy_Tools/2007landscape_architecture. pdf.
[57] Kenneth F. Towards a critical regionalism: six points for an architecture of resistance[M]//Charles J, Karl K K. Theories and Manifestoes of Contemporary Architecture. Chichester: Academy Editions, 1997: 97 -100.
[58] Kenneth F. Modern Architecture: a Critical History[M]. London: Thames and Hudson, 1992:320.
[59] Waldheim C. The Landscape Urbanism Reader[M]. New York: Princeton Architectural Press, 2006:21 - 33.
[60] 杨锐.景观都市主义:生态策略作为城市发展转型的"种子"[J].中国园林,2011(9):47 - 51.

[61] 杨锐.景观都市主义的理论与实践探讨[J].中国园林,2009,25(10):60-63.
[62] 胡一可,刘海龙.景观都市主义思想内涵探讨[J].中国园林,2009,25(10):64-68.
[63] Steiner F. Landscape ecological urbanism: origins and trajectories[J]. Landscape and Urban Planning, 2011,100(4):333-337.
[64] 高鉴国.美国新都市主义述评[J].中外管理导报,1997(4):32.
[65] 钟泓."新都市主义"来到中国[J].城市开发,2002(4):5.
[66] 王慧.新城市主义的理念与实践、理想与现实[J].国外城市规划,2002(3):31-37.
[67] (美)伊丽莎白·巴洛·罗杰斯.世界景观设计:文化与建筑的历史[M].韩炳越,曹娟,等,译.北京:中国林业出版社,2005:3.
[68] 克丽丝汀,米歇尔·贝纳.迈向第三自然:克丽丝汀和米歇尔·贝纳设计作品专辑[M].陈庶,译.沈阳:辽宁科学技术出版社,2010.
[69] 王向荣,林箐.自然的含义[J].中国园林,2007(1):6-17.
[70] Perkins D N. Knowledge as Design[M]. Hillsdale, NJ: Lawrence Erlbaum Associates. 1986.
[71] Alexander C. Notes on the Synthesis of Form[M]. Cambridge, MA: Harvard University Press, 1964.
[72] Rapoport A. House Form and Culture[M]. Englewood Cliffs, NJ: Prentice-Hall, 1969.
[73] 陈超萃.设计认知[M].北京:中国建筑工业出版社,2008.
[74] 陈纪凯.适应性城市设计——一种实效的城市设计理论及应用[M].北京:中国建筑工业出版社,2004.
[75] 余英时.从价值系统看中国文化的现代意义[M].台北:时报文化出版企业公司,1991.
[76] 朱光潜.谈美[M].台北:国文天地出版社,1990.
[77] 李旭旦.人文地理学概说[M].北京:科学出版社,1985.
[78] [日]小牧实繁著.民族地理学[M].郑震,译.台北:台湾商务印书馆,1971.
[79] Cressey G B. China's Geographic Foundation: a Survey of the Land and its People[M]. New York: McGraw-Hill,1934.
[80] [美]撒普尔.地理环境之影响[M].陈建民,译.台北:台湾商务印书馆,1975.
[81] 李旭旦.人文地理学概说[M].北京:科学出版社,1985.
[82] [苏]瓦西里耶夫.中国文明的起源问题[M].杨德明,等,译.北京:文物出版社,1989.
[83] 何星亮.中国图腾文化[M].北京:中国社会科学出版社,1992.
[84] 王其亨.风水理论研究[M].天津:天津大学出版社,1998:12.
[85] 何晓昕.风水探源[M].南京:东南大学出版社,1990.
[86] [战国]吕不韦.吕氏春秋译注[M].张玉春,等,译注.哈尔滨:黑龙江人民出版社,2003:512.
[87] [汉]司马迁原著;萧枫主编.史记:文白对照全注全译[M].北京:中国文史出版社,2002:55.
[88] 林尹.周礼今注今译[M].北京:书目文献出版社,1985:352.
[89] 周毅刚,袁粤.从城市形态的理论标准看中国传统城市空间形态——兼议传统城市空间形态继承的思路[J].新建筑,2003(6):36-42.
[90] 吴焕加.20世纪西方建筑史[M].郑州:河南科学技术出版社,1998.
[91] 苏海威.类型学及其在城市设计中的应用[D].天津:天津大学,2001.
[92] Andreas F. A Reader in Planning Theory[M]. Oxford: Pergamon Press,1973.
[93] 张文英.当代景观营建方法的类型学研究[J].中国园林,2008(8):26-32.
[94] Jong T M D. When is designing also research[M]//Taeke M D J, Voordt D J M V D. Ways to Study and Research: Urban, Architectural and Technical Design. Delft, The Netherlands: DUP

Science, 2002.

上篇图表来源

图 1　源自:自绘.

图 1.1　源自:自绘.

图 1.2　源自:荷兰德尔福特科技大学建筑学院设计知识系统研究中心.

图 1.3　源自:笔者照片.

图 1.4 至图 1.6　源自:王树根.基于认知心理学的模式识别模型框架[J].武汉大学学报(信息科学版),2002(5):543-547.

图 1.7 至图 1.9　源自:Tzonis A, Oorschot L. Frames, Plans, Representation: Concept Dictaar Inleiding Programmatische and Functionele Analyse[M]. Delft: Faculteit Bouwkunde, Technische Universiteit,1987.

图 1.10　源自:Dirk Verwoerd. http://www. architectuur-fotograaf. eu/.

图 1.11　源自:自绘.

图 1.12　源自:刘羽.基于原型选择的 FEWS 一体化城市设计工具[D].武汉:华中科技大学,2013.

图 1.13　源自:张仰森.人工智能原理与应用[M].北京:高等教育出版社,2004:15-48.

图 1.14 至图 1.16　源自:谷歌图片.

图 1.17　源自:自绘.

图 1.18、图 1.19　源自:百度图片.

图 1.20 至图 1.29　源自:自绘.

图 2.1　源自:蜂鸟网.

图 2.2　源自:网易摄影.

图 2.3　源自:互动百科.

图 2.4　源自:网易摄影.

图 2.5　源自:百度图片.

图 2.6　源自:网易摄影.

图 2.7　源自:蜂鸟网.

图 2.8　源自:百度图片.

图 2.9、图 2.10　源自:王其亨.风水理论研究[M].天津:天津大学出版社,1998:12.

图 3.1　源自:谷歌图片.

图 3.2　源自:自绘.

表 1.1　源自:维基百科.

中篇

研究第三自然

基于MOP认知模式的第三自然景观化城市设计研究

上篇探讨了如何通过设计认知科学揭开“第三自然”的神秘面纱，本篇将基于第一自然、第二自然作为第三自然的必要条件；第三自然作为第一自然、第二自然的充分条件，来探讨如何结合前文提到的基于历史文化的“设计先例研究”和“设计类型学研究”，运用MOP认知模型来深入研究景观化城市设计的纵深理论与方法。

第一自然是人类对自然界的最初认识，它的形态(Morphology)构成包括土壤、地下水系、地表水系、天气气候、空气、自然景观、植物、动物和人类。对这些元素的操作性(Operation)表现在各元素自身的内在关系和各元素间的相互关系，例如，土壤承担着物质间的新陈代谢、分解和转化物质、储存和过滤水资源的工作；土壤是人类以及动物和植物生命的基础和生存空间，是人类进行生产活动、居住、交通和休闲的场所，也是人类文化和文明发展的场所，记载和保存着各个历史时期留下的烙印。景观设计师通过对场地土壤因子的分析，提取出该场地性质的信息，为最终的设计表现(Performance)创造出最合理的解决手段，使设计最大限度地适应第一自然系统，并达到最佳的景观效果。

第二自然是人与人在第一自然背景下相互作用的新产物，人类的社会活动结合对自然环境的使用方式和对自然营造的空间形式是第二自然的形态(Morphology)构成的核心。研究人类在场地中的行为活动和心理，判断和预测出社会集体活动的倾向是操作性(Operation)的过程，得到的表现性(Performance)是使景观设计符合不同人群的使用需要。

第三自然的形态学(Morphology)特征是关于文化的空间特色、时间特色、人文特色、角色或原因等。例如，受中国风水理论和中国文化的双重影响，中国乡村聚落的形式就呈现出非常明显的结构特征——坐北朝南。对基址自然环境的认识分为“觅龙”、“察砂”、“观水”、“点穴”四个重要步骤。所谓龙是指生气流动着的山脉，即以山势为龙，将山势起伏绵亘的脉络称为龙脉，气脉所结之处为龙穴。所谓穴，是指生气凝聚着的吉穴的位置所在。风水术中将地脉停顿之处称为“龙穴”，这里应该砂环水抱，关阑周密，生气凝聚，可称“吉穴”。所谓砂环，是指穴地背侧和左右山势重叠环抱的大好自然环境，“砂”就是穴地周围的山体，砂环实际上就是避风趋阻的地理条件。“水抱”是指穴地面前有水环抱，有水环抱方能使生气环聚在内，不致流失。第三自然的操作性(Operation)是研究地域文化，使地域文化在景观设计中更好地体现出来。从而得到具有地方特色的文化景观表现性(Performance)。

第三自然景观化城市设计是由第一自然到第三自然逐层整合而成的“分形认知整体”，即横向上每一层内部都隐含着MOP的认知规律；而同时在纵向上也可分解为MOP的认知规律。对于第三自然景观化城市设计的MOP认识，第一自然可偏重形态学(Morphology)，第二自然可侧重操作性(Operation)，第三自然则是综合表现性(Performance)。从第一自然到第三自然之间通过这种“分形认知整体”形成既相互依存又相互制约的奇妙关系。不同的地域环境自然(第一自然)，对人与社会的关系(第二自然)，以及人的价值观、人的心理和行为产生影响，从而产生不同的地域性文化(第三自然)，反过来地域性文化对第一自然和第二自然的环境的改造又起到一定的影响。正如丘吉尔在第二次世界大战伦敦大轰炸的间隙所做的国会演讲中所说的那样：“我们塑造了建筑，而建筑反过来也影响了我们。”

4　形态:第三自然景观化城市设计类型学

第二自然是建立在人类社会需求和生产基础上的自然,为了生存,人类对土地、植被等第一自然施加了各种影响,企图进行一些改变,第三自然是第一自然和第二自然存在的充分条件,并且可以通过第一自然和第二自然来延伸和扩展,在景观化城市设计中可以借鉴整合第一自然、第二自然已有的研究成果——设计类型学,为迈向更包容的第三自然奠定坚实的一步。

最初类型学仅作为一种分类方法,与建筑实践相结合后,逐渐拓展到"永恒的组织原则"这一概念,即物质形态与生活形态相互关联所形成的稳定模式类型;随后罗西将其内涵又扩大至风格形式要素、历史文化要素,并赋予其人文内涵,进而演变为研究城市形态的一种新的科学方法,这个就是所提炼的"第三自然"的"认知先例"的依据。由此,类型学理论存在了两个基本属性:一为历史的内涵,二为抽象的特性[1]。类型学认为能够反映建筑深层文化结构的类型是独立于形式、技术、思想等变化之外的[2]。从 20 世纪 80 年代末开始,意大利类型学派(Italian Typological School)和英国城市形态学派(British Morphological School 或者 Conzenian School)的理论被逐渐传入中国[3-4]。伴随第 16 届国际城市形态论坛(International Seminar on Urban Form)于 2009 年 9 月在广州召开,越来越多的学者开始重视这个西方理论在中国的解读和运用[5]。从 15 世纪至今,建筑设计类型学依次经历了原型类型学、泛型类型学和可称之为"第三自然类型学"的三个发展阶段[6]。景观艺术与建筑艺术都建立在自然科学和人文艺术基础上,两者具有共通性,许多建筑空间理论同样适用于景观对于城市开放空间的研究,因而,当代建筑类型学所采用的类型学设计思想,同样适用于景观化城市设计[7]。

景观化城市设计类型预先假定设计研究,但不是所有的景观化设计研究预先假定其类型。这就像是一个传统的部件在一种特殊的结构中(例如错层房屋),可以是一个在较小结构中的类型。景观化城市设计类型学是关于客体在不同的文脉下仍能保持恒久不变的研究。

景观化城市设计类型是对具有共性的景观设计的总结(概念),并通过一个"图式"传达出来,它也许会成为设计模型和设计的先行者。因此,一种景观化城市类型为了反映出在特殊文脉下的影响力,实际上还不能由一种模型在现实中得以完全实现。例如,一个在某种规模条件下可实现的景观设计方案,实际上是一个模型,而不是一个类型(中国传统园林中的皇家园林和私家园林,都是古典园林这一类型的不同模型)。相反的,一个以特定组件构成的更加具体的模型,相比类型更加明确,但也不能称之为类型。

例如,一种理想的景观化城市设计类型,可能比所有案例具有更多的特征。理想类型能够弥补其他案例某些方面的不足,使它们变得更具想象空间。一种景观化城市设计模型或设想可能是由这样一个理想类型构成的,例如,它可以作为教学中的一个理想模型,但它们永远无法同时实现,这就是理想类型固有的缺点。另一个关于景观化城市设计理想类型特征的陈述(例如在类型中被忽视的细节),就是在特定的文脉下可以使用并且可能是独一无二的。

如果从一种景观化城市类型中选出的蕴含历史原貌的案例是可用的，那么这个模型就可以在此基础上建立。为了比原类型更加多样化（例如材料、规格和形式的特性比），将这个模型在其他方面进行重塑，那么即使这个景观化城市设计模型可以制成使用，也并不一定必须应用在特定的文脉下。

景观化城市系统预想分析了组件（元素）和已经定义好的系统和环境之间的系统界限。景观化城市边界刻意保留了模糊的类型和模型，例如，一个景观化城市设计研究可以利用类型和模型，但是没必要用可移动的元素来建立一个系统一个原型，如三位一体的类型，之前的形式充满了旧的内涵和形式组织。迷宫的例子是根据忒修斯和阿里阿德涅的线团，它起源于国王米诺斯在克里特岛的克诺索宫的神话原型。

景观化城市类型中的每一个例子，是一个变体与其他附带的特性（例如其位置）的结合，犹如在音乐中，变化是按主题分类。类型可以一成不变，在没有变体时无条件重复能确保自身的同一性。类型学的批评性（Argan，Tafuri）是在非常著名的类型基础上，进行类型的增添和减少。根据勒费夫尔和仲尼斯、凡·多克利用经典的类型和来自风格派（De Stijl）的一些内容交换了一部分特征，形成了新的类型。

景观设计专业的学生把创造一个设计当作一种荣誉，这个设计遵从无个性类型，并且代表一种新类型且能被他人使用，像这样的类型就是前述的原型。这样的类型经常转化成一个已有类型的变体，有时候一个变体是不同的，它被视为一个单独的类型。类型的数目是非常巨大的，没有人能想象到所有合理的类型。景观化城市类型学研究类型的比较和分类，并确定它们不同环境中的变体，当分类采用树状形式的相互关联的结构时，它就是有名的“分类学”。

4.1 景观化城市设计类型学与设计认知

景观与城市的发展具有悠久的历史，“罗马不是一天建成的”。城市景观本身就是一个客观存在的生命体，其增长和更新可以被看作是城市自身繁衍生长的结果。景观化城市设计的主要目的是利用景观来调和城市形态和建筑的关系，使城市和建筑能够在时间的长河中保持延续性、复杂性和多样性。景观化城市设计能够反映第三自然文化传承，同时保持时空环境的连续性和独特性，因而有必要在设计过程中建立一种分类的方法体系来归纳总结城市中具有相似结构特征的形式。

下面论述的是类型学概念和发展历程对景观化城市设计的启示。

设计科学其实是自然科学和人文社会科学的交集。人文科学研究的成果拓展到自然科学领域，从而启发科学家的感性认知；而自然科学研究的成果必然会渗透到人文科学领域，从而启发理性行为。在景观设计领域内，类型学（Typology）研究应该成为理性行为中浓墨重彩的一支。类型学研究已有很长的历史，它在不同层次上影响着建筑活动和城市设计，并且成为批判性和实用性的双重工具。这对于景观化城市设计具有启发意义。

景观类型应该也是一种抽象活动的概念，它使不同的景观整体间获得秩序，并把这些整体列成不同等级，进行比较来证实它们的共同特征。分类意识和行为是人类理智活动的根本性特征，分类是认识和深入了解事物的一种基本方式。心理学研究成果显示，认知过程和艺术创造过程本身就是倚重于类型学的。大千世界在人类心灵上的"历史重叠"形成人类思维特有的认知概念，概念之间相应的运演又构成人类设计认知思维的分类框架。凭此，人类可以从一个正确的角度认识世界，并把世间万事万物分门别类：凭着此分类框架，人类通过预期和矫正进行着艺术的创造和设计的思维。

1）类型学与分类学的异同对景观化城市设计的启示

"类型"这个概念最早是从生物分类学转化引申而来。分类行为实际上是人的一种认知科学的划分手段。常常可以把事物按照各自的共同点与不同点，进行分门别类。在对分类的理解中有三个方面可以启发景观化城市设计方法对类型域分类的关注：① 分类可以有许多层次，比如将自然界分成生物类、非生物类，生物类再分成动物、植物……每一类别又都可以继续细分下去。② 分类的标准与方法各不相同，分类标准多样，方法迥异。③ 分类只是一种方法，一种认识的方式，不能因此而割裂类别之间本源的联系。换言之，尽管在认知上区分了"第一自然"、"第二自然"、"第三自然"，但是不能也不会因此而割裂它们之间本源的联系。

分类的可能性是建立在对立与矛盾基础之上的，而世界作为一个连续统一体，在其对立中仍包含同一的成分。因此，分类行为是在现象之间建立组群系统的过程。系统内的元素和类型具有"排他性"和"概全性"，即诸元素之间互不交叉，而它们的集合却可完整地表明一种更高一级的类属性[8]。类型学和分类学相同之处在于，它们的行为依赖于研究者的意图和从相应的现象中抽取的特定分类尺度。同理，在区分"第一自然"、"第二自然"、"第三自然"的同时，其实也构建了一个跨越"三个自然"的组群系统。三个自然之间具有"排他性"和"概全性"，三个自然互不交叉，而它们的集合却可完整地表明一种更高一级的类属性，"第三自然"的景观化城市设计实际依赖于研究者的意图和从相应的现象中抽取的特定分类尺度。这一启迪赋予"第三自然"景观化城市设计最宽广的含义、最深邃的理解、最广泛的适用性以及最大的灵活性。

传统上，自然科学的分类行为一贯是一种正统的分类学，社会领域的分类行为则是典型的类型学。类型学和分类学的不同之处恰恰在于，分类学往往对于"自然属性"进行探讨，而类型学则往往可以用来研究可变性与过渡性问题，类属间变化愈细微，限定自然类属的区别因素就愈困难，所以分类学就愈不胜任[9]。在社会和文化的研究中，利用类型学的方法可以促进工作有效进行，如果将一个对统一系统做分类处理的方法应用于景观学，就形成了景观类型学。景观类型学作为一种分类的方法体系，在对形式结构特征归类过程中找寻能够呈现人类心理的深层结构和头脑中的固有形象的形式，从而得到从外部环境出发和与历史发展相关的景观解决途径。

尽管类型学并没有一种固定或超然的分类方式，分类操作有赖于研究者的意图。但是阿甘（G. C. Argan）认为："类型乃是一系列类型。"传统意义上建筑和城市一般的类型学分类方式可以按以下三种尺度来进行[10]：

第一，城市的尺度和它的建筑的组织，反映在建筑组群和城市形态关系上的研究；第二，建筑的尺度和它的大的构造元素，如广场、室内空间类型等的形式构成；第三，细部比例构造以及它的装饰部分。

狄卡（J. Tricart）建立了基于城市研究的分类秩序和尺度。

第一，街道尺度，包括了建筑物以及环境街道的空地空间；第二，市区尺度，包括了具有共同特征的街廓簇群；第三，整个城市尺度，视其为市区簇群[11]。

在此可以注意到，景观再度"被缺席"，应该类推出一种景观化城市设计的类型分类法。

2）设计认知的类型和原型

在景观化城市设计类型分类方法的探寻中，需要对一系列类型进行总结和发现更多的原型，这更有助于对蕴含在物质环境和人类行为当中的第三自然这一脉络有较多清晰的认识。类型学理论的建立是以生物学和心理学为基础的，生物学的分类法为类型学提供了客观方法论的指导，而心理学研究成果则是其主观认识论的来源。为了弄清楚类型和原型形成的源头，更好地理解人们设计认知的过程，从人类自身认知规律出发探求最原始的那片领地。

在客观世界中欧几里得体系里，图形的基本形式包括方形、圆形和三角形，它们是一切形式的本源。不知什么原因，尽管我们生活在一个极端混乱的世界里，人类的认知知觉却偏爱简单结构以及简单秩序，我们在混乱的外部世界里往往易于看清和最易于记住的正是这类有规则的形状，而不是杂乱的形状[12]。格式塔心理学称之为人类知觉的简化倾向和完形压强。皮亚杰认为由于世界的一切都体现在物与物的关系上，人的认识在于找出这种不同的关系。某些不同的关系根据相似的原则又可概括为不同的模式，不同的模式、不同的形象反映到人的头脑中，形成不同的图式（Schemata）。"图式"是人们头脑中的一种"意象"，意象与客观事物本身有区别，有的正确反映客观实际，有的则不能，图式是人的心理活动的基本要素。如上篇所述，这种对"简单基本形式"和组合这些基本形式的"纯粹秩序"的"认知思维"惯性正好成为构建"设计原型"和"设计先例"的认知基石。

在主观世界里，人对外界的认知往往有赖于人的心理结构。荣格（Jung）认为，人类心理结构可分为自觉意识、个体无意识和集体无意识三个层次。"集体无意识"（Collective Unconscious）处于这一结构的最底层。集体无意识是心灵的重要组成部分，一部分可以根据"其自身存在不依赖个体经历的事实这一特征来区别个体无意识"[13]。个体无意识是由曾经被感知过的重复性内容所构成的，由于种种原因进入了无意识层，在认知上是"显性"的；而集体无意识的内容在个体的整个生命过程中却往往是"隐性"的，不会被人直接感知。与个体无意识不同，集体无意识对全世界所有的人来说都是共同的，因为它的内容在世界上每一地方都能发现。这无疑为设计先例的文化跨越度提供了可能。

根据荣格心理学，每个人的内心深处都携带着来自远古祖先的记忆或者原始意象（实际为"原型"），即集体无意识。过去所有各个世代所积累起来的无数特殊的或同种类型的经验，通过血缘纽带的遗传系统传递下来，形成无意识内容，这些内容储存在每个人的深层心理之中，成为人类处理外在事物的先天感应性普遍反应倾向。在一个族群中反复出现的集体无意识最终成为该族群的文化特征，这种文化特征将塑造"集体无意识"的景观环境，并以此环境为载体，承载文明的传递。

景观设计原型也可以成为"人类永远重复着的经验的沉积物"，"人类经验之永恒主题具体化的形式或模式"[14]，是构成集体无意识的城市文化的主要景观环境内容。景观设计原型“具有一种永恒不变的型蕊的含义，它决定的是表象显现的原则，而不是具体的显现”[15]。但是，景观设计原型并不可能成为一种实体，也不是某种遗传下来的观念或意象。荣格始终认为原型是某种遗传下来的先天反应倾向或反应模式，只是一种看不见的文化潜能，只有当它转化为有意识的形态时，通过具体的形象或“原型观念”才能表现它自身，它们实际上构成了特定族群中景观认知中的“景观设计先例”。这些具体的形象或“原型观念”往往可以通过象征的手法或者“景观设计原型”来外显，即自然象征和文化象征，自然象征源于心理的无意识内容，代表基本原型的众多变异。文化象征表现着“永恒的真理”，经历了许多变化，以成为集体形象，成为一种“第三自然”，而为文化社会所接受，如神话、宗教、艺术等。作为文化原型的重要表现方式，构成宗教、神话、艺术等的形象或符号常常被应用于社会生活的各个方面，渗透到“第二自然”中并相应地派生出许多具体的图式，为社会历代因袭。这些图式或形象及符号只是景观原型的同类物，经过类型也是原型的同类物。

由此可见，景观类型学中的原型也是集体无意识的，可以具体外化为表现形式的某种景观普遍性和原初性的文化叙述结构。古代神话和伟大的艺术品之所以具有永恒的魅力，就在于它们凭借着原型所凝聚的感受、认识、情感，表达出了超个人的深层机体意识结构，从而使“第三自然”始终薪火相传。

4.2　从罗西的城市化建筑到第三自然的景观化城市

4.2.1　城市是一座大建筑

在建筑和城市关系方面，罗西认为城市与建筑应该是统一的，是人类社会文化观念的凝固化的表现。他追求形式的永恒和表现传统的城市精神，运用类型学的理论方法重新论述了阿尔伯蒂的观点：“建筑是一座小城市，城市是一座大建筑。”

当人类创造原始住屋而得以与自然环境相隔离，这种基于人类自身需求改造自然的行为，是从第一自然向第二自然跨越的重要一步。其结果发展出人类居住的最早的造型和类型。因此，类型是基于人类对“美感”的渴求和需要而产生的，与生活方式和习俗紧密相连。罗西将类型学看作组织工具，并反复表示类型学的重要性在于城市层面，能够跨越建筑尺度与城市尺度之间的鸿沟。建筑单体与城市的关系是双重的，当建筑个体融入城市后，一个整体的单元就变成了局部构件，形体之间发生转换关系，从而个体被予以双重身份。当代类型学把城市当作元素集合的场所和新形式产生的依托，这就产生了“城市建筑”观念。如果把这种“城市建筑”的认知结构引入景观和城市的逻辑关系，就不难得到所谓景观化城市，利用景观类型学作为组织工具，它将跨越建筑尺度与景观尺度之间的鸿沟，带有景观与城市尺度的双重性格。当城市融入景观后，这就产生了“景观城市”的观念。

4.2.2　城市化建筑与景观化城市

罗西关于建筑城市化的观点对构建“景观化城市”其实非常具有认知上的借鉴意义。建筑与城市是同构的甚至是同一的。作为城市有机整体的一部分，任何建筑不应脱离城市，而应与城市现存的历史空间形态相结合。城市中存在的现实形态凝聚了人类生存所具有的含义和特性。“城市反映了人类理性的发展”[16]，罗西曾经试图从历史的城市中寻找答案，以发现城市是如何生长的，如何在历史中转变的，以及建筑类型是如何与反映和进入城市的形态进化和转变的。这提供了景观通过第三自然融合到城市中的一个独特的方法——在探寻城市是如何在历史长河生长过程中找到景观类型，是如何与城市形态融合在一起的答案。这样，景观也可以通过第三自然融合到城市设计中，形成景观化城市设计。

对城市的结构要素进行研究，罗西所提出和提供的并不是一种建筑形式和风格，而是一种分析的方法，这种方法考虑了特定的历史、变化的方式和传统，从而建筑类型就成为他进行设计的一个主要手段和坚实基础，同时也为景观类型学进入城市设计领域奠定坚实基础。对于罗西而言，他倾向于在已存在的类型中选择，而不是创造新类型，已存在的供选择的类型就是设计认知中的设计先例。已存在的先例类型经过历史的淘汰选择，具有丰富的社会文化沉淀和强大的生命力，成为第三自然的丰沃土壤。

城市是“人类生活的剧场”，是“第二自然的剧目”。这个剧场不仅是一个意象，它已经是事实。那么城市又何尝不该成为“景观的舞台”、“第三自然的幕布”。“人类生活的剧场”吸收事件和感情，每一新事件里包括了对过去的记忆和未来记忆的潜能。建筑形式不仅仅是有形形态，它还是精神载体，是物质存在与精神的统一体，也就是“历史与记忆”的统一体，景观与第三自然的融合同样体现了景观对历史文化的承载。

因为城市组织中有着不变的因素，过去是可以体验的，所以说今天可以体验历史。历史记忆控制着今天的发展，形式已经不存，记忆却永远的流传下来，这就是“集体记忆”（Collective Memory）。集体记忆是人们以口述、文字等形式保存下来的历史文化，成为供景观生长的第三自然。城市作为集体记忆的场所，交织着历史的和个人的记录。走向第三自然的城市设计不强调显示自我的个性，而以通过类型的类推设计满足居民的“集体记忆”的城市，因此就形成“类似性城市”（Analogical City）。

4.3 景观化城市形式、结构与功能的类型

类型起源于人们对生活环境改善的需求以及对于“天堂”理想的追求，意大利艺术史学家阿甘进一步将类型学的定义提炼为：“类型学中设计的第二重要的方面是设计决策间的联系。为此会产生关于类型层次（Typological Level）的疑问。类型层次可以被视为设计决策反映选择的标准体系的计划规模。景观设计的类型层次数量并不是事前设定好的，但是根据对象的复杂性和设计者的设计手法可以粗略估计。”景观化城市的形式、结构与功能是设计过程中重要的组成部分，对它们的类型分析和彼此之间的关系进行深入了解必不可少。

景观化城市形式是一个自动发生的过程，而第一自然是推动其产生的“力”。从一个更广阔的角度来看，对景观化城市形式的理解应当作为一个整体或是系统进行研究，就如同人们所熟知的第一自然系统。对景观化城市形式内部结构的分析更有助于对其整体进行把握，毫无疑问这也是自然给予我们的，整个自然系统的层次，明确清晰的结构，各种因素相互作用最终保持着一种和谐、稳定的状态，在大地上呈现给人们一个真实的

形式[17]。景观在形式上的变化不仅仅只是美学的需求，还包含了一系列实用性的功能需求和精神上文化历史的需求，这就要求在解决这些实际问题的基础上再考虑色彩、形状的拼合。形式的功能性与第三自然的融合，在解决了人的行为需求的同时也解决了人们对文化内涵理解的渴望。

如果一种景观化城市类型的特征只与形式相关联（布局分布或轮廓），那么它则被称为"表单类型"，包括有机类型（如树木、茎、花、伞形花序）和几何类型（如金字塔的几何形状类型）。圆形（球形、半球形）、方形或三角形（四面体或金字塔）景观元素（公园、社区等）都是此种类型形式。像这样的几何差异可以利用它们的特性、区别来加以详细阐释。计算机绘图程序可以提供初级形状过程（加、减、相交），进行一定的关联转换可以产生分类（模型的形式概念，利用一定的属性对其分类以便计算机识别处理，而形式变化的手段包含增加、消减、交集、重复、变异等）（图 4.1）。

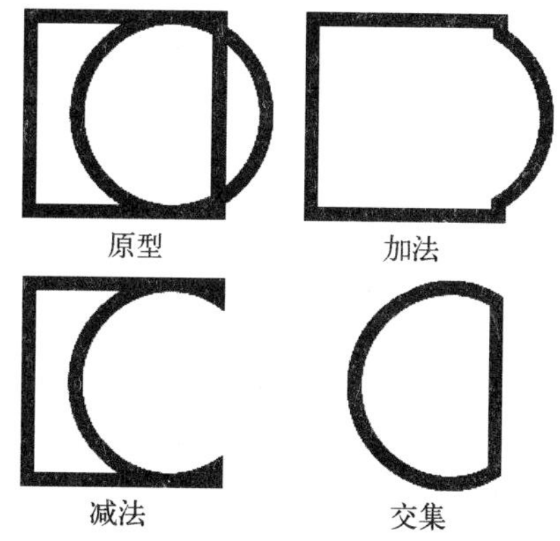

图 4.1　原型与相互组合方式

如果一个类型包括收集分离和连接（结构）等典型开口还有划分和转承的结构特点，则被称为结构类型。景观化城市结构是景观的组分和要素在城市空间上的排列和组合形式。结构是一种模式化的思想形式（就是说可以从一个模式出发确定出一切包含在这个模式中的真形式），景观化城市结构包括三种特性：整体性、转换性、自身调整性。一个严整紧密的结构不仅仅是景观元素一加一等于二的简单叠加，它们之间的组成部分是由具有有机联系的规律组成的，任何一个元素都不能不受整体性法则的支配而孤立出来。在形成一个系统的全部结构中，各景观结构之间互相结合的方式会在被连接起来的诸结构中的一个结构内部引起主导的功能，但是，这需要与历史文化的转换和第三自然发生过程的转换密切结合来进行。

其中法国著名的古典园林代表凡尔赛花园就是结构类型。凡尔赛花园整体特点是以东西为中轴线，建筑物、园林等呈南北对称，因为各种形状结构是整体中必不可少的，并且强调局部与整体的关系，讲究严谨的布局，一切都显示出严格的逻辑性。凡尔赛花园中所蕴含的第三自然，为其结构转换提供了土壤（图 4.2）。

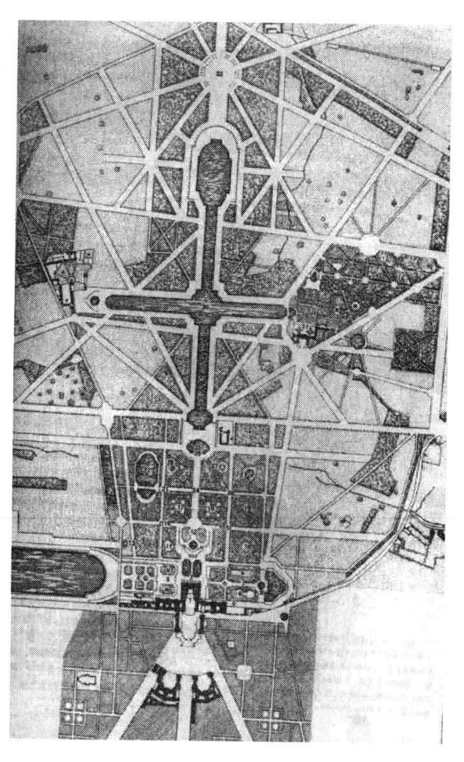

图 4.2　法国凡尔赛花园

在考虑结构类型的阶段不需要考虑功能，

景观化城市结构类型可以被看作是一个结构的必需部分，是独立于功能之外的，但是这样的定性没有考虑到结构和功能的相互关系，所以结构和功能的分离就过于明显。如果景观化城市外部运作(功能)是包含在这种类型的特点中，那么这就是一个功能类型。功能的类型大多是含蓄的，功能的概念总是预先设定，精致的外部结构与功能有关。

当进行景观化城市设计探索和设计研究时，一种材料或社会结构、预设的功能类型还没有被明晰确定的环境，必须要被讨论。在景观化城市类型学研究中外部结构是可变的，然而它是决定性的结构区别，如"前"、"回"和"方"的群组的类型，两千多年前的希腊城邦中这种群组类型十分典型(图 4.3)。由于类型的限制少于系统，外部结构特点也可以形成一个结构类型。尤其入口是结构类型的一个重要组成部分、入口周围的景观或通向外面的其他出口可以被包含在结构类型中。例如，原型——罗通达别墅(帕拉第奥)用线条精确地画出周围的景观是不可想象的，因为它可能是任何景观。如果你拥有基本的环境洞察力，这将会带你进入到类型学概念之中。

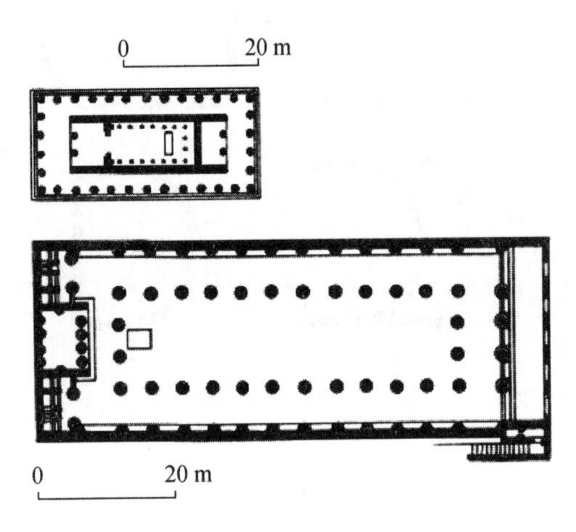

图 4.3 公元前 440 年赫菲斯提安神庙和集市(上)以及约公元前 80 年凡撒里卡

4.4 关于景观化城市功能的分类学

专精于某种类型的知识的分析，被称为类型学分析。有了这样的分析，它可以决定使用现有的变种这一个类型作为出发点，开发一个全新的变种。这节将讨论一下对于景观化城市功能的分类。

功能概念是最适合于类型学中按家庭和类型为单元分类的研究。开发或未开发的环境功能，由不同的价值观如短期感知价值、中期利用价值、前瞻性的长期价值和可持续发展的价值所组成。对于感知的价值，形式是足够的；结构只与观察者的感觉有联系，和其他因素关系不大。

景观化城市结构概念的其他价值是改进措施中的一个先决条件。实用价值可分为经济、文化和管理[18-21]。这种价值与人的利用和人的感觉并不直接相关，如技术、生态环境功能都没有考虑在内。在中世纪小镇，例如荷兰德尔福特的集市广场，这个三叠系被作为一种类型。

彼埃尔・乔治(Pierre George)的分类，可能是指三叠系城市。进一步细分由于社会分化和功能区划分是众所周知的三权分立[22]，三叠系文化和三叠系经济，使用雅库博夫斯基(Jakubowski)和帕森斯(Parsons)的系统，这种城市空间形成在经济、社会、文化层面的分化体系在图 4.4 中可窥一斑。

当然，景观化城市功能需要的不仅仅是上述城市分类基础上城市的社会分化。除了这种自上而下的方法，自下而上的方法也是可能的，即预先假设关于个别活动发生作用，但这导致了更加难以捕捉另一个功能类型的分类。

景观贯穿于拥挤、快节奏的城市中，无所不在，丰富了城市视觉效果的同时还带给城市居民以精神上的放松。景观化城市功能分类大致有以下三个方面：

（1）视觉功能

景观首先具有视觉审美价值。景观使城市环境视觉多样化，带来视觉上的喜悦感。植物、建筑、色彩和各种构筑物等都为单调冰冷的现代城市空间增添了视觉变化，软质植物与硬质建筑相互搭配，围合各样式大小不一的空间，摇曳的植物使看到的画面变得生动。

（2）实用功能

景观除了承担观赏作用以外，还具备强大的实用功能。建筑为人们提供庇护场所；绿地、广场、小品可供休闲娱乐所用；道路指示牌、标志等承载了信息传递的功能并作为城市导视系统中的一部分；植物可吸附空气中的灰尘，起到净化空气的作用。

（3）精神慰藉功能

景观具有故事性和倾诉性。尊重受众者精神和心理活动的景观设计容易引起共鸣，并给以精神安抚。美国纽约“9·11”国家纪念公园在此方面堪称经典之作。世贸中心遇袭倒塌后，并未在原地开展重建工作。景观设计师勇敢地保留了原世贸中心双塔建筑基座并反向开挖形成两个巨大方坑，将遇袭身亡的 2 000 余名遇难者名单刻于方坑边缘。此举不仅保留了“9·11”事件的真实场景，并且以最直观的方式使人促发冥想，四周饰以水幕，充分利用水声，让处于悲伤中的人们内心逐步平静，抚平创伤[23]。

4.5 景观化城市功能中形式和结构预假设

景观化城市功能可以广泛的集中或分散，便形成了各种类型的功能。这样，城市绿地可以集中在某一规模较大的公园中或以不同类型分散在许多不同的城市地段。分散通常是指和城市其他的土地利用含蓄地交织在一起，散居意味着与 1 km 以内的农业交织在一起，集中意味着隔离。这些社会分化与空间形式（图 4.5）自古以来就是以经济、社会、文化的三叠纪分化来影响城市空间划分的（图 4.4），这印证了文化作为第三自然的历史渊源和参加与空间结构的强大凝聚力。

三叠纪政治	
立法职权	市政厅
司法行政	法院、民政
执行部门	警察、监狱、军营
三叠纪文化	
宗教/意识形态	教堂、纪念碑
文化科学教化教育	博物馆、学院、图书馆
教育文化	社会文化风俗、学派
三叠纪经济	
产业	公司、银行、办公室
贸易	集散地、基础设施
消费	居家、健康福利、娱乐休闲

图 4.4 政治、经济、文化分化的空间类型学

社会分化	**城市分化**
统治主体（贵族）	城堡宫殿
文化（教士）	教堂修道院
经济基础（乡民农奴）	集市商店住宅 传统商业

图 4.5 社会分化的空间表达

更为重要的是，景观化城市功能还可以在分层的组织分类中集中与分散，因此，空间集中不应该与集中的组织概念相混淆。例如，一个看似孤立的当地商店可以是一个有组织的全国连锁店分层组织中的一个，像是在空间传播的分发点，如此，预先假设的一个社会功能的布局形式可能要依靠不同规模的分类学。

一方面，由于当地的物理因素、经济、文化或政治障碍，保留自身完整的同时相互牵制，这些并列的功能可以没有联系。水道和绿地正是城市空间中催化与再组织这些功能的有效手段。例如，在居住区附近建设一个特定大小的公园，反过来，公园也可能催生其他的居住区或者商业楼盘的繁荣，例如美国纽约中央公园。

另一方面，隔离保留了这样的完整事实，尽管有距离，景观化城市功能区因各自的基础设施建设而彼此联系在一起（功能结合）。这就是同一风景区内不同景点之间可以由不同类型的游览交通工具相连接的原因。这大多数依赖于景点的类型。因此，分类不仅有含蓄的预先设想的形式，还有含蓄的预先设想的结构，与功能区间类比和分类相关。

4.6 景观化城市类型特征的尺度敏感性

“尺度”一词按照《辞源》的解释有两种含义：一是计量长度的定制，二是标准。两者都包含“以某一种标准衡量”的意思。尺度在景观设计中是以人体为基本的出发点去判定其他景物的大小。尺度是空间上的一种属性，如何表现景观设计的理念，如何营造一个空间场所，主要依靠人们的视觉，全身心感受实际的尺度。尺度设计是否符合人的需要成为优秀景观设计的重要评价标准。尺度的把握也是对艺术语言的表达，它需要有一个对象，把这个对象应用到景观设计中，没有一个绝对的标准，这个对象可以是具体的景物，也可以是人们常见的熟识尺度。因此景观设计者应该结合环境，参考审美、地域性及文化性等诸多因素，设计出相应的尺度[24]。

时间给出了可区别的景观类型的特点，体现了景观尺度敏感性。有些事物在一个指定框架内被视为隔离，在一个较大的框架内则可被视为相互交织（规模悖论，比较材料科学中“异构混合物”明显矛盾的概念）。

因此，这些概念不能被用在同一个比例景观转换的情况中。不同比例等级本身具有混合比例的图纸，或者不需要改变和阐述就能包含这些敏感比例概念的争论间的相似性，它可以在更高的抽象层面中再次被比较，而非在此情况下再次比较。

基于这些比较也许可以选出一种根据不同比例识别出的景观类型。例如勒菲夫尔和仲尼斯在一个建筑、绘画和城市建筑设计中识别出了相同类型的形式。当设计无标准尺度，将再次遇到依靠比例这一特性解决的问题。例如社区公园附近的居住区，能够拥有自己的绿地空间，是在整体城市集中框架内一个分离（1 000 m 为单位）的例子，然而建筑内部则是综合（30 m 为单位）的形式。

这个由于比例而改变的颠覆性结论，也发生在其他结论中和更抽象的层次中，功能的分离同样也被用在贸易术语分隔与分离情况中。著名的国际现代建筑协会教条（CIAM-doctrine）讨论了城市层面上的居住水平、工作、娱乐和交通功能和环境保护地的分离。然而问题是，这是否也必然导致分离。以声屏障结构方式为例，将交通从建筑中分离出来，是为了它们可以继续共存空间（100 m 为单位的功能隔离）。如果隔离被要求在同一框架内，例如被划分到危险空间包围的区域，那么现在的问题是，要以何种规模划分区域内（街区之间）或城镇内（地区之间）。于是有这些不同类型的功能分离（1 km 为单位的功能分离与 3 km 为单位的功能分离）是应用了不同的原理。

景观职能分离和功能组合之间的区别，从功能自身中区分，每级结构设计难题允许按照结构类型来解决。瑞士陆军小折刀是一个类型与功能整合（以 10 cm 为单位）的例子。然而，如果一个人要带上刀、开塞钻、开瓶器、螺丝刀等度过一个假期，那么一个功能隔离将是最适用的。同一水平上的功能要求将产生类型非常不同的工具。就像各种交通（行人、自行车和汽车）可以合并和分开一样。引人注目的是，在所有的例子中这个功能整合虽然耗费时间，但节省了空间。与之相反的是，功能隔离往往以节省时间为动机，却耗费了空间。然而，这仅仅适用于只是在同一数量级的推理。因为，如果在功能隔离的事件中部分功能隔离蔓延至如此程度，例如，人们发现，当步行或车行时间开始产生作用，人应允许在一个更大背景下的损失时间。原则上，这些特征不依赖于功能，它们与使用的时间和空间有关，但没必要具体到何种用途。结构类型限制其自身这样的特点。

4.7 景观化城市意象之类型

"意象"一词最早见之于美国著名城市规划与设计专家凯文·林奇出版的《城市的意象》（*The Image of the City*）一书。在该书中作者指出，城市对大众来说，具有"可印象性"和"可识别性"特点，城市所具有的这种独特的感觉形象，即所谓的城市"意象"[25]。简单地说，意象就是寓"意"之"象"，就是用来寄托主观情思的客观物象。意象是认知主体在接触过客观事物后，根据感觉来源传递的表象信息，在思维空间中形成有关认知客体的加工形象，在头脑里留下的物理记忆痕迹和整体的结构关系。

在景观中，通过对具体物象的典型特征，如某物的外形或结构、某地的地形地貌、某地特色植物与乡土材料或色彩、某地独特的空间氛围，甚至特殊历史与风俗等进行概括、提炼、变形、夸张甚至抽象，得出的能够体现当地人文、历史、特色或能够反映地域、场所精神，并能被当地大众理解的单一景观设计元素，即可被视为一个"景观意象"单元。运用这样的景观意象单元进行设计，可以使设计作品具有"形"的某种关联性，也可以没有"形似"却能体现地域特色或场所精神[26]。

景观中的图像类型——例如一扇大门、一座山或一个洞穴——是一种规模较小的于形式之前的原型印象，这些图像并没有规模化。然而，在景观学中此术语也被用作识别一种单功能的功能类型：可视化和/或可触摸感，某种人工制品给大多数人共同留下的动人的印象[27]。一个荷兰的"圩田"——连同其在这个时代的农业和休闲功能——是一个活动类型或图像类型（图 4.6）。

这种印象是有效地利用人工制品的条件。一个印象多或少以及材料的传播（技术、操作，以及真正的"构成"），其中只有外表（在荷兰最新版的字典中叫作"Vorm"）建立在人记忆的感觉上。如果人们共同的印象能这样传播，它就成为形式类型。在此背景下，荷兰水道、堤防、水闸、沟渠和许多其他的东西的特征模式只是通过以英国式的手法建立在圩田上，以此成为一种形式类型。一旦把他们的技术（水）分离和连接操作也考虑进去，就上升到了建造组织类型。一个印象很少自上到下都包含真实的三维构造，因为它

图 4.6　荷兰贝姆斯特圩田

可以通过蓝图和交叉截面重建，或通过利用记录在设计机构电脑的坐标对构筑进行勘测。在这层意义上，景观图像类型会比形式类型更受限制。然而，对于这种受限的印象来说，集体的历史文化内涵作为一种补充，发现了建立集体记忆的通道——通过不同的媒介而并非个人的感知。集体通过补充第三自然这种手段，景观图像类型的对象获得了集体的意义和价值。

景观化城市视觉类型提供了一种比前面描述的分析类型更直接的方法来产生积极价值。这种价值不仅仅包含所谓的发展心理学上的价值，它还包括作为创造性的能力的想象力。这包括对图像的分析(例如在历史中部分重叠的“层”)，它们在一个新的合成(转换)中的补充和限制，安装在一个不同环境中的图像并分析了该环境的影响。

因为缺乏足够的话语来表明景观图像概念通常来自于一种与众不同的环境，例如“回形针”或“卫星”被用于设计上，所以这样的比喻可被视为转变的类型。

景观类型学的建立辩证地解决了过去、现在、未来的关系问题。它从历史模型中还原抽取出“经过设计原型”来，这些抽象出来的形象经过历史的淘汰与过滤，成为人类文化生活和传统具有生命力的象征。类型学同样体现在景观设计的不同层次，比如景观的形式、功能、结构、意象，对它们进行细致的研究，可以更加明晰走向第三自然的思路。

5 操作性:第三自然景观化城市设计操作性

第一自然是人类之外的世界,第二自然是人类通过劳动从第一自然创造出来的社会世界,人类本身便是该世界的主体,并生活于其中,这是物质和精神共同组成的世界,第三自然是以人类活动为核心的第二自然的反映,亦是作为第二自然主体的人类的表现,是影子世界和精神世界,亦是一种观念形态。由科学或理智更主要是由艺术或诗所建立起来的理念和形象的王国,包括了宗教信仰、伦理道德、风俗习惯等,它异于而又属于第二自然,源于又高于第二自然,是高超的精神空间[28]。在这以美为主体的第三自然中,人们才能彻底理解自由、真理、完美永恒的真正含义,才能够拥抱生命存在的深远辽阔。

设计方法论是 20 世纪 60 年代以来兴起的一门学科,国外设计方法学是在科学技术发展与社会学、心理学和哲学的新理论产生的基础上发展起来的。到 20 世纪末逐渐形成了多元化的、较为系统的设计方法学。设计方法论围绕着基本理论假设形成了具体的研究方式和研究方法。设计方法论是由观念层、组织结构层以及操作流程层共同构成的体系。观念层是指设计方法论的基本理论假设与基于此产生的特征。组织结构层的具体原则与操作流程层的具体步骤与设计方法论中的基本假设与特征不是一一对应的,它们是由对设计方法论特征的整体理解演绎而来的。组织结构是操作流程能够得以顺利实施的人力保障,操作流程的规划对组织原则的设定有着根本性的影响。

设计方法论认为设计思维进程包含分析、综合和评介三个逻辑过程。具体到景观规划设计实践中,分析就是对设计任务书的分析、对基地环境的解读、对相互功能关系的分析等;综合则是针对上述分析,用设计语言做出反映,综合设计元素形成设计整体;评价主要分析设计作品的理性、经济性、生态性等。在我国,从 20 世纪 80 年代初期开始介绍国外的设计方法研究[29]。

第三自然城市设计系统结合设计方法论用景观城市设计串联第一自然、第二自然与第三自然。第三自然从第一自然与第二自然中对以人类各个学科已有的成就为基础结合一般规律,来丰富拓建景观化城市设计的内容。本章主要介绍景观化城市设计的基本方法论,从景观化城市与文脉的关系、景观化城市的比较、营造景观化城市的手段与目的及景观化城市中的传说、形式、结构、功能、程序。

5.1 景观化城市的客体与文脉

第三自然城市设计融合了建筑学、城市规划和景观三门学科的知识,它是一个跨度大、动态的理论开放系统,而景观设计作为第三自然城市设计的核心,是迈向第三自然城市设计的必要手段,上一章提到第三自然城市设计的最高境界是将地区文化完美地融合到城市设计中,文脉给城市设计灌入持久不衰的活力,所以景观中对文脉的探求是必不可少的一环。

在景观认知中包含三个因素:以观赏者为主的主体因素、令主体产生环境意识的景观客体因素，以及主客体相互间的协调关系。广义地理解，文脉是指各种元素之间对话的内在联系。从景观角度看，文脉是关于人与建筑景观、建筑景观与城市景观、城市景观与历史文化之间的关系。总的来说，这些关系或系统都是局部与整体之间的对话关系，必然存在着内在的本质联系[30]。

景观化城市文脉需要考虑除框架之外（或肌理之内）一切相关的空间客体（场地形态和总体布局），反之亦然。现状、基址和项目要求也属于文脉。

因此，严格来说，景观化城市文脉与形态是辩证的关系，并不是简单的相符或相反[31]。无论是历史环境还是未来虚构场景，都有其外在的形式，而且这些形式在不同的层面上表现亦有差异。作为"弗里林（Frieling）模式"[32]的变体，图 5.1 所示表格展示了设计中形式研究发挥的作用。

	客观决定	变量
文脉决定	设计研究	设计学习
变量	类型学研究	通过设计学习

图 5.1　与设计有关的学习

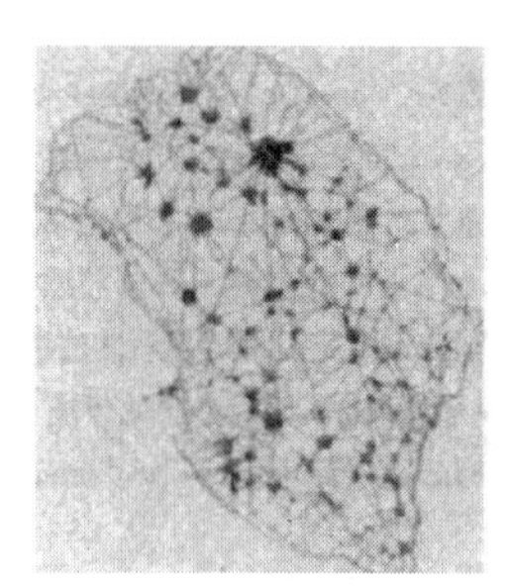

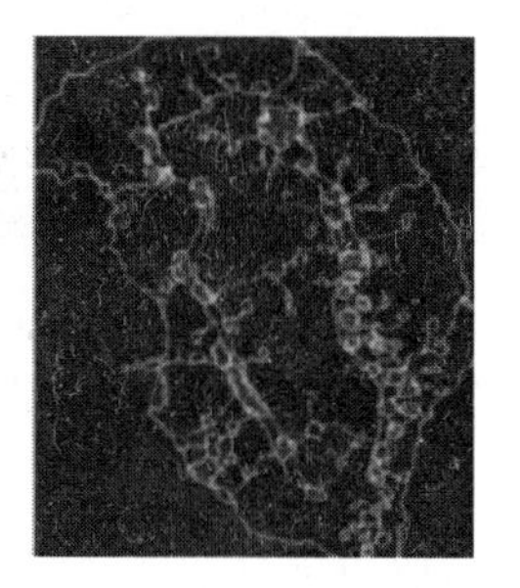

图 5.2　默伦塞纶特镇

景观设计研究是每位设计师及其工作室中必然的行为，它并不是唯一的工作，只是设计师们一种不自觉的习惯。景观空间客体的设计必须依靠其独特的景观文脉（空间、生态、技术、经济、文化和行政管理）进行。通常通过景观化城市设计需求（文脉的一部分），才能在上下文脉中寻求新的可能性，例如默伦塞纶特镇形态学研究案例（图 5.2）。

比如赛兰地区的规划（图 5.3），通过对城市公园的形式分析及城市蔓延趋势的分析研究，将其作为一个大型公园来规划。这种类型的研究包含了形式分析以及关于现有物质和社会（纲要性的）

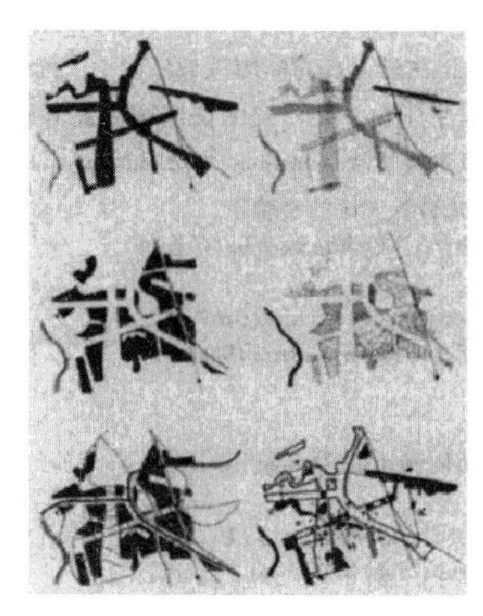

图 5.3　赛兰地区城市与景观演变过程

背景的功能分析。除此之外，还研究了相关先例的有限数量（含蓄地说是记忆，明确地说就是相关的资料支撑）与可能的景观化城市设计方法数量的联系。正如前文所述，严格来说，这就是设计研究。

景观化城市设计研究能为解决设计问题提出建设性的意见，同样，它也能促进合理的设计概念的生成[33]。一旦一个设计完成，人们会依据经验研究此设计的外在（内在）的影响力、设计所使用的方法，以及设计过程中产生的内在变化。

在完成了一定数量不同文脉下的设计研究之后，可以发现一类能独立于环境之外，且具有明显特性的景观复合体；此说法具有类型学的相似性。类型是某一类事物存在表现的普遍形式，是构成模型的内在法则[34]，映射出景观形式与人类心理经验之间的永恒关系。这种类型可以用示意图来表达。检验形式或结构是否可以在不同的环境下找回原型并仍保持相同的效果，比如其功能属性（类型学上的），这些都是可行的。

这种景观化城市类型就是独立于文脉的，但这并不意味着景观文脉对于类型学来说无关紧要。文脉具有可变性，因此这种变化性本身就是类型学所研究的对象。对于随后将描述的每个独立于文脉的景观形式及其变体，从外观上来看，其实都是取决于景观文脉的。讨论的关键在于设计的空间—功能系列取决于其文脉和适应能力的哪个层面上。这项研究是对设计实践和设计师之间的交流定义出最典型的概念，不仅是关于文脉，也是关于对类型的命名。

景观化城市对象与其文脉之间存在着一种互动关系。例如拉·维莱特公园的设计，通过将网格节点作为控制点，使整个公园结构具有弹性和开放性，从而适应周围环境潜在的土地利用的变化，大的方面来讲，即景观化城市发展的变化（图5.4）。这就是一种设计与背景环境之间的互动。如果在设计过程中能感知到这一点，那么由于客体或背景中有一个是规模不定的设计对象，因此这就被称为通过设计研究。

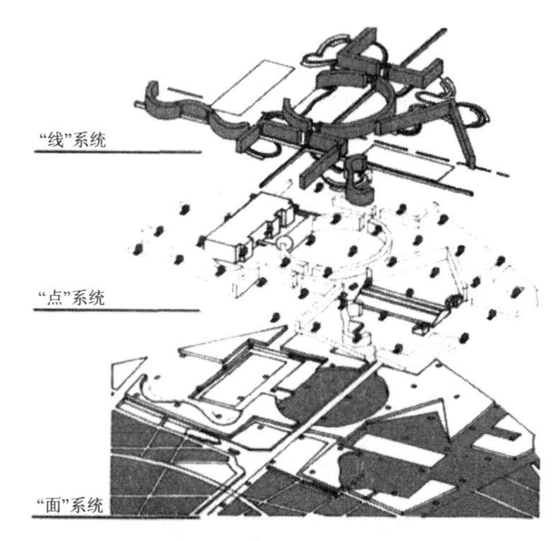

图 5.4　通过设计研究拉·维莱特公园

5.2　景观化城市的文脉之依存性

一个城市的景观记忆是由一系列元素拼接而成的，地形地貌、森林植被、河流山脉、城市风貌、建筑特色、民俗风情，这些元素共同构成了一个国家和民族的认同性，同时也是一个城市记忆的有力物证。例如景观化城市滨水空间具有线性特征和边界特征，正是由于这一特性，其成为城市景观最具特色的地段；历史性街区与文物古迹是城市文化的胎记，维系着我们共同的民族情感。传统的智慧与情感是现代社会城市建设的文化资源。景观和文化之间是相互作用，相互影响的，在相互交融的过程中才逐渐积淀了时空和文化的延续性。

景观化城市文脉包括显性形态和隐性形态要素两大部分。前者指自然景观、人文景观等客观实体，表现为景观的物理属性和空间形态；后者指对景观形态有着潜在影响、可激发场所精神的活态文化和意境内涵，表现为社会风俗、信仰传说、民间工艺等非物质形态。自然景观和人文景观之间并非完全独立、毫无关系，景观区域内的各种自然景观之间、人文景观之间、自然景观和人文景观之间都存在着紧密的文化联系。

如果一个景观化城市设计以区位为其特色，那它就拥有物质（空间、生态、技术）以及社会（经济、文化、政治）文脉，这种景观文脉将会不断变化。景观设计者对设计过程每个阶段的未来环境都有一个预想（远景）。景观化城市设计之所以能够区别于其他设计就因为它们在空间和时间、文脉和构想上存在差异。这就引起人们对可能性比较的思考，虽然这往往在研究过程中（在其他条件不变的情况下）被忽视，然而，同样的设计在不同物质和社会文脉下会出现不同的规模等级。严格意义上说，如果景观化城市文脉不同，设计师就不能在已有作用基础上确定其未来的影响。例如，空间环境可以被塑造，也可以放任其自由。更广泛意义上说，在半径约为 30 100 300 m 范围内的景观可以称之为景观集合体或是景观个体。现在著名的美国中央公园在未建成之前，其基址处于当时纽约市的郊外，而如今，公园周边房地产快速开发，成为了纽约城市高尚社区的代名词（图 5.5）。但随着公园维护费用的增加、受用群体以及功能的改变，这片景观的价值发生了变化。那么公园的作用还是一样的吗？在这种文脉下景观化城市是否仍具有相同的特征？在不同的文脉下，概念、类型、模型会在何种程度下仍具备可适应性？这已经是一个类型学研究课题。设计研究本身是会受到对象的详细描述、文脉、内在作用分析的限制的。

图 5.5　美国纽约中央公园

现在有比空间限制相对较多的景观化城市的文脉和远景，例如，生态文脉可能在土壤、植物、生长条件及用途方面存在相对较小或较大的差异：在半径约为 30 100 300 m 的范围内，存在同构、异构的特点等。景观化城市文脉的依存性同样适用于不同规模等级的关于技术、经济、文化和政治环境的景观设计。在技术文脉下，对于功能集成，应该考虑的是景观内部或景观之间的功能分割；经济文脉是由使用者、维护者，以及市级、省级、国家级政府的经济收缩和扩张来决定的；文化可能在消费者、生产商、第三方以及过路人之间的经验论与传统方向上存在着巨大差异；在政治上，一个人应该询问自己：用户、企业家，以及市级、省级或国家主管部门，哪个机构才是主导角色？

5.3 景观化城市比较的土壤

不同的景观设计师在设计景观时，对空间和时间、文脉探寻和构想有不同的认识，这些因素对于最终景观效果如何作用引起对于景观可能性比较的思考并进行深入研究。

红色和圆是不能做比较的。没有事物会比圆更红；一个特殊的景观化城市设计不可能在某种程度上比一个圆的设计更红。只有在一种诗意的情境下可以说一个设计功能胜于坚固，或者说坚固胜于美丽（涉及维特鲁威[35]的范畴学）。只有明确地确定了潜在的景观化城市比较的土壤后，这种比较才具有学术特征。

当景观化城市比较或者它们的元素是通过其他设计得到认知和识别时，问题就在于它们是否存在可比性，若是存在，比较就是不可避免的。换句话说：应该选择哪种比较的土壤？例如，红色和圆这两种不同属性都各自拥有一组客体（附加物）相对应。为了比较它们，有必要开发出第三组客体，例如一组具有可识别性的物体，可能以颜色或形状中的某一个为先决因素，然后就可以说："这个物体更容易通过它的颜色而不是形状来识别。"在这样的情况下，识别性成为红色和圆形、颜色和形状比较的土壤。

当景观化城市比较或设计阶段产生不可避免的问题时，它们是否存在可比性？若有，是在哪个方面呢？换句话说，应选择哪种比较的土壤呢？用特定的尺度、材料或颜色，以及特定的形式原则、技术、功能或目的比较一个设计是否有价值呢？为了不断发掘新的比较准则，是否需要事先制定准则或在设计中得到意外新准呢？按照这个准则，说明、形式、结构、功能和内涵，成为景观化城市比较预设的基础[36]。

其中的一个方面（例如功能），为了能够通过其景观化城市主体或客体的变化增强效果，在规定的范围内可以改变。功能在一定的范围内，可以根据不同的设计（例如火车站）而改变，随后，把具有相似功能的景观做比较，就能分析出哪些因素能够影响其结构。

理论中可能的设计研究形式之一——结构（功能）就在这里分化了。这样一来，结构被认为是功能（功能分析），或者更具体地说是目的（意图）的效应。结构是一种设计手段，而且这种研究形式被认为是一种目标导向的研究，因为目标的功能作为一个独立的变量，是通过景观化城市具体的设计方法来实现的。这种研究可以以评价研究的形式来进行，也可以利用以下章节（预测、评价、优化研究）中阐明的方法进行。

5.4 景观化城市的实践操作性

在根据不同比较准则对景观进行比较研究的情况下，多使用形容性词语描述，那么营造景观研究过程中是否有量化的数据可供景观设计师直接使用呢？

瑞斯拉达（Risselada）提出了两种建筑设计相对立的特征：空间设计[37]。但是其内在规律同样适用于景观设计与研究。他虽然列举出大量具有说服力的路斯（Loos）与柯布西耶的作品为例子，但最后并没有对两种特征做出总结性的概括。

假如将景观"空间设计特征"中的空间界限和元素结合在一起的标准是一种可计算

的指标“x”，那么空间在设计中就是可测量的。当 x 值高时，这个景观设计就是空间型的，反之则是自由设计型的。

关于这些可计算变量的研究被称为景观化城市的“实践操作性”。所研究的模式表现出来的契合度被称为“有效性”，而其归类和测量方法的真实度则被称为“可靠性”(图5.6)。

景观化城市“实践操作性”的目的就是使特征空间具有更多可测性，从而需要更多的定量研究。对于“空间设计特征”，变量 x 的价值是高的，而对“自由设计”则是低的，因此，这两种对立的特征就是关于 x 的景观设计行为：空间设计和自由设计(x)(图 5.6)。然而，x 值是否能涵盖所有的景观化城市差异性，或者仅仅“似是而非”？是否还应该寻求其他指标，如 y 或者 z 呢：空间设计和自由设计(x,y,z)？x,y 和 z 三个指标之间是什么关系呢？如果它们之间有交集，那某些景观元素就会得到二次测量；如果仍有遗漏，景观化城市有效性就会受到影响。它们究竟孰轻孰重，还是同等重要呢？这些都需要在景观化城市实践中不断地探索。

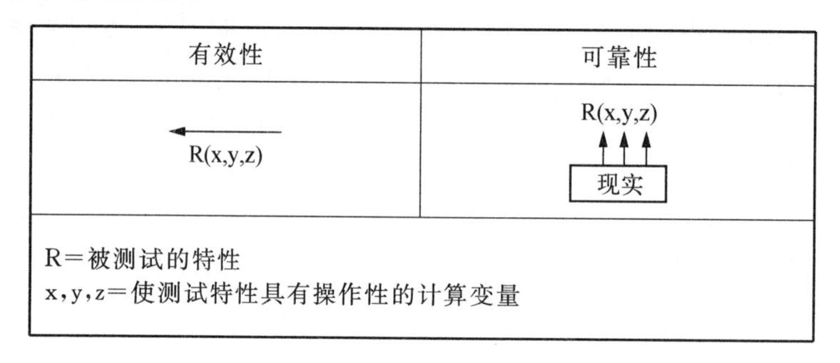

图 5.6　空间设计和自由设计中的有效性和可靠性

5.5　景观化城市中的传说、形式、结构、功能、程序

景观化城市设计手段的研究，就是一种在无限可能的领域中超越现实体验的工具。

景观化城市的形态是在城市的功能、社会、经济和政治等因素共同作用下形成的，各种因素的共同作用最终是通过对形式的操作来达到的。城市设计处理空间形式的特点不仅在于尺度的大小，更在于处理空间形式的方式，从文化角度维护城市文化和历史中早已存在的永恒含义的延续性，使城市空间意义不致失落。共时性的城市景观的片断组合，形成有特征的城市风貌，历时性的城市片断在时间上叠合而形成市民对历史的记忆，使我们的城市符合“集体记忆”，使市民认同自身生活的城市，感觉到自己的城市有序、连续和充满意义。景观化城市设计及设计过程中形式与功能之间的关系是十分重要的。景观化城市形式具有可感知(视觉、触觉、动感)和认知的功能，尽管字典上将其定义为形态的外在形式，但并不意味着它们是对等的。人们确实能感知到具体的形式，但景观化城市形式的价值并不能等同于感知的价值，它还取决于其他因素，比如功能或结构的可能性。形式(格式)，尽管人们看到的是一种可能的因果分离关系，但却是相关材料的展开，所以，它可以被记录下来，被收集起来，以及在坐标中展示出来。

可以概括描述材料集中展开的情境。如果能够找到一种展开情境的规则，那么就可以得出一种模式。密度不断增强的模式是有梯度的了，此梯度可能包括了一个中央、双模或多模(图 5.7)。

景观化城市形式预先假定事物会具有某种形式(材料、空间),且会以某种图例加以表达。在绘图中,图例的单位是以一种与现实的材料或空间相对应的比例展开的情境出现的。不同的人会从不同的角度看这种形式,并赋予其不同的意义。同理,形式不等于体验。体验是景观化城市形式的外在状态(功能)。但是,反过来,形式的图景不同于形式的体验:因为形式的图景可能优于形式本身,而这是体验不可能实现的。每一个景观绘图都会从材料和空间条件上决定图例单位的特点,且这种特点可能会导向或着眼于结构与功能,这也适用于二者的图景或可视化。

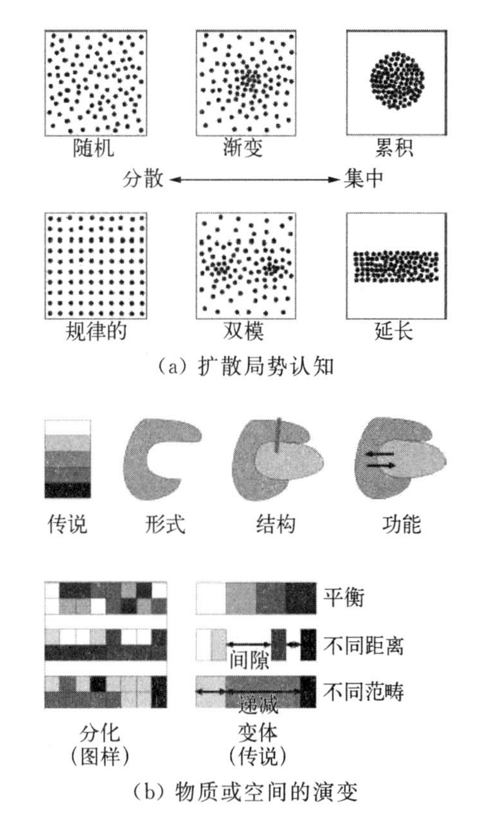

图 5.7　景观密度和分化过程认知模型

当相同的位置或相同的设计的各个阶段都可以相互比较时,这一设计研究就包含了可在其中评估绘图的补充的和变更的设计过程。

景观设计师应该在什么时候将景观化城市功能需求转变成形式呢?什么时候应把形式的概念放在首位呢?"计划"从本章来看是预设功能的工作。问题是,一个人应该总是从计划得到设计吗?这种设计方法论发展到极端的例子就是功能主义或形式主义(图 5.8)有没有可能从设计研究,比方说选址的可能性,来产生功能呢?

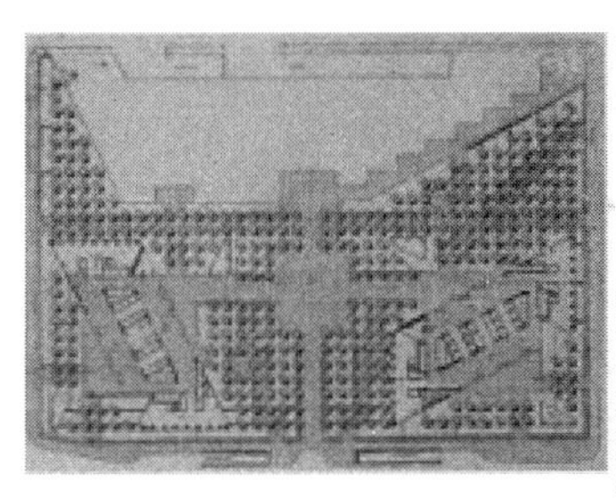

图 5.8　功能主义或形式主义的案例

在功能与形式之间可以存在一个"结构"的概念;很多人都认为这一概念太模棱两可。结构是各部件构成一个绝非偶然的整体的既定的连接和分离形式。这不仅仅表明了组件组合的方式(构成)或其中的规则(图案),是否可以认为形式和功能也从结构(结构主义)中来?结构、形成和功能的三位一体可以形成一个统筹事项、空间和意象的新体系(图 5.9)。

	事项	空间	意象
形式(分化状态)	体量	划分	现象
结构(划分与连接)	构造	流通	构成
功能(外部行动)	物理	使用	意味

图 5.9　结构、形式和功能的三位一体

如果景观化城市设计过程被设为比较级中的基础,那么首先可以从产品的多功能性的角度来分级。功能单一的产品,像茶壶、道路、飞机,确定了一个与设计景观或城市有本质不同的设计过程。这是一个更有前景的设计过程,其中大量的目标使其成为一个极具手段导向的方针。在景观化城市设计过程中,一个学校的董事会是一个不同于建设合作或铁道执行委员会的议会。这样,在每一项功能中,要求实现多元功能的程度就决定着设计过程将功能作为出发点的程度(以功能分析为先导,功能主义),将形式(形式分析优先,形式主义)或结构(结构主义)作为其意向的程度。通过景观化城市设计进行研究就是抓住了设计本身的方法论;而且对于景观化城市设计研究也是如此(以上案例虽然是建筑案例为主的研究,但是其内在规律同样适用于景观设计与研究)。

景观设计师通过景观整合三个自然进行城市设计,文脉作为第三自然的核心要素,依存于物质(空间、生态、技术)以及社会(经济、文化、政治),并伴随时间变化而变化。根据不同的比较依据,对不同景观的背景、手段、目的、形式进行分析,试图找出其中的设计线索,总结设计规律,对于某些方面,景观研究者通过定义、计算来量化,以便使整个设计过程变得清晰。在景观设计师设计过程中,是以目标为导向还是以手段为导向将会影响到设计的空间和形式。对整个设计过程进行研究,借鉴之前的作品会帮助减少设计中的认知失误,避免走很多弯路。

5.6　目标和手段为导向的景观化城市设计方法

如果一个景观化城市设计,其文脉和设计理念已相当清晰,那么,就可以对其进行全方位的分析。系统的、充分的分析可以证实该景观设计是否在特定的文脉下达到了既定的目标(目标驱动研究)。目标是景观设计师在观念上事先建立的活动的未来结果,它必须通过运用手段改造景观客体的对象性活动来实现。它作为规律决定着景观设计师设计活动的方式和性质。具体而言设计都是通过对需要设计的对象项目在形态上的各种操作来整合以满足各方面的要求,从而使被设计对象达到预期的表现效果。而手段是景观设计师实现最终设计目标的方法、途径,是在有目的的对象性活动中介于设计主体和景观客体之间的一切中介的总和。在设计的过程之中,设计者除了在头脑中进行分析、判断与构思之外，还需要通过其他方式的信息输入与输出过程的辅助来帮助思考。设计可被视为思维物化的过程。在设计的不同阶段，设计师头脑中的思维需要以一定的方式外化出来，成为具象的可操作对象。

景观化城市设计的终极目标毫无疑问是要建成一个可持续发展的城市。那么为了做到这最终的一步实现其可操作性，设定一个明确的终极目标之下的附属目标显得尤其必要。这里，将寻找一个目标对象，将目标对象作为分解为最终目标即一个个具有可操作性的附属目标的手段。而这一个个附属目标之间，若独立地优化某一个附属目标即城市设计中的某一组成部分，相反容易给整个系统带来不利的影响，城市中的各组成部分不因任何原由地简单搭接在一起，因此使整个城市系统表现得更低效。在组成城市各元素的设计过程中，若它们不是为了适合彼此而设计，它们最终便会相互排斥[38]。

实际上，以同一目标为导向的大量的景观解决方案，它们的变化是不能通过效率评价来解释的。同样，适应大量或未知(计划外)功能(多样性、美观性)的景观设计方法也具有研究的可行性。设计含义与目的有时候并不像公式表达得那么不一致，从而使景观陷入形式主义的温床(图 5.10)。

(a) 并不代表分化目的的形式化语言

$$M=f(A) \qquad A=f(M)$$

(b) 目的和含义反之亦然的表述公式

图 5.10　目的与含义之间表达的差异

反向思考问题：如果这些手段在景观化城市设计中得到应用，那么相应的设计目标又是什么呢？这就是以手段为导向设计方法的研究，因为诸如形式和空间这样的景观设计手段，会在景观形式功能和空间功能中独立地发生变化，以决定其作用。一个圆形的景观地块可以用作广场吗？一个 50 m×50 m 的平地就可以起到一个广场的作用了吗？一个景观化城市设计有很多非语言所能形容的功能，如表现出想象特质和“功能潜力”的特殊形式，都不会出现在景观化城市设计计划中。当一个人身处圆形的花园中，是否能产生安全感，并自我定向？此时产生的一些综合功能，比如“亲和感”、“透明度”等，就更难以根据经验在设计中体现了。《马丘比丘宪章》中说：“每一特定城市和区域应当制定适合自己特点的标准和开发方针，防止照搬照抄来自不同条件和不同文化的解决方案……”在设计思想方面，现代景观的主要任务是为人们创造合宜的生活空间，应强调的是内容而不是形式……技术是手段而不是目的，应当正确地应用材料和技术[39]。

以目标和手段为导向的景观化城市设计方法会影响设计的空间或形式，比如，空间(形式)或形式(构成)之间的关系。在这种情况下，焦点就集中于规范的设计手段。一个圆形的设计能与一个矩形的景观化城市设计结合在一起吗？一旦这些问题被提出了，就需要从更高的层面来看待这种组合的空间形态。那么，矩形和圆形两种形式的结合又将在技术层面产生什么结果？探究形式认知的表现特征有助于认识这个问题。

6 表现性:第三自然景观化城市设计综合表征

"Design"追溯到拉丁词"de"+"signare",意为通过赋予事物一个符号,给予文化意义,指明其与其他事物、拥有者和用户之间的功能关系。在本意上,可以说"设计就是赋予物品意义"。"没有调查就没有发言权"是一种科学而理性的工作方法和工作态度,对于西方的理性主义传统而言,将设计建立在调查、分析的基础上是顺理成章的。如果说景观化城市设计只与功能形式相挂钩的认知过于狭隘,许多专家则把设计的概念延展至创新活动的层面,并首先将设计与技术开发联系在一起。景观化城市设计是一项创造性活动,其目的是确立景观多向度的品质、过程、服务及其整个设计过程,第三自然的技术表征则是建立在分析这一创造性活动的设计过程基础之上的。

景观学术领域里潜在的设计表征的研究一直备受争论。在这个章节中可能会系统地比较设计师方法和描述性研究设计方法来达到目的。

在景观化城市设计和工作经验的基础上,确定八种符号的驱动组成成分,并分为两个主要族群。其中方法各不相同,但或多或少是以大家所熟知的形式表现,以此来进行探究作为研究的方法向前行进。

6.1 景观化城市设计的驱动方法

在景观化城市设计中哪些因素可以成为推动研究进行的契机?有效地提出设计问题是否能在景观设计教育和研究中起到一定的作用?学术领域内通过什么方式方法的运作可以得到使人信服的研究结果?有人认为,对于景观化城市研究,研究者必须使用系统、全方位、彻底的方式——传统方法或比较方法,但也许更重要的一点是希望把提问质疑的方法运用到工作过程中,以求进一步的探索。对于景观教育也是如此,一个明朗的教学框架是必要的。基于一个主题的教育方式可以更好地让实验进行并且得到有价值的成果,同时,这不仅可以让学生更好地理解和认知,还可以让他们的思想见解更上一个台阶。

在景观设计教育中引入人工智能,开拓了设计创新的新途径和探索第三自然的新方法,是基于创新教育的新方式。知识是人类智能的基础。人类在从事社会生活、生产活动和科学试验等社会实践活动中,其智能活动的过程主要是一个获取知识并运用知识的过程。人工智能是一门研究用计算机来模仿和执行人脑的某些智力功能的交叉学科,所以人工智能问题的求解也是以知识为基础的。如何从现实世界中获取知识,如何将已获得的知识以计算机内部代码的形式加以合理的表示以便于存储,以及如何运用这些知识进行推理以解决实际的问题,即知识的获取、知识的表示和运用知识进行推理是人工智能学科要研究的三个主要问题。

认知科学认为,知识是人们把实践中获得的信息关联在一起所形成的信息结构。由于知识来自于人们对客观世界的认识,所以知识具有以下一些特性:相对正确性、不确定性、可表示性、可利用性。将这些知识引入到景观设计的研究中将拓展景观的内涵与外延。就知识的作用及表示来划分，可分为事实性知识、规则性知识、控制性知识和元知识，景观知识系统同样如此。

（1）景观事实性知识是指景观领域内的概念、事实、事物的属性、状态及其关系的描述，包括景观的分类、属性、景观间关系、科学事实、客观事实等，常以"……是……"的形式出现。

（2）景观规则性知识是指景观的行动、动作相联系的因果关系知识，这种知识是动态的、变化的，常以"如果……则……"的形式出现。

（3）景观控制性知识是指景观问题的求解步骤、技巧性知识，告诉该怎么做一件事；也包括当有多个动作同时被激活时，应选择哪一个动作来执行的知识。

（4）景观元知识是指景观知识的知识，是景观知识库中的高层知识，包括怎样使用规则、解释规则、校验规则、解释程序结构等知识。

景观知识表示是研究用机器表示景观知识的可行性、有效性的一般方法，是一种数据结构与控制结构的统一体，既考虑景观知识的存储，又考虑景观知识的使用。景观知识表示实际上就是对人类景观知识的一种描述，以把人类景观知识表示成计算机能够处理的数据结构。对景观知识进行表示的过程就是把知识编码成某种数据结构的过程。

按照人们从不同角度进行探索以及对问题的不同理解，景观知识表示方法可分为景观陈述性知识表示和景观过程性知识表示两大类。但两者的界限又不十分明显，也难以分开。

（1）景观陈述性知识表示

景观陈述性知识表示方法主要用来描述景观事实性知识，它告诉人们，所描述的客观事物涉及的"景观对象"是什么。

（2）景观过程性知识表示

景观过程性知识表示方法主要用来描述景观规则性知识和控制结构知识，它告诉人们"怎么做景观"，景观知识表示的形式是一个"创作过程"。

景观知识体系可以描述景观概念、事物、属性、情况、动作、状态、规则以及它们之间的语义联系，引入景观语义网络及其结构。语义网络是通过概念及其语义关系来表示知识的一种网络图，它是一个带标注的有向图。其中有向图的各节点用来表示各种概念、事物、属性、情况、动作、状态等，节点上的标注用来区分各节点所表示的不同对象，每个节点可以带有若干个属性，以表征其所代表的对象之特性；弧是有方向、有标注的，方向用来体现节点间的主次关系，而其上的标注则表示被连接的两个节点间的某种语义联系或语义关系。

景观框架表示法是以框架理论为基础发展起来的一种适应性强、概括性高、结构化良好、推理方式灵活，又能把陈述性知识与过程性知识相结合的知识表示方法。下面以城市滨水地区的景观空间界定为例：

城市滨水地区的景观空间界定涉及的对象有滨水地区、土地或建筑、城市、空间地段。其中，滨水地区与土地/建筑的关系是类属关系，滨水地区与空间地段的关系是类属，空间地段与城市的关系是包含。土地/建筑的属性是与河流、湖泊、海洋毗邻。空间地段的属性是邻近水体。其景观语义网络表示如图 6.1 所示。

景观专家系统是一种具有大量景观专门知识与经验的系统，它能运用某个领域一个

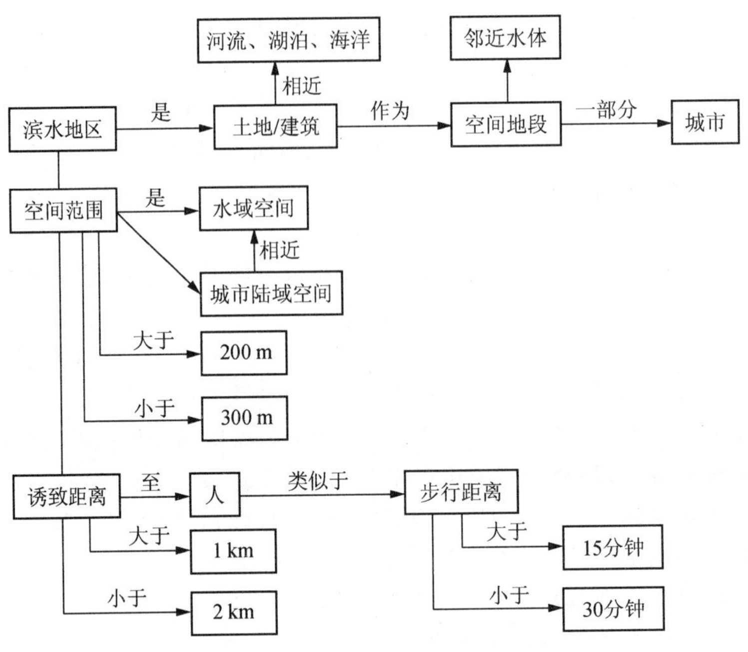

图 6.1　城市滨水景观空间的语义网络图

或多个专家多年积累的经验和专门知识，模拟领域专家求解问题时的思维过程，以解决该领域中的各种复杂问题。与第三自然城市设计相关的专家系统主要包括以下两种：

（1）景观设计型专家系统

景观设计型专家系统是根据用户输入的景观设计要求数据，求解出满足设计要求的目标配置方案的一类专家系统。这类系统的主要特点是，善于从较大的问题求解空间中，搜索出符合多个要求和限制条件的设计方案；它能够对被设计问题的各部分及其它们之间的关系进行分析，试验性地构造出多种易于修改的候选方案，并能对最终的设计结果给出适当的解释。

（2）景观规划型专家系统

景观规划型专家系统是根据给定的景观规划目标数据，制定出某个能够达到目标的动作规划或行动步骤的一类专家系统。它的主要特点是，对于一些比较复杂的被求解问题，其所要实现的目标可能是动态的，进而系统给出的相应动作规划或行动步骤也必须是动态的，这就要求系统必须具有处理这种动态规划的能力，并通过试验性动作对得出的规划方案进行验证。

但在景观化城市设计实践中，景观专家系统的运作这一工作方法通常没有设计成果的品质重要。然而为了判断并查明通过景观专家系统的研究结果正确性，想出一个安全而透明的方法是有必要的。景观化城市设计和研究，这两个领域在本质上是有差异性的，这些差异是很难消除的。尤其在学术范围内，这两个领域需要有条不紊地加强互动。虽然新的景观化城市设计思路和设计见解的演变往往是层出不穷的，并且最终的决策往往是比较主观的，但是景观设计的工作方法运作通常是系统而有条理的。同样的，新的景观化城市探索研究也不要盲目效仿以前的研究方式。景观研究员——像设计师一样——是依赖于思想和直觉的，他们的思维是敏捷的，概念的发展也很迅速，这一切将可能会产生意料之外却又十分有效的结果，但这是冒险所要承担的后果，同时被认为很有价值。

景观化城市设计的质疑——作为研究的课题——作为一个潜在的研究活动，应该被确认为一个基本智能的设计驱动研究之方法的展开。如何组织景观化城市设计驱动的研究项目？最"科学"的方法是在一个事先明确规定的目标和行动的过程中，允许进行系统的评估设计结果和得到明确的结论。

其中一种可能性是研究景观化城市设计的结果。这意味着要在景观化城市相关的主题被识别的基础上进行检查，并解释景观化城市设计结果和这些效果的关系。可以事先引入一个潜在的"秩序"，这样基于结果的景观研究可以有条不紊地被结构化。例如，通过列出具有约束力的主题或将相关的限制因素分组，最后可以得到有建设性、系统化的描述，继而比较和评估结果。

对于一个景观化城市设计任务，在景观设计研究中重要的是它将解决什么、发现什么以及解释什么。然而，它并不总是能够缩小到可以理解的范围，并精确地反映出所调查的是什么和最好的方式应该是什么。往往景观设计研究人员都面临着不同因素在同时发挥作用时不容易解决的复杂的"结"。在许多景观化城市实际情况下，潜在的相互关联的主题，以及其整体组成(包括特定的"角色"的潜在优势)中的相对意义被看作是景观化城市设计研究事业的主要目标。为了获得一个对相关研究问题答案的清晰认识，或使其更加明晰，这个问题往往值得进行初步调查，然后再决定一个整体项目的目标、状态和方法。在这些景观化城市探索性研究的基础上，研究的问题和采取的行动，确定的假设和方法都可以得到指定的实证研究。

6.2 景观化城市设计基本研究分类

确定一个景观化城市项目的设计方法论，应该首先明确研究过程的目标，其次是进行研究类型的选择。在这个方面，景观化城市研究的经验周期仍然是决定一个研究项目地位可参考的基本观点。在下面的体系中，概述了三个重要的研究形式[在巴尔达(Baarda)和德·乔德(De Goede)之后][40]。

6.2.1 景观化城市描述性研究

景观化城市描述性研究是常用的设计研究形式之一：当研究者试图给一个或更多的人工物品做出系统的说明，或对潜在的发展和背景做深入的解释，这就是一个有效的景观研究方法。这种方法通常涉及对原材料的研究和分析，以及设计产品和过程数据的分析和记录。这通常不涉及概念或假设的实证验证。

在景观化城市设计的过程中，对优秀案例的研究，有益于景观设计师在景观化城市设计中少走弯路，借鉴成功的经验。设计初期进行描述性的研究，研究场地地形、现有的植被、周围的环境等基本情况对以后的设计具有重要的意义。

6.2.2 景观化城市探索性研究

如果景观化城市研究的主要问题是"是什么"、"怎么样"和"为什么"，可能谈到的是景观化城市探索性研究。这种景观化城市类型可以作为描述性研究到实证研究的一种过渡形式，是连接两种研究的方向。出发点常常是一系列的猜想和假设。注重培养洞察力：去识别、定义和说明有关现象，去解释具体详细的特点和效果以及它们之间内部的关系。这种做法的目的通常是拟定假设，从而引导更有针对性的实证研究。

景观化城市探索性研究对设计的过程、方案的选择具有指导意义。在进行景观设计时，往往一个场地可以设计出很多种方案，每一个方案都是一个探索性的研究，清楚了每个方案是什么，为什么要这么做，以及怎样去做，才能更有效地选出最佳方案。

6.2.3　景观化城市实证研究

实证景观研究的任务是从本质上去看一个先前确定的假说是否是正确的。这通常涉及创造或多或少的实验条件，和一个明确的方法论的“设计”和系统的评价以及解释数据。即使有不连贯的理论框架仍然有可能是景观实证研究。例如，其目的主要是为了显示预测的效果。在这种情况下巴尔达和乔德建议称它为“评估研究”可能更好。

在景观化城市设计驱动的研究项目中——在所有研究的保证下——详述项目的审议主题与决定的研究方向是什么是很有必要的。景观化城市研究的主题是一个受欢迎的景观化城市设计还是景观化城市设计的集合，可能属于个人的全部作品或运动吗？不同的景观设计或设计元素可以进行比较系统的案例研究吗？一方面，一个景观研究课题可能关注现有的设计结果——作为一个给定的可以被描述和分析的情况——或者来自景观设计过程中的数据，这些都可能被转换到与景观设计已经变成什么样或者应该变成什么样有关，可能涉及一个更活跃的、景观设计师般的方法。另一方面，景观设计措施——就像比赛或小组研讨会等——可能作为探索性或实证研究的一个出发点。

景观化城市实证研究更多关注的是可行性，一个假设是否是正确的、可行的，就要经过实证研究分析。同样在景观化城市设计过程中，一个方案的实施是否是可行的，也要经过实证的研究，得出结论。

6.2.4　景观设计工具框架

景观设计工具以框架为其搭建的形式，而以产生式系统为其搭建的方法。“产生式”这一术语首先是由美国的数学家波斯特(Post)于1943年提出，他根据串替代规则提出了一种计算模型，这种模型中的每一条规则便被称为一个“产生式”，1972年，纽厄尔(A. Newell)和西蒙(H. A. Simon)在研究人类的认知模型中开发了基于规则的产生式系统[41]。景观产生式系统是将一组“产生式”集中放置，其中事实使用为已知，用以求得待解决问题的解决方案的系统。景观产生式系统一般由景观规则库、景观综合数据库和景观推理机三个基本部分组成。它们之间的关系如图6.2所示。

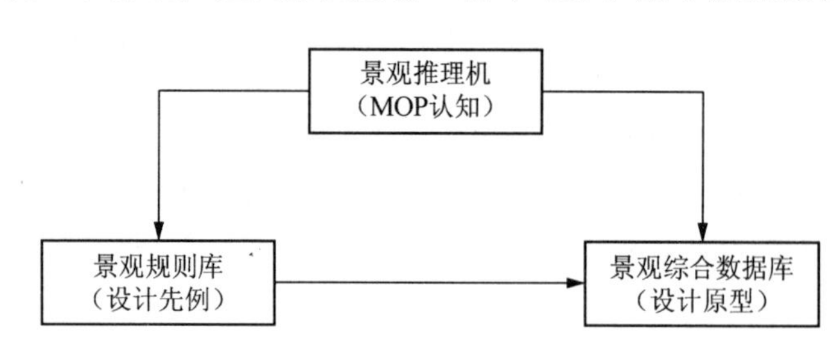

图6.2　景观设计工具框架示意图

1) 景观规则库

景观规则库是景观领域的知识存储器，其通常用于描述该领域内知识的产生式集合，景观规则库顾名思义，内中包含着的景观规则是将问题从其初始状态转变发展为目标状态（或解状态）的规则方式。通常在景观产生式系统中，进行的MOP认知问题的求解便需要依靠景观规则库来进行解答。因此，作为人工智能专家系统核心的景观规则库（设计先例）是产生式系统的求解基础。同样，它便也是本书设计工具中的“基础库”。而景观规则库中知识的完整与否和其一致性，以及景观知识表达的准确与否和它的灵活性，还有景观知识组织的合理与否，都将直接影响景观产生式系统的性能，从而影响该系统的运行效率。因此在景观设计工具中对于基础库中知识应力求完整与一致，准确与灵活，并将其进行合理的组织。

2）景观综合数据库

景观规则库以外是作为综合数据库的设计原型库。景观综合数据库通常用于将前已得出的已知结论存放输入为事实，因此又名为景观事实库。每当景观规则库中的某条产生式的前提准则可与景观综合数据库中的某些已知事实匹配时，就称该产生式被“激活”了。那么这个景观规则库中匹配于新的已知事实的产生式便可被作为一个新的结论，归入到景观综合数据库中，作为今后推理的另一已知事实。景观综合数据库就是这样包含着一个动态的内容，不断变化着。景观综合数据库即设计工具中经过支撑的“基础库”。

3）景观推理机

景观规则库与综合数据库的运行需要加入一个步骤来对其进行控制与协调。而此处景观推理机就是作为这样一个推理方式和控制策略作用在其间。景观推理机可以将其理解为一个或一组MOP程序。景观推理机对于景观规则库与景观综合数据库的控制策略的作用表现在它可以用来确定从库中选用哪一项规则以及该规则如何进行应用。通常景观推理机的选择分三步完成，即匹配、冲突解决与操作，而在本书中，这三步可将其理解为：库中该项产生式的景观化城市形态学的匹配、操作以及表现是否能解决当前问题。

景观人工智能研究提供了更科学的研究事实和研究方法，为整个设计过程增加了逻辑的思维，明晰了设计目标与设计结果之间的关系，使设计不再囿于主观想象，因而更多的景观知识需要搜集，更多的景观事实需要探索。

6.3 景观化城市设计驱动的配置

有大量的方法可以用到景观化设计或设计过程和学术研究项目中。在下面的章节将介绍一个组成景观设计驱动研究的拓扑框架。

一方面，景观化设计可以结合技术方面的发展或是产品的创新。这种方法与工业上常见的实践研究与发展（R&D）相类似。在技术性的大学环境中，这种发展研究扮演着一个意义重大的角色，它可能在教育中得到促进或提高[42]。波特兰的“雨水园”就是技术与景观的高度结合，新技术促进了景观的发展，使景观不只具有观赏价值，而且具有生态价值。

另一方面，一种主要目的是解释景观设计干预含义的研究。关注的重点可能是功能、人体工程学、心理、社会或哲学。这种景观研究一般从一定的“距离”看待设计的成果和过程，并使用行之有效的方法进行可靠的周期研究。结果往往可能得到有价值的见解，但不是景观设计从业者和教学人员所推崇的。

在这两者之间的景观化城市设计构成可考虑作为研究的问题。构成的研究可能涉及概念的理解及其组成部分的观念和看法。这些景观研究也许与最后的设计成果有关，但也与景观设计的方法有关，包括景观设计媒介在发展过程中的利用率和有效性。

根据景观化城市设计驱动研究的方式按照类型学将其分成两个簇群。在第一个簇群（第一类）中，景观化城市设计过程是一种驱动；在第二个簇群（第二类）中，设计结果（人工物品和设计数据）形成景观化城市研究的焦点。每个簇群分为两个子组（A 和 B），每个都由两种方法构成，其中 A 表示或多或少熟悉的研究类型，有特定的优点，但也存在缺点，B 表示并不完整成熟的，但是却是潜在的、创新的景观研究方法，相对更强调景观设计师式的询问式调查研究方法（图 6.3、图 6.4）。

组合 1：景观化城市设计活动驱动的研究

分簇 1A：景观化城市设计流程驱动的研究

Ⅰ：基于个人的景观研究过程—描述的/探索的

Ⅱ：主题性基于景观流程的研究—描述的/探索的

分簇 1B：景观化城市设计工作室的驱动研究

Ⅲ：景观化城市设计工作室为基础的研究—描述的/探索的

Ⅳ：景观设计师工作室为基础的研究—描述的/探索的

组合 2：景观化城市驱动设计的人工制品研究

分簇 2A：景观化城市设计结果导向的研究

Ⅴ：个人结果的景观基础研究—描述的/探索的

Ⅵ：比较结果的景观基础研究—描述的/探索的

分簇 2B：景观化城市驱动的设计（可能不起作用）查询研究

Ⅶ：景观化城市设计数据比较的基础研究—描述的 / 探索的

Ⅷ：景观设计师式阐释为基础的研究—描述的—探索的

图 6.3　景观城市设计研究认知分类

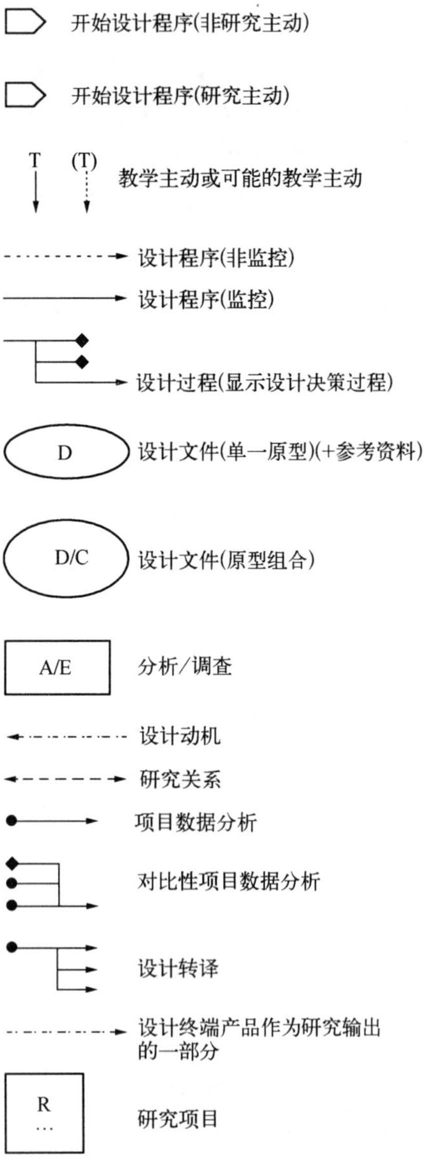

开始设计程序(非研究主动)

开始设计程序(研究主动)

T　(T)　教学主动或可能的教学主动

设计程序(非监控)

设计程序(监控)

设计过程(显示设计决策过程)

D　设计文件(单一原型)(+参考资料)

D/C　设计文件(原型组合)

A/E　分析/调查

设计动机

研究关系

项目数据分析

对比性项目数据分析

设计转译

设计终端产品作为研究输出的一部分

R …　研究项目

图 6.4　景观化城市设计研究认知配置图例

阐述这八种方法的实例大多从德尔夫特科技大学建筑学院的相关科研计划中提取[43]。

6.4 景观化城市设计不同设计活动

在第一类中，景观的设计过程是显性的，从景观学研究的开始到结束，形成了一条连续的线，这条线随着景观设计的进行而慢慢成形。正常情况下，在确定景观学研究的目的之前会先设定一个概念，控制景观设计的发展方向。因此，可以说这种性质的项目是由过程来驱动并在景观设计中出成果——至少在一定程度上景观化城市设计变成了景观学研究的一部分。

可以这样理解：这种景观化城市研究是以观察景观化城市设计过程和设计最后达到的效果（如景观环境是否良好，有没有吸引力、场所感，是否受人们喜爱等）为方法或途径，经过归纳和反馈，得到一种理论性的可以广泛应用的结论（这个结论就是景观化城市研究项目的成果之一），从而为以后的景观化城市设计做指导。它最大的特点就是在设计之前有研究目的和研究概念，景观化城市设计是渠道，研究是目的和成果。景观研究活动的内容在很大程度上是确定了的——也许有人说是从景观设计师或景观团队设计研究开始就确定的。将景观化城市设计引入到景观研究项目成果中的程度，也是从设计过程（A）到（B）而各不相同的。

（A）——具有广泛代表性的设计概念的设计过程。

（B）——有着严格形式审查、过滤和选择的设计过程。

景观化城市设计项目的研究课题可能来自于实践项目、设计竞赛或者设计教学。

6.5 由设计驱动的景观化研究：子集群 1A

6.5.1 Ⅰ型——以景观化城市个性化设计为基础的景观学研究

原则上，由景观设计师或设计团队掌握主动权。为了方便研究，景观设计过程会被认真记录下来，据此，景观设计草图和发展模式，中期方案和结果，都可以用来说明和引出最终的成果，并将最终成果放在一个更广阔的视野中进行审查。这个过程可能会被安排在景观实践中，使计划意图得以实现，但同时也存在研究潜力（图 6.5）。

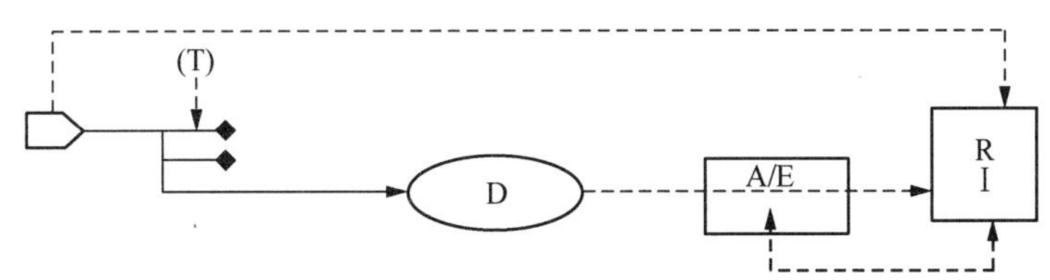

图 6.5 Ⅰ型：个性化景观设计为基础的设计认知流程

这种景观方法的严重风险是运行时缺乏客观性。如果景观设计师同时扮演了研究员，可能出现角色重叠的情况，这样做有一种风险，即理论和设计的混乱，甚至造成个人信仰和崇拜。如果没有充分考虑各种因素，结果可能就不是一个严谨的景观研究产品。然而不可否认，这种做法也是有价值的，它们为景观化城市设计决策领域创造了新的视角，也不失为一种探索，这往往在设计教育中很有意义。

以北京大学俞孔坚教授设计的校园农田为例，探讨这种景观研究的特点。这种个性化设计是一种大胆的尝试和创新，同时也是俞孔坚“土人景观”理论研究的一部分。

6.5.2 Ⅱ型——以景观项目为基础的研究

一些景观设计师参加的设计项目可以作为设计研究的基础。这样这些设计作品有着各自的主题、概念、设计特色，它们各自成一个系统，这些系统之间就会形成对比（图 6.6）。

类似这样的例子可以来自景观专业人士中的一些景观设计比赛，也有来自教育机构的景观设计项目，如景观专业的毕业设计等。

通常情况下，这些景观设计成果都是景观学研究成果的一个组成部分。一方面，所有的景观项目（不论其质量怎样）都包含在同一个研究概念的出版物里。另一方面，也可能由景观专业评审团（而不是由研究人员）做出选择。这样的研究往往将目标集中为一个整体，并强调特定的景观主题和文化发展，它就不是一个仅提供结果的系统分析了。景观研究的"形式"越清晰，结论就越有条理。

在许多情况下，景观学研究结果仍是主要描述对象。然而，如果项目在事先就明确给出了目的和期望，景观的研究就富有了探索性，甚至有可能会得到实证研究。

类似的，以章俊华编著的《日本景观设计师户田芳树》为例阐释这种以景观设计项目为基础的研究特点（图 6.7）。

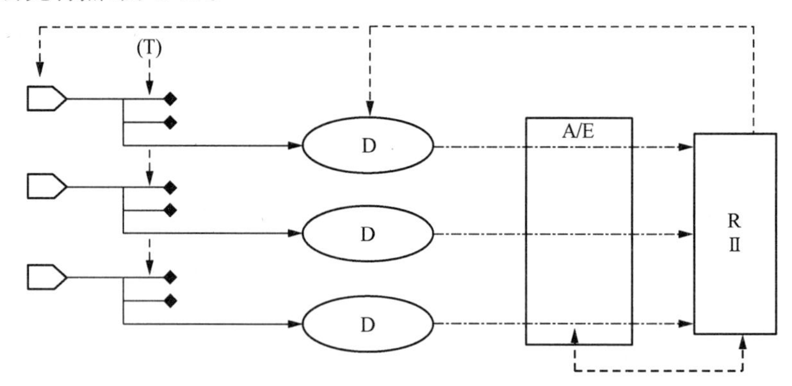

图 6.6 Ⅱ型：景观项目为基础的设计认知流程

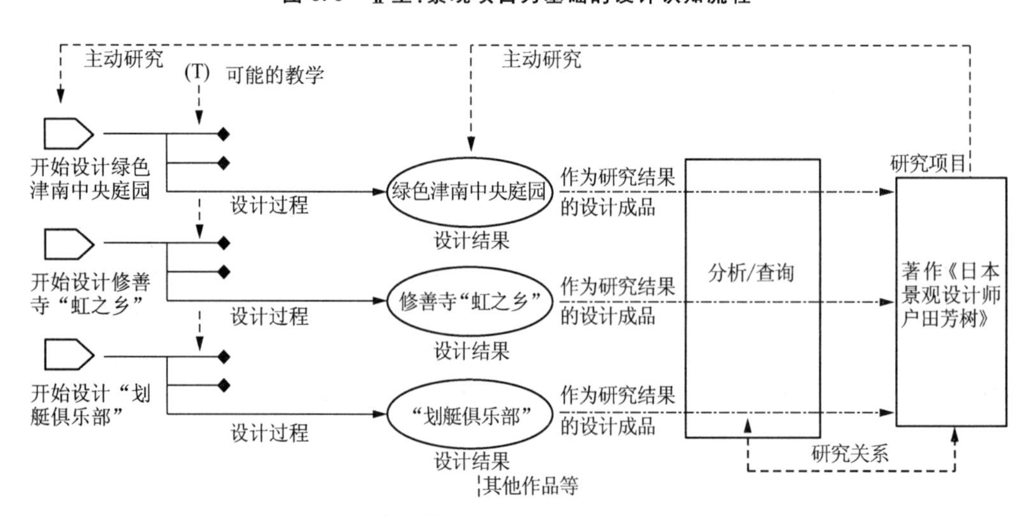

图 6.7 户田芳树Ⅱ型景观设计认知系统转译

户田芳树在设计完成(也是一种研究形式)过程中,结合了很多自己先前的景观设计作品,进行系统比较、分析,最后历练、概括,并考虑日本城市景观现状等各方面因素,最后完成。

6.6 由设计工作室驱动的景观化研究:子集群1B

6.6.1 Ⅲ型——以景观设计工作室为基础的研究

以景观设计工作室为基础的研究和Ⅱ型之间有许多相似之处。但是,在以景观设计工作室为基础的研究中,景观设计过程有着不一样的作用,并且对于整个设计的评价和选择也更具意义。在这种情况之下,"Workshop"(工作室)代表的是一个具有多个广泛制约性主题的集体(集合型)项目,这意味着所有的参与者都面临着完全相同的任务。景观工作室项目有其一定的规则:它有一个明确的景观研究计划(表明了研究的预期目的是什么,甚至包括什么是研究未预期的),并且限制了任务的复杂程度(从多个不同的限制条件进行约束)。这些景观规则的目的是通过降低复杂性,使得景观设计工作能够到达一定的深度,而不至于太过宽泛却不够深入。此外,通过给所有景观参与者设置一个相同的任务,使得不同参与者所得到的最终结果具有可比性。根据以往的经验,这种方法不但不会产生相同的结果,反而会得到许多不同的结果。通过这样一个对结果进行对比和整合,能够得到许多有关景观设计主题的深层次见解,许多因重复出现而显得更为重要的景观研究目的和设计动因,还有整个景观设计在各种制约因素复合变化之后的效果(图6.8)。

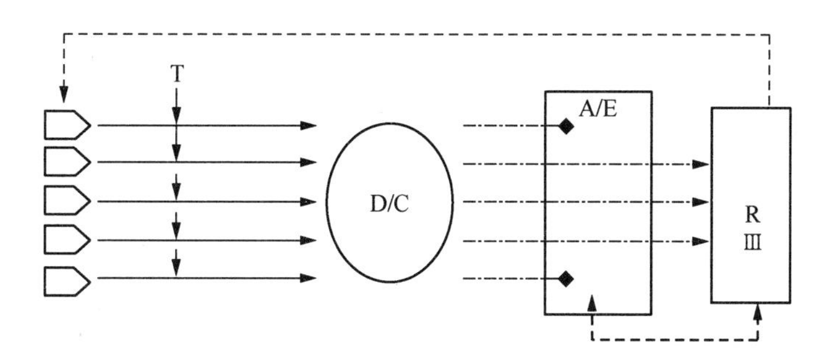

图6.8 Ⅲ型:景观设计工作室为基础的设计认知流程

在这种情况之下,景观(学术)设计环境是用来学习设计态度和设计方法的。发起人的角色相当于是一个"管理者",该景观过程主要是一个探索的过程。景观设计出来的成果,并不被视为是经过认真研究之后而得出的成果(当然除了那些根据个人设计研究的参与者的学习研究过程,所研究设计出来的成果),但会将所得到的这些成果(也会与其他之前的设计案例一起)来进行分析和比较,最终得出这个研究的意义所在。

德尔夫特科技大学建筑学院的形式研究/媒体研究工作室是设计推动项目的实例。

6.6.2 Ⅳ型——景观实验类工作室的研究

在景观设计类工作室,方法表明,类型Ⅲ更加深入细致。在这种情况下它不是学习后期设计综合品质的问题，而是针对景观特定问题的兴趣并通过这些参与者把这些兴趣和有效地景观认知调查注入这些工作室项目中。

一方面，将刻意地建立一个景观工作室作为一个实验性的模拟工作环境。组织该任务可能会相对随意；它可以作为一个试点进行研究——以便探索过程，收集信息。另一方面，可以建立一个更加严谨的景观研究概念，在景观工作室环境中进行测试，以便实证研究，在景观工作假设中设置明确界定的期望。在不同的发展阶段对这个过程进行监测。在这种景观情况下，一个按照预想构想、限制和规格设计的“游戏”情况，可能对研究有利，并且为系统的（中级）比较结果和深入分析创造一个平台。这种景观实验的方法可能针对不同的主题，也可以集中用于更有条理的课题，例如不同（组合）设计媒体的影响。

总的来说，用这种景观方法安排任务，可以在大体上推动景观设计类研究，正如类型Ⅳ所显示的（图 6.9）。

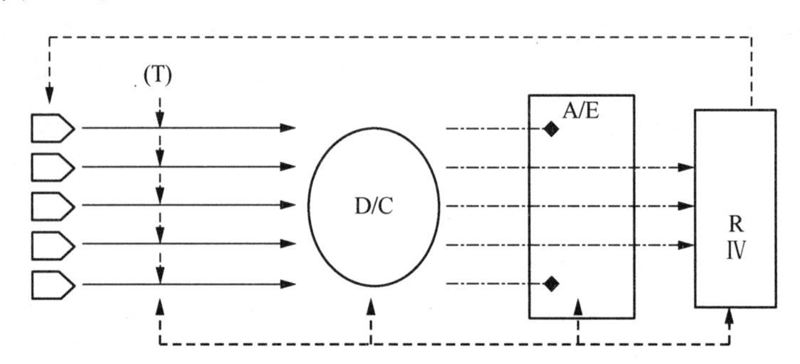

图 6.9　Ⅳ型：景观实验类工作室为基础的设计认知流程

在景观动态视角研究项目的过程中，媒体集团正在研究如何发展这种以景观实验研究为基础的工作室。

6.7　景观化城市设计作品推动研究

在第二类中景观设计活动的成果是研究任务的核心。本书主要是集中在项目的景观设计过程（一个并非很明确的发展路线）。一般来说，景观设计的发展无法监测或准确的在过程数据的基础上“重建”。

这种景观研究的主题和形式可能不同。基础部分可以由一个特定的设计组成，但也可以是一些简明的设计集合。在结果的基础上，该方法可能涉及设计结果分析，可能涉及相关的参考或对比研究。另外，景观研究人员可能试图通过景观研究设计过程数据或建构的备用景观设计方案获得景观元素的意义和作用，进而借助景观设计结果可能性的系统模拟来阐明景观设计成果。

这种景观研究的主题可能从设计实践中获得。这些景观元素可以改造自象征性的历史先例或者是在景观教育环境下创作的现代产品。

景观研究成果可能是对那些有研究价值的景观元素的描述、图解和表达，但也可能更多的是关于探索和发现关于一般“真理”（方面）的景观设计文化、组成和感知。

6.8 景观化城市设计结果推动研究:群子 2A

6.8.1 Ⅴ型——景观独立设计研究

景观学研究中通过以往熟悉的形式——景观设计进程而得到的结果,往往导致无法得出详细、有条理的评价。

主体可能是一个被发现的景观或景观群体,同时也是一个尚未被发现的设计数据(图纸、模型、书面资料)的集合。本景观研究方法通常等同于设计作品的分析评价和描述文献,然而景观研究人员可能会尝试在这样一种方式下通过设计数据得出结果,从而说明景观设计决策或工作方法如何从根本上影响设计结果。另一种景观方法是将设计放置在一个特定的文脉下,通过它和先例对比,或通过相互参照(来自同一时期的设计,或其他出自同一位设计师或建筑思潮的设计作品)。在这类研究中,最终的景观设计结果通常是主导因素,而景观设计决策过程则是次要的。该景观方法主要是描述性的,试图揭示景观研究项目的相关背景信息,并且提供对于景观研究项目综合品质和文化或历史意义的一些见解(图 6.10)。

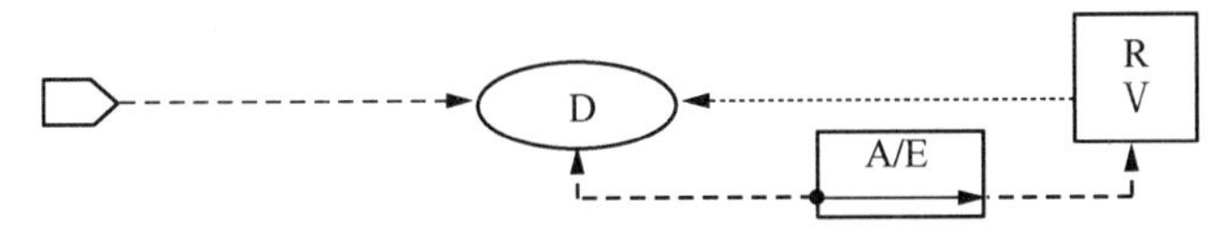

图 6.10 Ⅴ型:景观独立设计研究的认知流程

因此,景观研究往往侧重于那些在当前社会争论背景下值得一提的景观元素。最重要的是提前确定关键点在哪里,景观研究将会被作为什么参考点,以便为客观思考创造条件。如果不这样的话,这些景观研究可能会被作为新闻头条,而不是作为一项学术事业。许多这类的研究通常被发表在一些“边境地区”的景观学术研究和描述性报告中。

6.8.2 Ⅵ型——基于比较性景观设计的研究

基于比较性景观设计的研究是一种与类型Ⅴ相比具有明显相似性的方法。然而在景观学研究中,所研究的景观案例通常被分组和并置,以通过相互之间碰撞得到深层次的特性类比和景观研究对象相互间差异性的一种方式,得到分组和并置。

基于景观案例的研究是一种分析景观艺术品组成方面的行之有效的方法。对于项目或作品的这些“收藏”方面的探索,可以揭示潜在的主题、信念和不同景观设计干预措施的影响。这种系统的、比较性的景观研究,在景观环境和设计文献的基础上,在景观本质上倾向于探索,不仅包括描述的是什么,而且还包括对区分一致性和模式变化的鉴别(图 6.11)。

输出模式可能影响到景观工作方法。例如,一种展览会模式可能被选择用来让观众自己做比较。这意味着景观材料将被以一种能促进心理活动的方式组织和可视。除去熟悉的描写方法,更多景观设计者式的方法可能被采用,例如在现有作品的基础上制作新的图画、方案和模型。这有助于与他人交流结果,也有助于在景观研究过程自身中的探索。

一个例子是理性布局对决自由布局(Raumplan Versus Plan Libre)项目,是由学生集体完成的，包括主观的调查和设计文献，是一个针对路斯和柯布西耶的设计模式的比较研究。

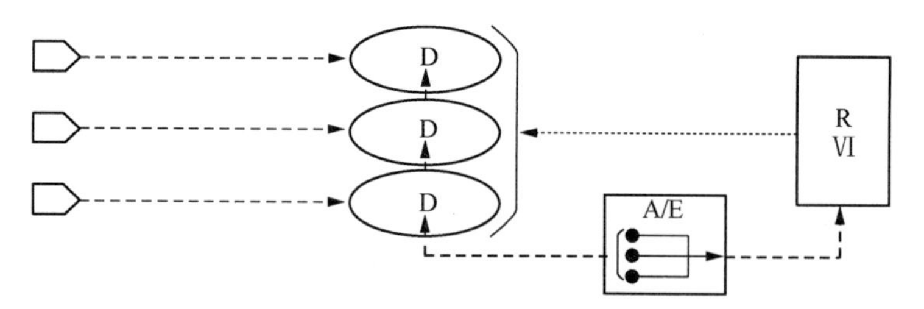

图 6.11 Ⅵ型：景观比较性研究的认知流程

6.9 景观化城市设计调查驱动研究：亚族 2B

6.9.1 Ⅶ型——基于景观设计文件的研究

在基于景观设计文献的研究中，重要的不仅仅是最终的景观设计结果（但毫无疑问，这也应考虑在内），也包括导致景观设计结果的整个探索过程。

这种景观研究方法的最终目的除了增加某个景观设计方案的相关知识之外，也可以揭示参与项目的景观设计师的动机、态度和方法。此外，它还可能有一个更加普遍的目的，如鉴别典型的景观设计现象和它们的影响。景观研究的对象可以是一个明确的设计成果，也可以是一系列具有景观认知关系的设计。

这种景观研究方法与方法Ⅵ有一些相似之处。除了具有描写性之外，这种景观研究也可以被称作是探索性的。它能够借助一些数据和资料，重构设计过程中曾经面临的选择，虽然这些景观资料可能并不是连续的，例如，一份（可能被拆毁的）与现实景观的照片看起来不相关联的“决定性的”设计图纸。景观研究者在解释设计意图、景观设计选择的影响及最终成果时，需要一种侦探精神，应试图用一种理性的方式去揭示设计成果后蕴含的更多背景。

在进行真正景观设计实践时，应针对每个项目的具体情况，设立针对性的目标，采取更灵活的景观研究方法。有时这可能意味着需要“填补空缺”，甚至可能在现有数据的基础上，推断景观设计的发展过程。相应的，如果起点是一个被改建过的景观，那么任务便是重建这个景观设计，使它成为它曾经的，或者意图成为的样子。

基于景观设计数据的研究是相对熟悉的。如圆明园复原图和复原模型的建立，其过程涉及众多保存文件的研究，包括典型可靠的文字描述、保存的照片等。基于古典诗词、绘画的描述而兴建的园林、场景模式也不胜枚举。建筑方面一个典型的例子是德尔夫特建筑学院学生实施的“未建成的阿道夫·路斯”项目，任务是完成没有被建成的路斯的房屋设计（这好比要求音乐系的学生完成的“未完成”交响曲）。这种潜在的创新性的项目，在建造的每一步都需要具有说服力，并且应将该过程系统地记录下来[44]。

在基于文件的景观设计研究中，包含的过程有“设计的研究”，以获得景观设计的基本概念、方法和特点，有时进行“为了研究的设计”过程，在景观设计过程中充分体会项目的基本理念，有时目的是为了建成设计项目，因此也是“为了设计的研究”(图 6.12)。

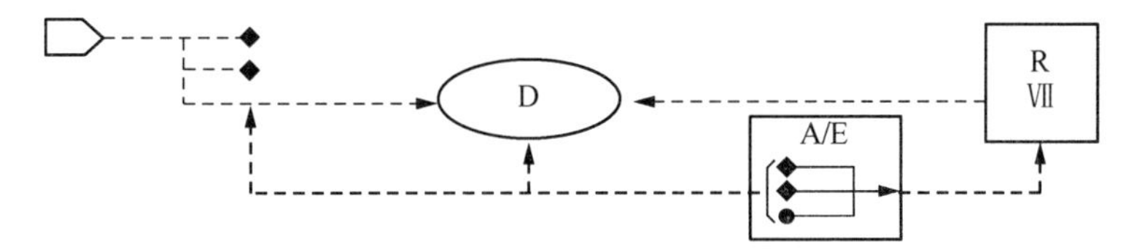

图 6.12　Ⅶ型：基于景观设计文件的认知流程

6.9.2　Ⅷ型——基于景观设计师阐释的研究

景观设计师式阐释的研究方式提供了一个良好的机遇，可以汇集研究的期望，以及景观设计同僚中(某种程度上是指在设计教育的环境中)展现的设计专业知识。这种景观研究的基本动机是发现更多的关于某些特定设计的知识，或探索“设计的科学”(但并不一定意味着把设计看作一门科学)。

这种涉及景观设计师式阐释的研究，同样要求“侦探”态度，这和景观类型Ⅶ有明显的相似之处。然而在这种类型的研究中，景观研究者通常只有少量信息去继续其研究。这种“线索”的缺乏意味着线索需要被建构，使得在考虑景观设计的发展过程时，可以反复地推敲它在心理因素的影响范围内的不同趋势。

景观研究人员可能会站在设计的视角，使用景观设计师式的质询模式去探索设计项目更深层的情况。通过这种方式，景观研究者(或被邀请参加研究项目的设计者)可以通过模拟出设计选项，以鉴定和阐明产生实际景观设计结果过程中，所包含的各个方面的因素。发展这种“设计师式的变化”(Designerly Variations)所产生的设计结果，最终将它以一种相对系统的方式，与产生的实际结果相比较。其中运用到了一种景观设计师的“周期系统”(Cycles)来帮助阐释，这个系统包括因素有：定位、变化、评价和说明。

想要实现这种可能，需要事先建立一个系统性的景观框架，同时，要定义景观设计包含的各个方面。同样，在结果驱动型景观研究中，这种作为解释说明的项目不应该“从草图开始”，因为在最初的概念形成之前，可能已经有一个或更多的景观设计先例为之打下了基础。在一种明确的景观研究“概念”(Construct)下，通过使用景观设计者的工作方法，就有可能识别出这些有影响的设计先例。

这种景观方法并不需要独立使用，它可能可以和其他的景观方法结合，例如和类型Ⅵ(把一组景观设计结果作为起点，方法包括交叉引用和比较)或类型Ⅶ(结合现有的景观信息与“构建”的信息)结合。更多的要素会参与进来，就如同在类型Ⅳ中一样。另外，也可以在景观实践过程中，综合使用不同的景观设计媒介。这种景观研究首先是探索性的，并将时常与之前提到的景观方法相结合，但是仍然认为基于假说的经验研究是可能的(图 6.13)。

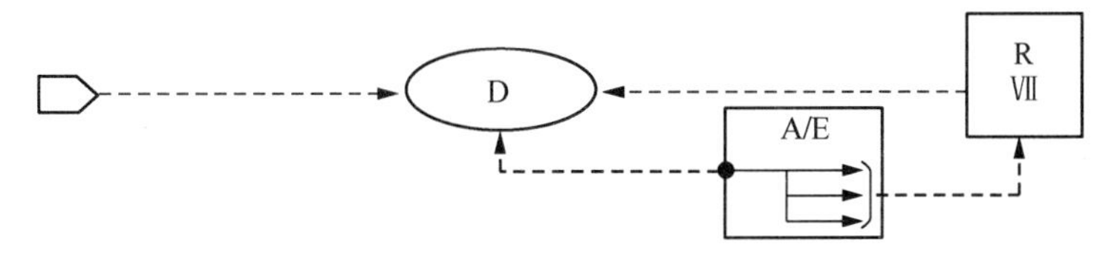

图 6.13　Ⅷ型：基于景观设计师阐释的认知流程

相比较而言，这种景观方法具有投机性，但它仍值得被更深入的发展，因为在某种程度上，它在经验主义的科学研究和景观设计领域的专业知识之间构架了一座桥梁。

6.10 景观化城市设计的多元视角

如果想要扩大景观设计导向性研究的范围，必须发现或发展其他的景观方法，才能无愧于景观构成的富有创造性的变化特征。

以C.亚历山大《建筑模式语言》和布莱恩·劳森（Bryan Lawson）《设计专长》（*Design Expertise*）两项成就为借鉴，景观设计研究也有路可循，可以从坚持僵化的科学方法论道路走向一条探索新的景观研究范式（类型学）的道路，这种新的景观范式不再僵化地依赖科学方法论，而是希望将科学方法、人文方法都置于景观设计师特有的景观设计专长和景观设计师式的思维模式之下进行超越学科地综合运用，在景观研究和景观设计实践之间形成没有隔阂的设计研究方法论[45]。

通过把景观设计师式质询的活跃的模式整合进景观研究中，创新的富于想象力的景观设计研究方法可能会有新的发展。同时，上面提到的景观教育环境下的经验和景观探索性的工作室项目，可能为景观驱动设计轨迹的不同类型的探索和继续深入提供指导。

景观化城市设计导向型研究项目（“为了设计的研究”）的方法论组成部分不应该被低估。如果结果需要站得住脚以便被其他学科的研究者们仔细审查，“通过景观设计的研究”项目需要得到有逻辑地明晰地组织，还有清楚连贯的表达。从现有的讲演主义景观研究方法中可以学到很多。

在利用现有景观设计知识和经验的同时，为富于想象力和创新的研究创造新的设计，是现在景观设计研究者们面临的挑战。

为了迈向第三自然，除了基本方法论的支撑，前期利用景观化城市设计类型学进行设计研究，明确设计方向，随后还需对景观化城市设计技术方法进行研究以确定设计项目类型。这一章主要介绍了景观人工智能知识库和景观专家系统建立的基本框架和可能性，以人工智能理论作为设计工具搭建的框架结构支撑，设计初期结合探索性研究和实质性研究进行描述性的研究，研究场地地形、现有的植被、周围的环境等基本情况。同时对景观化城市的设计内容进行研究，包括设计场所、设计人群，对设计变动的可能性进行了全面的分析。

7 中国古典园林中设计先例与设计原型的MOP文化分析

第4章到第6章以MOP的认知结构从西方理论视野解析了景观化城市设计的可能认知平台。如前所述，当进行类型学分类时，与其说划分了事物，不如说同时关联了事物。基于历史文化的“先例研究”和“类型学研究”如此之重要，那么对于中国古典景观学的集大成之物的中国古典园林，更应该进行MOP认知模式中国视野的相关深入研究。

作为中国古典文化的一部分的中国古代园林，或称中国传统园林或古典园林，文化含量丰富，个性特征鲜明，而又多彩多姿，极具艺术魅力，为世界三大园林体系之最。在近五千年中华历史长河里，它如一颗璀璨的明珠，在东方之巅，熠熠发光。中国古典园林在人类发展史上的贡献绝非仅仅一笔物质遗产，它历经商周时期的起源，魏晋南北朝时期的转折，唐时期的全盛，再到宋代的成熟，以至于明末清初有关的理论著作的巅峰和清末的停滞不前，反映了中国在这段封建社会时期的社会、经济、政治以及文化等方面的起源、兴衰、变化和消长，同时也隐藏了走向第三自然的景观。

中国古典园林里优秀的园林作品，就像一首凝固的音乐，一曲无声的诗歌，熔铸诗画艺术于园林艺术，使得其从整体到局部都包含着浓郁的“诗情画意”。园林、文化、绘画这三个艺术门类在中国历史上同步发展、互相影响、彼此渗透的迹象十分明显[46]。中国古典园林既是艺术形态的精神财富，又是具有实用功能的社会物质财富，它包含了宫廷、士流以及市民等层面的文化。因此，中国古典园林无论从形式还是意境内涵，都隐藏了中国几千年的艺术发展史与文化发展脉络，即第三自然。

7.1 中国古典园林的起源与设计先例

据有关典籍记载，“园圃”、“囿”、“台”是中国古典园林的起源的物质因素。我国造园应始于商周，其时称之为囿。商纣王“好酒淫乐，益收狗马奇物，充牣宫室，益广沙丘苑台(注：河北邢台广宗一带)，多取野兽(飞)鸟置其中……”周文王建灵囿，“方七十里，其间草木茂盛，鸟兽繁衍”。最初的“囿”，就是把自然景色优美的地方圈起来，放养禽兽，供帝王狩猎，所以也叫游囿。天子、诸侯都有囿，只是范围和规格等级上的差别，“天子百里，诸侯四十”①。人们对大自然环境的生态意识构成了中国古典园林起源的社会因素，而“夫大人者，与天地合其德，与日月合其明，与四时合其序，与鬼神合其吉凶”(易经·乾卦)的“天人合一”、“天人感应”思想，和倡导“智者乐水，仁者乐山；知者动，仁者静”(孔子)的“君子比德”思想，以及东海仙山的神话在一定程度上促进了中国古代园林向风景式方向上发展，成为了中国古典园林起源的意识形态因素。

历经商周的“园圃”、“台”、“囿”，中国古典园林汉起称“苑”。汉朝在秦朝的基础上把

---

① 佚名. 中国古典园林的起源与发展[EB/OL]. (2004-06-02). http://www.china.com.cn.

早期的游囿，发展到以园林为主的帝王苑囿行宫，除布置园景供皇帝游憩之外，还举行朝贺，处理朝政。汉高祖的“未央宫”，汉文帝的“思贤园”，汉武帝的“上林苑”，梁孝王的“东苑”（又称梁园、菟园、睢园），宣帝的“乐游园”等，都是这一时期的著名苑囿。从敦煌莫高窟壁画中的苑囿亭阁，元人李容瑾的汉苑图轴中，可以看出汉时的造园已经有很高水平，而且规模很大。枚乘的《菟园赋》，司马相如的《上林赋》，班固的《西都赋》，司马迁的《史记》，以及《西京杂记》、典籍录《三辅黄图》等史书和文献，对于上述的囿苑，都有比较详细的记载。

上林苑（图 7.1）是汉武帝在秦时旧苑基础上扩建的，离宫别院数十所广布苑中，其中太液池运用山池结合手法，造蓬莱、方丈、瀛洲三岛，岛上建宫室亭台，植奇花异草，自然成趣。这种池中建岛、山石点缀手法，被后人称为秦汉典范。

图 7.1　汉上林苑

魏晋南北朝是我国社会发展史上一个大动乱时期，也是中国古典园林史上一个转折时期，一度经济繁荣，文化昌盛，士大夫阶层追求自然环境美，游历名山大川成为社会上层普遍风尚。刘勰的《文心雕龙》，钟嵘的《诗品》，陶渊明的《桃花源记》等许多名篇，都是在这一时期问世的。

中国古典园林影响着中国山水画的发展，山水画则促进了中国古典园林的完善和成熟。这一时期是以山水画为题材的创作阶段。文人、画家参与造园，进一步发展了“秦汉典范”。北魏张伦府苑，吴郡顾辟疆的“辟疆园”，司马炎的“琼圃园”、“灵芝园”，吴王在南京修建的宫苑“华林园”等，又是这一时期有代表性的园苑。“华林园”（即芳林园），规模宏大，建筑华丽。时隔许久，晋简文帝游乐时还赞扬说：会心处不心在远，翛然林木，便有濠濮闲趣。

真正大批文人、画家参与造园，还是在隋唐之后。造园家与文人、画家相结合，运用诗画传统表现手法，把诗画作品所描绘的意境情趣，引用到园景创作上，甚至直接用绘画作品为底稿，寓画意于景，寄山水为情，逐渐把我国造园艺术从自然山水园阶段，推进到写意山水园阶段。唐朝王维是当时备受推崇的一位，他辞官隐居到蓝田县辋川，相地造园，园内山风溪流、堂前小桥亭台，都依照他所绘的画图布局筑建，如诗如画的园景，正表达出他那诗作与画作的风格。苏轼称赞说："味摩诘之诗，诗中有画；观摩诘之画，画中有诗。"而他创作的园林艺术，也正是这样。苏州名园狮子林，是元朝天如和尚与大画家倪瓒合作建造的。倪瓒在我国绘画史上是有名的山水画大师，出于他手的造园艺术品自然不同凡响，清乾隆南巡到苏州时，看了也称赞不已。狮子林虽经多次修葺，迄今仍景象奇异。由此可见，文化与中国古典园林的关系密不可分。

隋朝结束了魏晋南北朝三百余年的分裂局面，中国复归统一。社会经济一度繁荣，加上当朝皇帝的荒淫奢靡，造园之风大兴。隋炀帝"亲自看天下山水图，求胜地造宫苑"。迁都洛阳之后，"征发大江以南、五岭以北的奇材异石，以及嘉木异草、珍禽奇兽"，都运到洛阳去充实各园苑，一时间古都洛阳成了以园林著称的京都，"芳华神都苑"、"西苑"等宫苑都穷极豪华。在城市与乡村日益隔离的情况下，那些身居繁华都市的封建帝王和朝野达官贵人，为了逍遥玩赏大自然的山水景色，便就近仿效自然山水建造园苑，不出家门，却能享"主入山门绿，水隐湖中花"的乐趣。因而作为政治、经济中心的都市，也就成了皇家宫苑和王府宅第花园聚集的地方。隋炀帝除了在首都兴建园苑外，还到处建筑行宫别院。他三下扬州看琼花，最后被缢死在江都宫的花园里。

唐太宗"励精图治，国运昌盛"，社会进入了盛唐时代，宫廷御苑设计也愈发精致，特别是由于石雕工艺已经娴熟，宫殿建筑雕栏玉砌，格外显得华丽(图 7.2)。"禁殿苑"、"东都苑"、"神都苑"、"翠微宫"等，都旖旎空前。当年唐太宗在西安骊山所建的"汤泉宫"，后来被唐玄宗改作"华清宫"。这里的宫室殿宇楼阁，"连接成城"，唐王在里面"缓歌曼舞凝丝竹，尽且君王看不足"。杜甫曾有一首《自京赴奉先县咏怀五百字》的长诗，描述和痛斥了王侯权贵们的腐朽生活。

图 7.2　唐宫殿建筑复原图

宋朝、元朝造园也都有一个成熟时期，特别是在用石方面，有较大发展。宋徽宗在"丰亨豫大"的口号下大兴土木，他对绘画有些造诣，尤其喜欢把石头作为欣赏对象。先在苏州、杭州设置了"造作局"，后来又在苏州添设"应奉局"，专司搜集民间奇花异石，舟船相接地运往京都开封建造宫苑。“寿山艮岳”的万寿山是一座具有相当规模的御苑。此外，还有“琼华苑”、“宜春苑”、“芳林苑”等一些名园。现今开封相国寺里展出的几块湖石，形体确乎奇异不凡。苏州、扬州、北京等地也都有“花石纲”遗物，均甚奇观。这期间，大批文人、画家参与造园，进一步加强了写意山水园的创作意境。例如，扬州市西北郊蜀冈中峰大明寺内平山堂为宋代著名政治家、文学家欧阳修被贬谪扬州太守时所建(图 7.3)。

图 7.3　平山堂

明清是中国园林创作的高峰期。皇家园林创建以清代康熙、乾隆时期最为活跃。当时社会稳定、经济繁荣给建造大规模写意自然园林提供了有利条件，如“圆明园”、“避暑山庄”、“畅春园”等。私家园林是以明代建造的江南园林为主要成就，如“沧浪亭”、“休园”、“拙政园”、“寄畅园”等。同时在明末还产生了园林艺术创作的理论书籍《园冶》。它们在创作思想上，仍然沿袭唐宋时期的创作源泉，从审美观到园林意境的创造都是以“小中见大”、“须弥芥子”、“壶中天地”等为创造手法。自然观、写意、诗情画意成为创作的主导地位，园林中的建筑起了最重要的作用，成为造景的主要手段。园林从游赏到可游可居方面逐渐发展。大型园林不但模仿自然山水，而且还集仿各地名胜于一园，形成园中有园、大园套小园的风格。

自然风景以山、水、地貌为基础，植被做装点。中国古典园林绝非简单地模仿这些构景的要素，而是有意识地加以改造、调整、加工、提炼，从而表现一个精练、概括、浓缩的自然。它既有“静观”又有“动观”，从总体到局部都包含着浓郁的诗情画意。这种空间组合形式多使用某些建筑如亭、榭等来配景，使风景与建筑巧妙地融糅到一起(图 7.4)。优秀园林作品虽然处处有建筑，却处处洋溢着大自然的盎然生机。明清时期正是因为园林有这一特点和创造手法的丰富而成为中国古典园林集大成时期。

图 7.4 网师园内回廊

7.2 中国古典园林案例 MOP 分析

上文已经讨论过 MOP 认知结构模型以及基于 MOP 认知模型对第三自然与第一自然、第二自然的关系的解读，中国乡村聚落的形式是风水文化理论的最好的体现之一，也体现了第一自然的 MOP 认识模型，中国古典园林的最高境界是“源于自然，高于自然”的人造微型的山水[46]，即基于第二自然的 MOP 认知模型，那么中国古典园林中隐藏着哪些第三自然文化特征呢？下面将分别举例，以 MOP 认知模型进行研究。

7.2.1 留园中的 MOP

留园是中国著名古典园林，位于江南古城苏州，以园内建筑布置精巧、奇石众多而知名(图 7.5)。与苏州拙政园、北京颐和园、承德避暑山庄并称中国四大名园。1961 年，留园被中华人民共和国国务院公布为第一批全国重点文物保护单位之一。1997 年，包括留园在内的苏州古典园林被列为世界文化遗产。2010 年，留园作为苏州园林(拙政园、虎丘、留园)扩展景区成为国家 5A 级旅游景区。

留园位于苏州市姑苏区阊门外，原是明嘉靖年间太仆寺卿徐时泰的东园。园内假山为叠石名家周秉忠(时臣)所作。清嘉庆年间，刘恕以故园改筑，名寒碧山庄，又称刘园，收集太湖石 12 峰置于园内[46]。同治年间由盛旭人的儿子即盛宣怀[清著名实业家、政治家，北洋大学(天津大学)、南洋公学(上海交通大学)创始人]购得，重加扩建，修葺一新，取留与刘的谐音，始称留园。晚清著名学者俞樾作《留园游记》称其为吴下名园之冠。留园内建筑的数量在苏州诸园中居冠，厅堂、走廊、粉墙、洞门等建筑与假山、水池、花木等组合成数十个大小不等的庭园小品。其在空间上的突出处理，充分体现了古代造园家的高超技艺、卓越智慧和江南园林建筑的艺术风格和特色。

图 7.5　留园平面图

下面分别从宏观、微观两个层面解读留园中的 MOP 认知模型。

1）宏观

（1）命名

形态学　谐音“刘”园为刘恕所得，取意“长留天地间”。

操作性　寒碧山庄，竹色清寒，水波碧绿；喜爱山石，布置 12 座造型奇特的石峰于园内。

表现性　园主“把关幻想，隐逸江湖”的意愿。

（2）入口区

形态学　简易迷宫（图 7.6）。

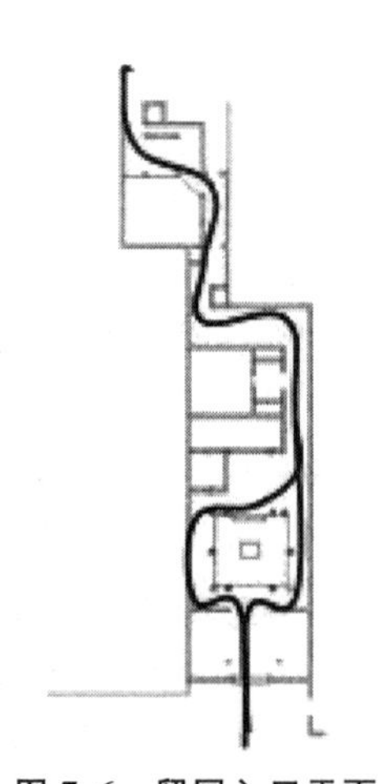

图 7.6　留园入口平面

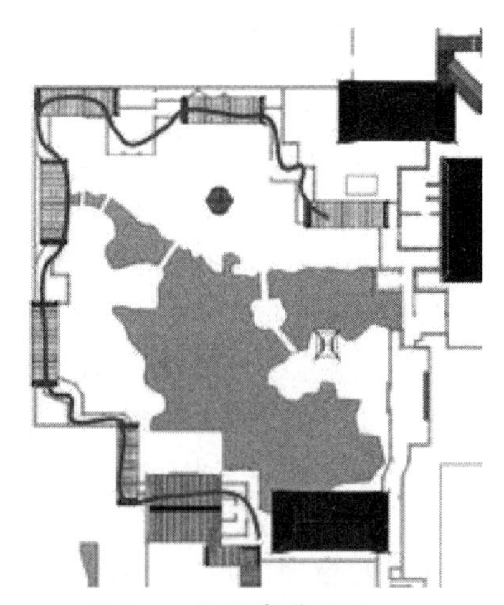

图 7.7　留园廊道平面

操作性　曲尺状走廊（图 7.7），宽度和长度没有固定值，方向左右不定，光线忽明忽暗。

表现性　空间变幻中给人趣味感，欲扬先抑的手法，在狭长的通道却不感沉闷。

2）微观

(1) 花步小筑

形态学　道。

操作性　廊道蜿蜒曲折，环绕水景，四周为假山植物景观(图 7.7)。

表现性　廊道蜿蜒迂回，具有诗情画意，四周景观优美，犹如步行于山间小道上。

(2) 古木交柯

形态学　水墨画(图 7.8)。

操作性　素雅的砖砌花台中，种有古柏、山茶等植物，交柯连理。

表现性　透过漏窗可欣赏此“水墨画”景观，为道路增添了诗意，景观怡人。

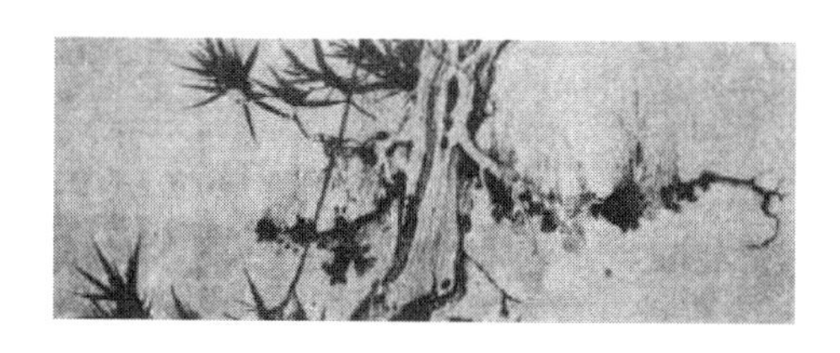

图 7.8　水墨画

图 7.9　水鸟

(3) 东区建筑群

形态学　飞扬的水鸟(图 7.9)。

操作性　整个建筑群体强调水平线条，檐角有向上飞扬的趋势，位于中区水池旁边。

表现性　建筑造型轻盈，与水相互映衬，自由优雅。

(4) 明瑟楼

形态学　鱼鸟水木。

操作性　环境雅洁清新。

表现性　世外桃源。

明瑟楼两层半间，取水木明瑟之意而名，南面假山构思独特，有峰回路转之妙。体态轻盈造型精巧，取郦道元《水经注》中“目对鱼鸟，水木明瑟”之意而名，因楼下南面假山构思独特，有峰回路转之妙。

(5) 涵碧山房

形态学　池水山林。

操作性　池水山林倒映水中之境。

表现性　返璞归真。

涵碧山房为中部主要建筑，俗称荷花厅，厅高大宽敞，陈设朴素，周围老树浓荫，风亭月榭，迤逦相属，楼台倒影，山池之美，堪称图画。由朱熹“一水方涵碧，千林已变红”得到池水山林倒映水中之境。

(6) 曲溪楼

形态学　曲水。

操作性　蜿蜒曲折。

表现性　玩味不尽。

蜿蜒曲折的水系提高了景物的趣味性。

(7) 五峰仙馆

形态学　峰石。

操作性　江南厅堂典型代表。

表现性　返璞归真。

五峰仙馆因盛康从文徵明停云馆中得峰石放在园内，故名"五峰仙馆"，大厅面阔五开间，高大豪华，由于梁柱及家具均以楠木制作，俗称楠木厅，厅内装修精丽，陈设雅洁大方，无愧为江南厅堂的典型代表。

(8) 闻木樨香轩

形态学　桂花美景。

操作性　奇石尽含千古秀；桂花香动万山秋。

表现性　流连忘返。

闻木樨香轩为中部最高处，山高气爽，四周景色尽现眼底，轩前有联："奇石尽含千古秀；桂花香动万山秋。"

(9) 冠云峰

形态学　三峰。

操作性　"冠云"、"瑞云"、"岫云"。

表现性　古人之乐。

冠云峰高 6.5 m，为宋代花石纲遗物，因石巅高耸，四展如冠，取名"冠云"、"瑞云"、"岫云"屏立左右，为留园著名的姐妹三峰。三峰下罗列小峰石笋，花草松竹点缀其间，大有林下水边，胜地之胜的林泉景色。

留园中建筑数量多且密集(集住宅＋祠堂＋家庵＋园林)，但布局合理，空间处理巧妙，虚实疏密，欲扬先抑；而水系的处理则是隔水相望南厅北水，虚实变换、收放自如、明暗交替，形成曲折巧妙的空间序列，引人步步深入，具有欲扬先抑的作用；关于假山，西边的制高点，充满野趣，堆砌自然；回廊和铺地则是东游廊加西侧爬山廊，形成全园外围廊道。园中植被的设计也同样映衬主题，山林野趣，竹篱小屋，乡村田园风味浓厚。由此可以看出，无论从园中各部分的空间布局还是游人们的主观感受，都能看出留园的寓意："留"园(停"留"，"留"恋，挽"留"，保"留")。

7.2.2 拙政园中的 MOP

拙政园在苏州娄门内之东北街，始建于明初。正德年间，御史王献臣因官场失意，致仕回乡，占用城东北原大弘寺所在的一块多沼泽的空地营建次园，历时五载落成。后来分为西部、中部、东部三部分，或兴或废迭经改建。现在的拙政园仍包括三部分：西部的补园，中部的拙政园紧邻于各自邸宅之后，呈前宅后园的格局，东部重加修建为新园。全园面积为 4.1 hm^2，是一座大型的宅院(图 7.10)。

下面分别从宏观、中观、微观三个层面解读拙政园中的 MOP 认知模型。

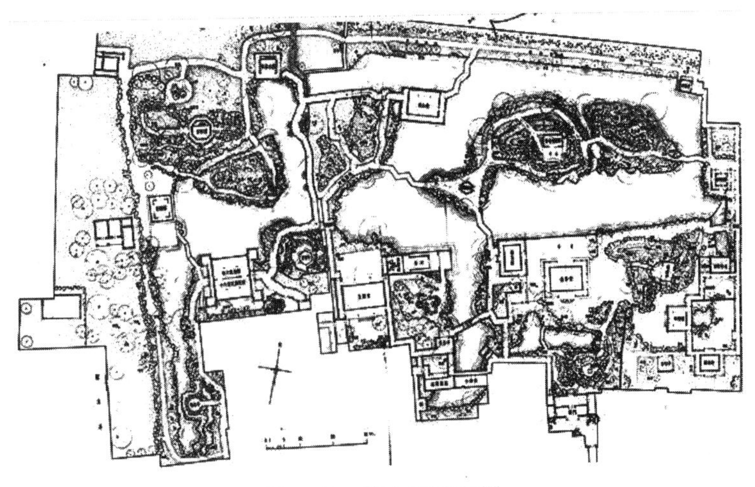

图 7.10　拙政园平面图

1）宏观

（1）形态学　　太极图表示了《易经》思想（图 7.11）。

图 7.11　太极

《周易·系辞上》有云："易有太极，是生两仪，两仪生四象，四象生八卦。八卦定吉凶，吉凶成大业。"其中所谓的"太极"就是指宇宙天地万物的根源，而与之相对应的太极图就是一对阴阳鱼状合二为一的圆体。太极又分为阴阳二气，阴阳化合而生万物。因此，太极图的内部是一对阴阳鱼，这一对鱼，一阴一阳，阴阳互补："对立"存在，和谐平衡；但又合二为一，"统一"于一个圆，象征着宇宙万物阴阳互生互化、和谐统一的普遍规律。

操作性　　在拙政园的平面布局中，将水体和陆地以这种趋势做布局；园林造景为实体，而水景在视线中为虚体，实现虚实对比。

表现性　　如图 7.12 所示。

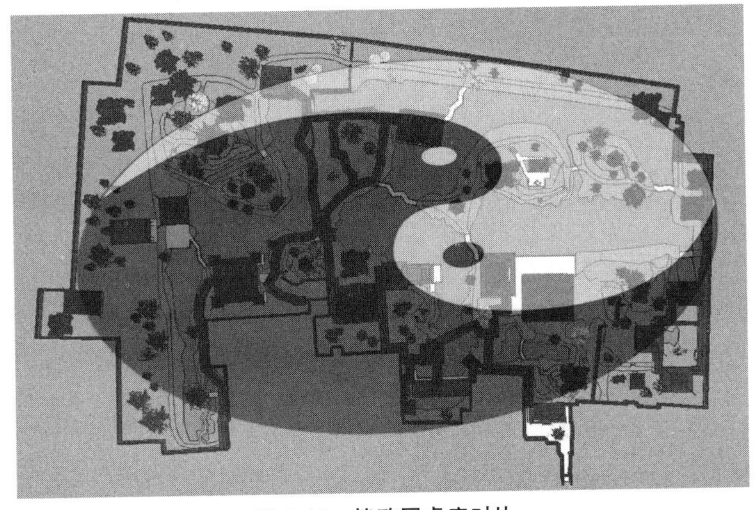

图 7.12　拙政园虚实对比

(2) 形态学　皇家园林中的大尺度水面，形成湖、海的感觉(图 7.13)。

图 7.13　皇家园林大尺度水面

操作性　私家园林由于水面规模有限，只有利用连廊、小桥等将水面多分割，使得有限的水面空间变得更加丰富、有趣。

表现性　如图 7.14 所示。

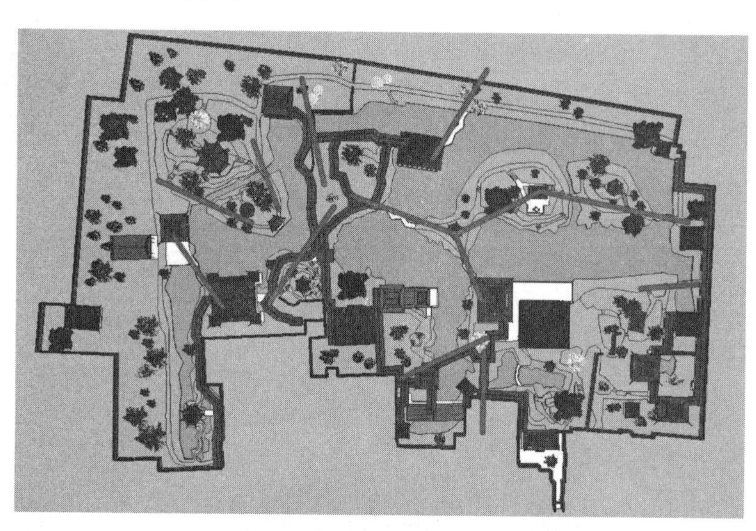

图 7.14　私家园林

(3) 形态学　私家园林强调自在、顺应自然、无为而治的老庄哲学，其中隐含着“退隐仕途求自清”的无奈心境。

操作性　在拙政园东园的设计中，其规模大致以明朝王心一所设计的“归园田居”为主。

表现性　东园分为四个景区，据记载有放眼亭、夹耳岗、啸月台、紫藤坞、杏花涧、竹香廊等诸胜。中为涵青池，池北为主要建筑兰雪堂，周围以桂、梅、竹屏之。池南及池左，有缀云峰、联壁峰，峰下有洞，曰“小桃源”。

2) 中观

(1) 形态学　鸳鸯厅(图 7.15)。

操作性　鸳鸯成对，将建筑平面一分为二，南厅是十八曼陀罗花馆，宜于冬、春；北

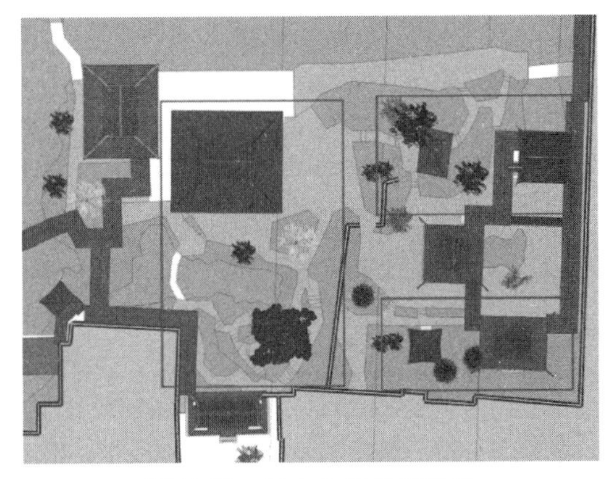

图 7.15　三十六鸳鸯馆平面

厅为三十六鸳鸯馆，宜于夏、秋。

表现性　　如图 7.16、图 7.17 所示。

图 7.16　三十六鸳鸯馆

图 7.17　三十六鸳鸯馆室内

(2) 形态学　　水面倒影——虚实相生的造景手法。

操作性　　塔影亭前水面较开阔，并通过不种植莲花等水面植物而形成倒影。

表现性　　如图 7.18 所示。

图 7.18　塔影亭

3）微观

（1）形态学　中国画卷，绘画内容外有框（图 7.19）。

图 7.19　中国画卷

操作性　墙上开洞以类似边框，并在洞口外视线范围内布置景观小品。

表现性　如图 7.20 所示，以窗为框，以景为画，是中国园林建筑在窗洞设计上的传统手法。而通常，采用“移步换景”的形式，通过脚步的行进，从而透过窗户看到不一样的画面。“移步换景”的手法，是中国古典园林设计中“动静结合”的最高手法之一。

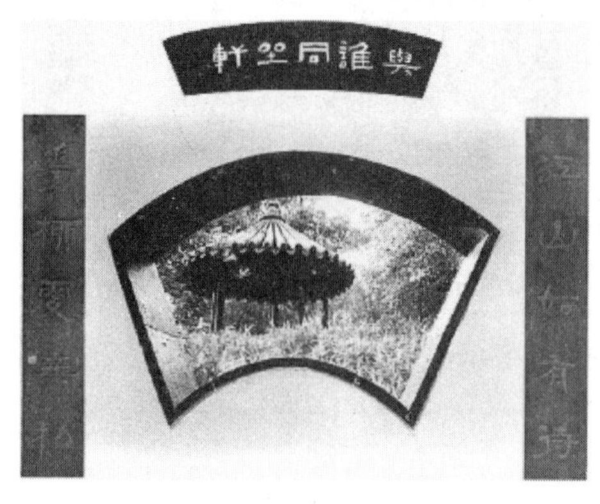

图 7.20　拙政园与谁同坐轩

图 7.21　卷棚屋顶

图 7.22　三十六鸳鸯馆室内一角

（2）形态学　卷棚屋顶（图 7.21）。

操作性　将其形式用在室内天花装饰上，弯曲美观，遮掩顶上梁架，又利用这弧形屋顶来反射声音，增强音响效果，使得余音袅袅，绕梁萦回。

表现性　如图 7.22、图 7.23 所示。

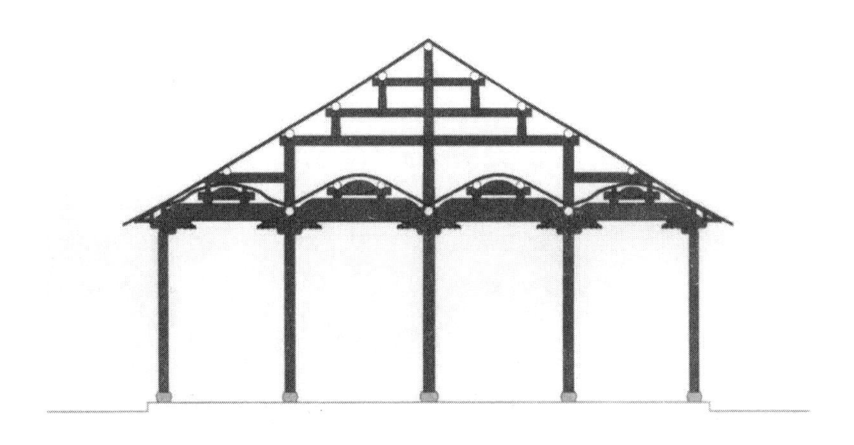

图 7.23 拙政园三十六鸳鸯馆内木结构

(3) 形态学　　自然界的奇石、壮丽的景观等(图 7.24)。

图 7.24 黄山石景

操作性　　缀云峰、联壁峰,通过石头、植物等来构筑相类似的景象。

表现性　　如图 7.25 所示,园中的石头各异,但是都是为了营造自然山水的空间氛围。

综上所述,可见园中每个建筑物的前方都有一片院子,旨在营造一种归隐田园,顺应自然的意境,也在开放空间中营造了一种私密的空间。园林中利用水景和倒影营造出一幅虚实相生的画面。

7.2.3 寄畅园中的 MOP

寄畅园在无锡市惠山东麓惠山横街。园址原为惠山寺沤寓房等二僧舍,明嘉靖初年(1527 年前后)曾任南京兵部尚书秦金(号凤山)得之,辟为园,名"凤谷山庄"。秦金殁,园

图 7.25 拙政园缀云峰

归族侄秦瀚及其子江西布政使秦梁。嘉靖三十九年(1560 年),秦瀚修葺园居,凿池、叠山,亦称“凤谷山庄”。秦梁卒,园改属秦梁之侄都察院右副都御使、湖广巡抚秦燿。万历十九年(1591 年),秦燿因座师张居正被追论而解职。回无锡后,寄抑郁之情于山水之间,疏浚池塘,改筑园居,构园景二十,每景题诗一首。

下面从微观层面解读寄畅园中的 MOP 认知模型(图 7-26)。

1) 知鱼槛

先例　《庄子·秋水》篇:子非鱼,安知鱼之乐。

形态学　三面开敞,属于亭式水榭。

操作性　三面临水,视野开阔。

表现性　游人可以舒服地欣赏游鱼。

2) 鹤步滩

先例　白鹤、余脉。

形态学　山石围叠。

操作性　形成弯曲谷道,洞水顺流而下,水石相谐(图 7.27)。

表现性　好似仙鹤栖息漫步,使人亲情趣盎然(图 7.28)。

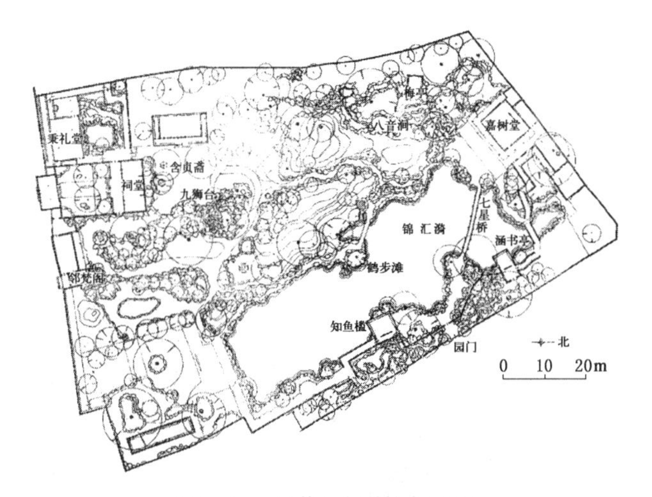

图 7.26　江苏无锡寄畅园平面

图 7.27　寄畅园鹤步滩

图 7.28　水中仙鹤

3）锦汇漪

先例　　　镜子。

形态学　　建筑、树木依水而建。

操作性　　山影、塔影、亭影、榭影、树影、花影、鸟影，尽汇池中。

表现性　　各种倒影相映成趣（图 7.29）。

图 7.29　寄畅园锦汇漪

4）八音涧

形态学　金、石、土、革、丝、木、匏、竹（八音悦耳）（图 7.30）。

操作性　引泉，听泉，掇石，藏景（堆叠技法）（图 7.31）。

表现性　石路迂回，上有茂林，下有清泉。

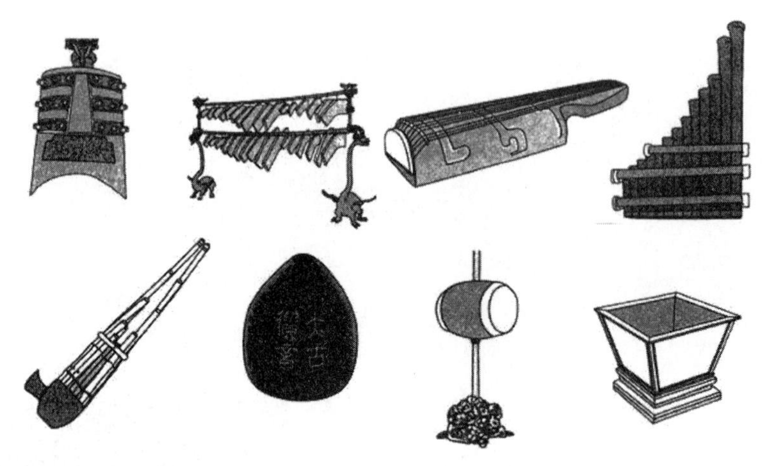

图 7.30　八音（金、石、土、革、丝、木、匏、竹）

图 7.31　寄畅园八音涧

5）七星桥

形态学　北斗七星（图 7.32）。

操作性　直铺。

表现性　平卧波面，几与水平（图 7.33）。

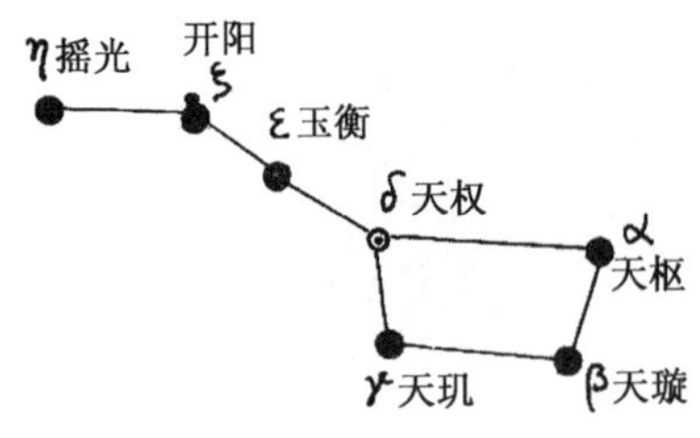

图 7.32　北斗七星

图 7.33　寄畅园七星桥

6）秉礼堂（图 7.34）

形态学　河南偃师二里头遗址，回廊封闭式庭院。

操作性　院中植树，自成一园。

表现性　园中之园，僻静优雅。

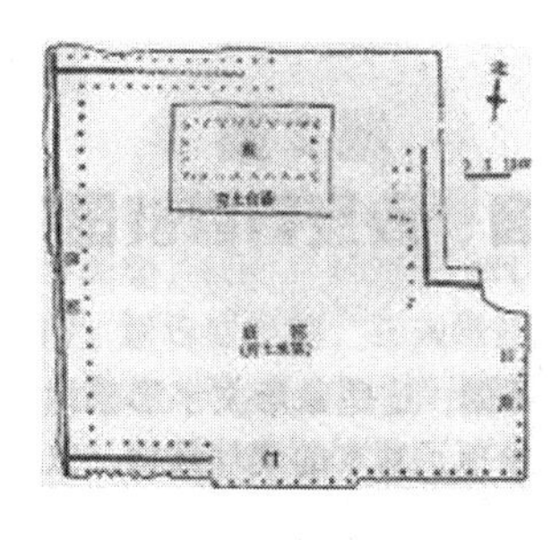

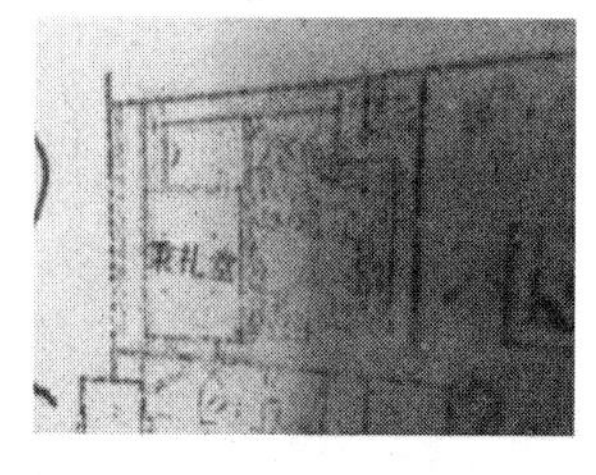

图 7.34　寄畅园秉礼堂

7）邻梵阁（图 7.35）

形态学　佛教故事，释迦牟尼，“结夏安居”。

操作性　取惠山余脉，将山中寺庙映入院中，若佛祖在旁，聆听圣教。

表现性　与神佛共处，禅意盎然。

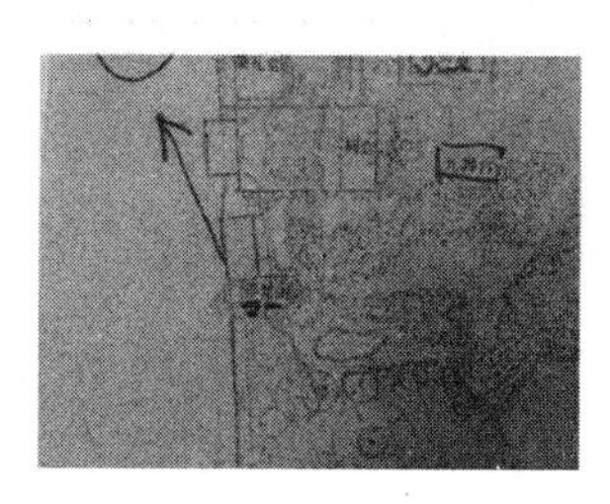

图 7.35　寄畅园邻梵阁

8）九狮台（图 7.36）

形态学　古代神话故事里的神兽。

操作性　堆山叠石。

表现性　惠山余脉渗入园中，宛若天成。

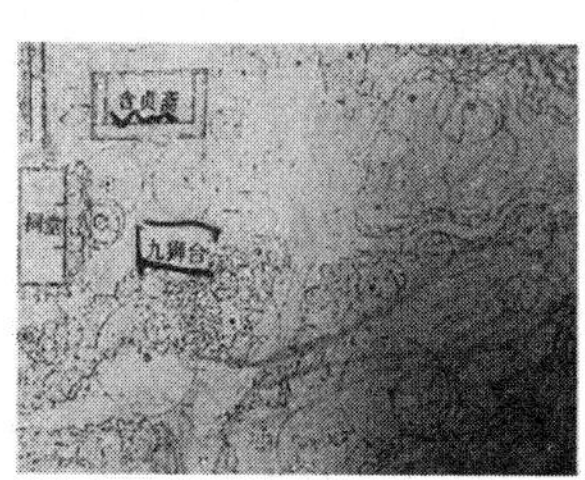

图 7.36　寄畅园九狮台

7.2.4 网师园中的 MOP

网师园在江苏省苏州市东南部。网师园始建于南宋淳熙元年(1174 年),旧为宋代藏书家官至侍郎的扬州文人史正志的“万卷堂”故址,花园名为“渔隐”,后废。至清乾隆年间(约 1770 年),退休的光禄寺少卿宋宗元购之并重建,定园名为“网师园”(图 7.37)。

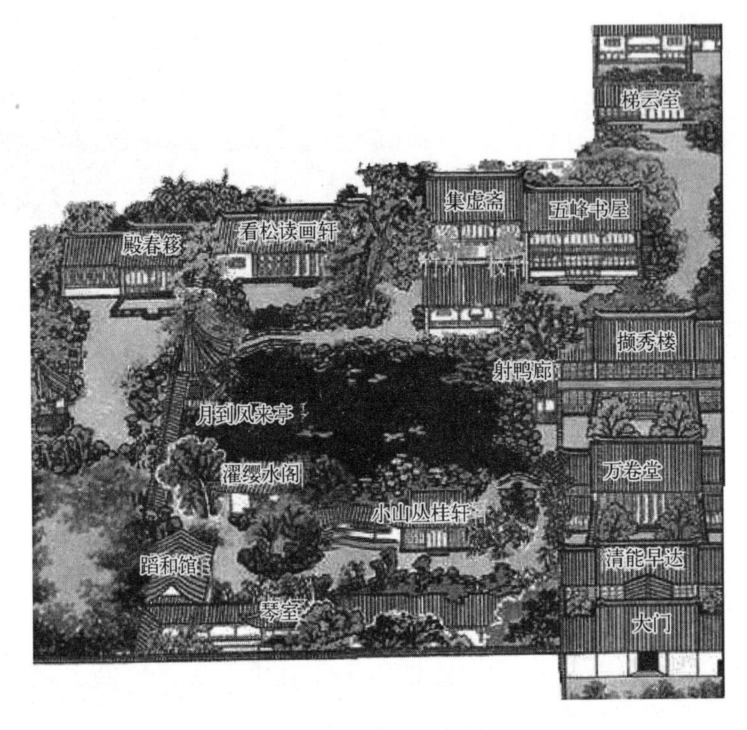

图 7.37　苏州网师园

宏观喻义:网师乃渔夫、渔翁之意,又与“渔隐”同意,含有隐居江湖的意思,网师园便意谓“渔父钓叟之园”,此名既借旧时“渔隐”之意,且与巷名“王四(一说王思,即今阔街头巷)”谐音。

园内的山水布置和景点题名蕴含着浓郁的隐逸气息。乾隆末年园归瞿远村,按原规模修复并增建亭宇,俗称“瞿园”。今“网师园”规模、景物建筑是瞿园遗物,保持着旧时世家一组完整的住宅群及中型古典山水园。

下面分别从宏观、微观两个层面解读网师园中的 MOP 认知模型。

1) 宏观

形态学　　渔翁之家。

操作性　　以水为中心。

表现性　　隐逸。

2) 微观

(1) 月到风来亭

形态学　　亭名取宋人邵雍诗句:月到天心处,风来水面时。

操作性　　中间一面大镜,将水面、射鸭廊、空亭等映入镜中。

表现性　将美景引入亭中，供人赏月。中秋赏月，可看到五个月亮（天上、水中、镜中、月饼、月亮桌）（图 7.38）。

图 7.38　苏州网师园赏月处

（2）云岗

形态学　八股文章法——起承转合。

操作性　营造假山序列。

表现性　余脉连绵的情趣，空间浑然一体（图 7.39）。

图 7.39　网师园云岗

(3) 濯缨水阁

形态学　《楚辞·渔父》"沧浪之水清兮"。

操作性　水阁，临水而立，可乘凉，可做戏台，可观鱼。

表现性　表示避世隐居，清高自守之意(图 7.40)。

图 7.40　网师园濯缨水阁

(4) 竹外一枝轩

形态学　取宋代苏轼"江头千树春欲暗，竹外一枝斜更好"诗意而得名。

操作性　两者为一体，皆与前面的山石、树林构成临水的近水景。

表现性　一组变化丰富的园林小品建筑，虚实相间，极尽变异之能事(图 7.41)。

图 7.41　竹外一枝轩

(5) 射鸭廊

形态学　唐代诗人王建的“新教内人唯射鸭，长随天子苑东游”。

操作性　两者为一体，皆与前面的山石、树林构成临水的近水景。

表现性　一组变化丰富的园林小品建筑，虚实相间，极尽变异之能事(图 7.42)。

(6) 看松读画轩

形态学　古木。

操作性　四周古木颇多，轩名即由庭前古柏苍松而得。

表现性　松柏象征正义神圣，永垂不朽(图 7.43)。

图 7.42　射鸭廊

图 7.43　看松读画轩

(7) 殿春簃

形态学　“多谢化工怜寂寞，尚留芍药殿春风”。

操作性　轩北窗外一树芭蕉，数枝翠竹。东南侧隙地起垄芍药圃。

表现性　独立小院，自有天地

(8) 鹅卵石铺装(图 7.44)。

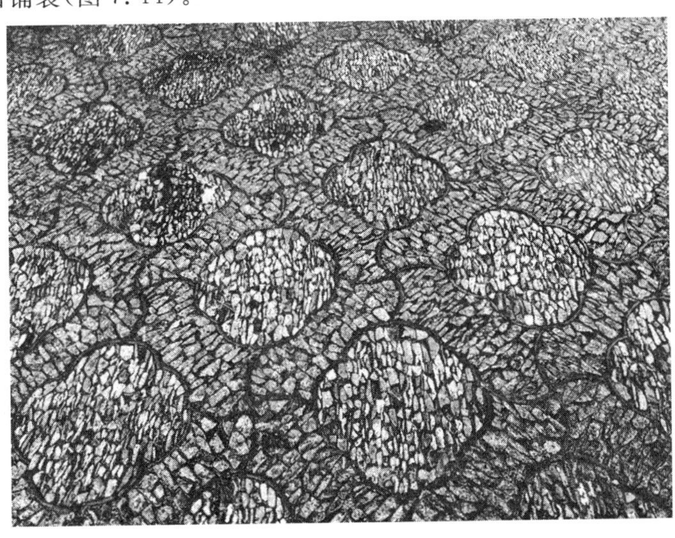

图 7.44　网师园鹅卵石铺装

形态学　　渔网。

操作性　　用卵石组成的渔网图案。

表现性　　与渔夫联想与该园“渔隐”主题。

7.2.5 狮子林中的 MOP

狮子林为苏州四大名园之一，为元代园林的代表。它位于江苏省苏州市城区东北角的园林路，平面成东西稍宽的长方形，占地为 1.1 hm^2，开放面积 0.88 hm^2，1982 年被定为江苏省文物保护单位。园内假山遍布，长廊环绕，楼台隐现，曲径通幽，有迷阵一般的感觉（图 7.45、图 7.46）。长廊的墙壁中嵌有宋代四大名家苏轼、米芾、黄庭坚、蔡襄的书法碑及南宋文天祥《梅花诗》的碑刻作品。

图 7.45　狮子林文天祥石碑亭

图 7.46　狮子林“探幽”门洞

下面分别从宏观、中观、微观三个层面解读狮子林中的 MOP 认知模型。

1）宏观

形态学　　狮子为佛之坐处，泛指高僧坐席，林为禅寺，狮子林为天如禅师门人为其师所造，（佛教）狮子座、天如禅师，四大佛教名山；三层代表：人间、天堂、地狱。

操作性　　林有竹万固，竹下多怪石，有状如狻猊；假山形态的塑造，山体平面布局，山体剖面结构。

表现性　　古典园林中充满着禅意氛围；舞狮、斗狮、嬉狮、吼狮；大假山、岛山、西山、南山，上、中、下三层山体。

2）中观

形态学　　禅僧以参禅，斗机锋为得道法门，不念佛，不崇拜，甚至呵佛骂祖。

操作性　　狮子林不设佛殿，唯树法堂。

表现性　　建筑题名全都寓以禅宗特色，立雪堂、指柏轩、问梅阁。

3）微观

形态学　　狮子林中多假山。

操作性　　假山石峰形似狮子。

表现性　　面对“世道纷嚣”其禅意可以“破诸妄，平淡可以消诸欲”；以“无声无形”托诸“狻猊”以警世人，营造狮子林独特的意境。

（1）石

形态学　　（佛教）人体、狮形、兽像。

操作性　　假山形态的塑造，假山体量的搭建，假山分为3层。

表现性　　21个山洞、曲径9条，峰回路转、妙趣横生（图7.47）。

（2）建筑

形态学　　船，（宋）禅宗，贝氏迁入。

操作性　　混凝土结构，（宋）不设佛殿，入口设贝氏宗祠。

表现性　　舫，（宋）卧云室、立雪堂等12景，肃穆。

图7.47　中国画所表现的峰回路转

7.2.6　怡园中的MOP

苏州怡园，又名似园，俗称北亭子。它位于博山城东南，在后乐桥北，范公祠对面，是清初赵进美（字韫退，号清止，明崇祯进士，官至中方大夫）的别墅。据《谈龙录》载，赵执信（清初现实主义诗人）的祖父赵双美、叔祖父赵进美于康熙二十四年（1685年）在后乐桥南北同时破土兴建因、怡两园。

下面分别从宏观、微观两个层面解读怡园中的MOP认知模型。

1）宏观

（1）复廊

形态学　　曲曲折折的山路。

操作性　　缩小规模（Scale）。

表现性　　景色相互渗透。

图7.48　怡园月洞门

（2）山水画

形态学　　山河。

操作性　　缩放，造景。

表现性　　在有限的空间展现无限的场景。

2）微观

（1）月洞门

形态学　　月亮。

操作性　　舞动、摇曳。

表现性　　月影竹影婆娑的动感（图7.48）。

(2) 水体

形态学　　四季意向。

操作性　　水池有聚有分，曲折回环，如四季一般变化有序。

表现性　　有流水不尽之意(图 7.49、图 7.50)。

图 7.49　怡园水体平面

图 7.50　怡园水景

(3) 玉延亭及周边景色

形态学　　竹，名字由来："万竿戛玉"，风吹竹林摇摆而发出玉石响(图 7.51)。

操作性　　舞动，摇曳实现诗词中的意境。

表现性　　实现诗词中的意境。

(4) 画舫斋

形态学　　船。

操作性　　拟画舫形。

表现性　　雅致的艺术空间(图 7.52)。

画舫斋(松籁阁)此斋为画舫形。

图 7.51　竹

图 7.52　怡园画舫斋

7.2.7　豫园中的 MOP

豫园位于上海老城厢东北部，北靠福佑路，东临安仁街，西南与老城隍庙、豫园商城相连。它是老城厢仅存的明代园林。园内楼阁参差，山石峥嵘，湖光潋滟，素有“奇秀甲江南”之誉。豫园始建于明嘉靖年间，原系潘氏私园。豫园始建于1559年。它原是明朝一座私人花园，占地三十余亩。园内有三穗堂、大假山、铁狮子、快楼、得月楼、玉玲珑、积玉水廊、听涛阁、涵碧楼、内园静观大厅、古戏台等亭台楼阁以及假山、池塘等四十余处古代建筑，设计精巧、布局细腻，以清幽秀丽、玲珑剔透见长，具有小中见大的特点，体现明代江南园林建筑艺术的风格，是江南古典园林中的一颗明珠。豫园为“全国四大文化市场”之一，与北京潘家园、琉璃厂，南京夫子庙齐名。

下面分别从宏观、微观两个方面解读豫园中的MOP认知模型。

1）宏观

（1）命名

形态学　愉悦。

操作性　疏圃数畦，聚石凿池，构亭艺竹，渐成胜区。

表现性　愉悦双亲，颐养天年。

（2）总体布局

形态学　山水。

操作性　散点透视的布局，非对称，非轴线。

表现性　纳须弥于芥子，化社稷于一隅(图7.53)。

2）微观

（1）假山

形态学　山。

操作性　挑选“漏、透、瘦、皱”的太湖石，巧行堆叠，以拟山势。

表现性　可游可观的拟真山水(图7.54)。

图7.53　中国山水画

图7.54　豫园假山

（2）九曲桥

形态学　黄河，宽广平原上曲折的河道。

操作性　宽阔水池上曲折做桥。

表现性　拉长流线,丰富构图(图 7.55、图 7.56)。

图 7.55　豫园九曲桥

图 7.56　平原长河景观

(3) 砖雕

形态学　木雕。

操作性　以砖雕模拟木质斗拱,木雕画。

表现性　独特、精细、持久的装饰(图 7.57、图 7.58)。

图 7.57　中国传统木雕

图 7.58　豫园门头砖雕

(4) 仰山堂

形态学　山脚村落"采菊东篱下,悠然见南山。"[晋]陶渊明。

"高山仰止,景行行止。"《诗经·小雅》。

操作性　设堂于假山对面。

表现性　堂前水,对面山,优异的庭院景观和精神意境(图 7.59)。

(5) 卷雨楼

形态学　雨,水雾。"朱帘暮卷西山雨"[初唐]王勃《滕王阁序》

操作性　半挑于水上,半环于林中。

表现性　雨中登楼,烟雾迷茫,山光隐约,犹如深入雨山水谷之中(图 7.60)。

图 7.59　豫园仰山堂

图 7.60　中国画中的山水境界

(6) 假山＋荷花池

形态学　　福如东海,寿比南山。——古代传说

操作性　　假山与楼阁隔荷花池对置。

表现性　　吉祥意境,精神满足。

(7) 鱼乐榭

形态学　　庄子与惠子游于濠梁之上。——《庄子·秋水》

操作性　　水上筑水榭,方便赏鱼。

表现性　　令人神往的哲学意境,独处或是交友均宜(图 7.61)。

(8) 不系舟

形态学　　典出《庄子·列御寇》:"巧者劳而知者忧,无能者无所求,饱食而敖游,泛若不系之舟,虚而敖游者也。"

操作性　　仿游船画舫的形制以设水面建筑。

表现性　　典雅的环境,虽困于一园之内仍神佑宇内的放浪心境(图 7.62)。

图 7.61　中国画中的渔翁放舟心境

图 7.62　豫园不系舟

(9) 流觞亭

形态学　　曲折的小溪,王羲之《兰亭集序》(图 7.63)。

操作性　　石刻水渠,上游浮酒杯。

表现性　　追思先贤,把酒赋诗平添高雅。

(10) 戏台藻井

形态学　钟，喇叭。

操作性　汇聚声音。

表现性　200人的院内无需扩音设备。

(11) 别有洞天

形态学　欲扬先抑的空间手法；[晋]陶渊明《桃花源记》："初极狭，才通人。复行数十步，豁然开朗。"(图7.64)

操作性　窄门之后的宽敞空间。

表现性　营造对比鲜明的空间体验变化。

图7.63　曲水流觞

图7.64　桃花源

(12) 听涛阁

形态学　浪。

操作性　邻近黄浦江。

表现性　可听见涛声，引起人对远处空间的联想，拓展空间感。

7.2.8　退思园中的MOP

退思园位于苏州市吴江区同里镇，建于清光绪十一年至十三年(1885—1887年)。园主任兰生，字畹香，号南云。任兰生落职回乡，花十万两银子建造宅园，取名"退思"。可见园名取《左传》"进思尽忠，退思补过"之意。退思园的设计者袁龙巧妙利用不到四亩面积，设计了坐春望月书楼、琴房、退思草堂、闹红一舸、眠云亭等建筑。

下面分别从宏观、微观两个层面解读退思园中的MOP认知模型。

1) 宏观

形态学　"题取退思期补过，平泉草木漫同看"。

操作性　取名"退思园"。

表现性　意取《左传》"进思尽忠，退思补过"之意。

2) 微观

(1) 闹红一舸

形态学　船。

操作性　船舫形建筑，船头采用悬山形式，屋顶榜口稍低；船身由湖石托起，外舱地坪紧贴水面。

表现性　航行于江海之中，寄情于水、寄情于船（图 7.65）。

（2）水香榭

形态学　“凌”（意为升高，在空中）。

操作性　建筑三面环水，三面开敞，底层架空，高出水面。

表现性　如架于濠濮之上，削减了建筑的体量感（图 7.66）。

图 7.65　闹红一舸

图 7.66　水香榭

（3）退思草堂

形态学　取自《左传》的“进思尽忠，退思补过”之句。

操作性　背墙面水，居中而正南朝向，高度不显得突兀，但很有稳如中军帐而“君临一切”的样子；屋顶采用“歇山顶”样式，“退思草堂”的体量显得相对较大。

表现性　园主不露声色地扮演着园中不可忽略的中心和“主宰”的角色，具有耐人寻味的“象外之象”，表现出不可忽略的中心地位与统帅气度，而非符合“隐逸文化”的思想内涵与追求“天人合一”理念（图 7.67）。

图 7.67　退思草堂

7.3 中国古代内园林中的MOP认知模式小结

中国古典园林的典型MOP认知模式可总结如表7.1所示。

表7.1 中国古典园林的典型MOP认知模式

园林案例	主要设计先例	形态学	操作性	表现性
留园	竹色清寒，水波碧绿	竹子，波光，山石	空间感受	虚实变换、收放自如、明暗交替，形成曲折巧妙的空间序列，引人步步深入，具有欲扬先抑的作用
网师园	“渔父钓叟之园”	渔夫、渔翁	以水为中心	隐逸
怡园	中国山水画	山河	缩放，造景	在有限的空间展现无限的场景

中国古典园林是建筑、园艺与空间艺术高度融合的产物，是中国文化传统文学艺术等综合艺术形式所营造的空间环境，也是中国传统文化珍贵遗产的重要组成部分[47]。中国古典园林是中国古代文化中独具特色的一种世俗文化，在世界园林艺术中素有“世界园林之母”的美称。它深受中国山水画和文学作品的影响，中国古典园林的山水布局、建筑及小品的安排，以及花木栽植，每每借用山水画论，而风景主题的意境构思，题对楹联等又常常受到风景田园诗文的启发，使园林景观从总体到局部都包含着浓郁的意境和感情色彩，这便体现了中国古典园林的“诗情画意”，这也是我国历代造园家共同追求的境界。

中国古典园林荟萃了中国古代文化之精华，形成了自然美和艺术美融为一体的景观之美的艺术享受。明末计成在他的园林艺术专著《园冶》中，把古典园林这种效法自然的布局概括为“虽由人作，宛自天开”，或者说就是要“妙极自然”。园林中的一丘一壑、一泉一石，林木百卉的布置都不能违背自然的规律，主张表现人对自然的认识和态度，思想和感情。所以，中国古典园林是第三自然最荟萃、最整合、最古老的景观设计类型学。

中国古典园林表现的第一自然类型主要有：① 神话中的自然；② 现实中的自然；③ 理想化的自然。表现手法主要有：① 写实地模仿自然；② 写实与写意结合地模拟自然；③ 写意地表达自然。一般认为这三种表现手法是逐渐进化的，由写实转向写意，由简单再现自然转到表达心中的自然[48]。人在园林中亲近自然、改造自然，在物我相融中体会大自然的真趣，从而最终实现精神层面上的自我超越[49]。自从园林的发展经过了仅仅作为狩猎场所的阶段以后，它的内容也随着生活的改变而变得多样化起来，园林已经成为文人士大夫休闲、避暑和进行各种文化交流活动的场所，也是尽情领略山水林泉自然之美的地方。他们寄情于山水，厌恶庸俗的官僚生活，导致许多文人选择隐逸的自然生活，如上提到的网师园中的MOP认知模型中，同样看出了这一点。这便是中国古典园林中第二自然的体现。中国古典园林反映的是文人士大夫精致风雅的文化，而第三自然中文化型的设计先例在中国古典园林中更是随处可见。其中建筑装饰中包含着浓厚的文化艺术氛围，诗、词、匾、联既是园林装饰不可或缺的内容，同时也可起到点景以及启示、象征的作用[50]。颐和园后山“看云起时”点景就取王维“行到水穷处，坐看云起时”的意境；拙政园的“与谁同坐轩”取自苏轼“与谁同坐？明月清风我”之句，以清风、明月自比，显示了园主淡雅清高的志趣[51]。由此可见，中国古典园林是第一、第二、第三这三个自然整合得最好的景观设计类型学。

英国皇家建筑学会前会长帕金森(Parkinson)在20世纪80年代曾对吴良镛院士说："中国历史文化传统太珍贵了，不能允许它们被西方传来的这种虚伪的、肤浅的、标准的、概念的洪水淹没。"这表明，人们早已注意到"当前世界文化的一种特征，一方面是文化的趋同现象，一方面是个性的觉醒及对特性的需求与追求"。而这种文化特性是"一种社会内部的动力在进行不断探求创造的过程"，它欢迎外来部分，自觉地接受多样性，从中汲取营养。这种特性不是一成不变、僵化而封闭的，而是一个不断更新，充满活力并持续探索，具有创造性的合成因素。文化特性也非古老价值的简单复活，而是对新文化建设的追求[52]。中国古典园林充分体现了中国传统文化的特性，中国古代"源于自然，高于自然"，"以人为本"的造园思想能够合理地运用到现代园林的设计当中。中国古典园林对三个自然的高度统一，为现代和将来景观城市发展启迪了新思路、新方向。

中篇参考文献

[1] 王蕾. 类型学在园林构成形式中的应用研究[D]. 沈阳：沈阳农业大学，2007.

[2] 张继平. 建筑类型学与地域文化的体现[J]. 山西建筑，2003(18)：12－14.

[3] 马清运. 类型概念及建筑类型学[J]. 建筑师，1990(38)：14－32.

[4] 谷凯. 城市形态的理论与方法——探索全面与理性的研究框架[J]. 城市规划，2001，25(12)：36－41.

[5] 陈飞. 一个新的研究框架：城市形态类型学在中国的应用[J]. 建筑学报，2010(4)：21－28.

[6] 谢丹凤. 以建筑类型学解析松江方塔园的"与古为新"[D]. 杭州：浙江大学，2008.

[7] 吴昊雯，倪琪. 基于类型学方法的现代园林景观文脉传承研究[J]. 华中建筑，2013(9)：16－21.

[8] 苏海威. 类型学及其在城市设计中的应用[D]. 天津：天津大学，2001.

[9] [意]艾多·罗西(Aldo Rossi). 城市建筑[M]. 施植明，译. 台北：博远出版有限公司，1992.

[10] [德] R. 克里尔. 城市空间[M]. 钟山，等，编译. 上海：同济大学出版社，1991.

[11] [美]罗杰·特兰西克. 找寻失落的空间[M]. 谢庆达，译. 台北：创兴出版社，1989.

[12] [英]E H 贡布里希. 秩序感：装饰艺术的心理学研究[M]. 范景中，等，译. 长沙：湖南科学技术出版社，1999：10.

[13] 范文. 潜意识哲学[M]. 西安：陕西人民出版社，1995.

[14] 约翰·罗贝尔(John Lobell). 静谧与光明——路易·康建筑中的精神[M]. 朱咸立，译. 台北：詹氏书局，1985.

[15] 滕守尧. 审美心理描述[M]. 北京：中国社会科学出版社，1985：402.

[16] [意]阿尔多·罗西. 城市建筑学[M]. 黄士钧，译. 北京：中国建筑工业出版社，2006.

[17] 李梦一欣. 景观形式研究[J]. 山西建筑，2010，36(23)：14－15.

[18] George P. Précis de Géographie Urbaine[M]. Paris：Presses Universitaires de France，1964.

[19] Parsons T. Societies：Evolutionary and Comparative Perspectives[M]. Englewood Cliffs，NJ：Prentice-Hall，1966.

[20] Parsons T，J Toby. The Evolution of Societies[M]. Englewood Cliffs，London：Prentice-Hall，1977.

[21] Jakubowski F. Der Ideologische Üeberbau in der Materialistischen Geschichtsauffassung[M]. Danzig：[s. n.]，1974.

[22] Montesquieu C, Anne M C, Basia C M, et al. The Spirit of the Laws[M]. Cambridge: Cambridge University Press, 1989.
[23] 李戎,李静.用景观的缝合性修补老城被割裂的时间与空间——对汉口老城区景观改造的建议[J].华中建筑, 2013, 31(3): 50-52.
[24] 郭永久,赵鸣.园林尺度人性化设计初探[J].北京林业大学学报(社会科学版),2012,11(3): 45-49.
[25] 熊凯.乡村意象与乡村旅游开发刍议[J].地域研究与开发, 1999(3): 71-74.
[26] 丁绍刚.景观意象论——探索当代中国风景园林对传统意境论传承的途径[J].中国园林,2011,27(1):42-45.
[27] Aben R, Van P D R, Steenbergen C M. Metamorfosen: Beeldtypen van Architectuur en Landschap [M]. Delft: Faculty of Architecture, Delft University of Technology, 1994.
[28] 公木.第三自然界概说[M].//公木公木文集(第5卷).长春:吉林大学出版社,2001.
[29] 吕静,赵苇.设计方法论在规划设计教学中的应用[R].2007国际建筑教育大会,2007.
[30] 郑阳.城市历史景观文脉的延续[J].文艺研究, 2006(10): 157-158.
[31] Alexander C. Notes on the Synthesis of Form[M]. Cambridge: Harvard University Press, 1964.
[32] Frieling D H. Deltametropool: Vorm Krijgen en Vorm Geven[M]. Delft: Typoscript, 1999.
[33] Duin L V, Wegen H V. Onderzoeksatelier Hybrides: Stedelijke Architectuur Tussen Centrum en Periferie[M]. Delft: Delft University Press, 1999.
[34] 朱锫.类型学与阿尔多·罗西[J].建筑学报, 1992(5): 44-45.
[35] Vitruvius. Vitruvius: the Ten Books on Architecture(Book 3)[M]. New York; London: Dover Publications, 1960.
[36] Frankl P. Die Entwicklungsphasen der Neueren Baukunst[M]. Leipzig, Berlin: B. G. Teubner, 1914.
[37] Risselada M. Raumplan Versus Plan Libre: Adolf Loos and Le Corbusier 1919—1930[M]. Delft: Delft University Press, 1988.
[38] Hawken P, Lovins A, Lovins H. Natural Capitalism: Creating the Next Industrial Revolution [M]. New York: Little Brown and Company Press, 1999.
[39] 徐千里,王悦.建筑活动中手段与目的关系的哲学思考[J].重庆建筑, 2003 (4): 17-18.
[40] Baarda D B, Goede M P M D. Basisboek Methoden en Technieken[M]. Houten: Stenfert Kroese, 2001.
[41] 张仰森.人工智能原理与应用[M].北京:高等教育出版社, 2004.
[42] Vollers K. Twist and Build: Creating Non-orthogonal Architecture[M]. Rotterdam: 010 Publishers, 2001.
[43] Hertzberger H. Lessons for Students in Architecture[M]. Rotterdam: 010 Publishers, 1991.
[44] Saariste R, Kinderdijk M J M, et al. Nooit Gebouwd Loos: Plannenmap van Huizen Ooit Door Adolf Loos Ontworpen nu Door Studenten Uitgewerkt[M]. Delfe: TV Delfe, 1992.
[45] 郭湧.当下设计研究的方法论概述[J].风景园林,2011(2):12-17.
[46] 周维权.中国古典园林史[M].3版.北京:清华大学出版社,2008.
[47] 罗哲文.中国古园林[M].北京:中国建筑工业出版社,1999.
[48] 陆旭东,孟祥彬.试论中国传统园林中的"自然观"[J].西南林学院学报,2004(增刊):68-71.
[49] 龚道德,张青萍.中国古典园林中人、自然、园林三者关系之探究[J].中国园林,2010,26(8): 31-35.
[50] 尹定邦.设计学概论[M].长沙:湖南科学技术出版社,2003:86.

[51] 苏州园林设计院. 苏州园林[M]. 北京:中国建筑工业出版社,1999
[52] Mario S. Myth, history and culture[J]. Landscape Architecture, 1984(9):75-79.

中篇图表来源

图 4.1　源自:Jong D, Voordt V D. Ways to Study and Research: Urban, Architectural, and Technical Design[M]. Delft: Delft University Press, 2002.

图 4.2　源自:百度图片.

图 4.3 至图 4.5　源自:Jong D, Voordt V D. Ways to Study and Research: Urban, Architectural, and Technical Design[M]. Delft: Delft University Press, 2002.

图 4.6　源自:百度图片.

图 5.1 至图 5.3　源自:Jong D, Voordt V D. Ways to Study and Research: Urban, Architectural, and Technical Design[M]. Delft: Delft University Press, 2002.

图 5.4　源自:百度图片.

图 5.5 至图 5.10　源自:Jong D, Voordt V D. Ways to Study and Research: Urban, Architectural, and Technical Design[M]. Delft: Delft University Press, 2002.

图 6.1、图 6.2　源自:自绘.

图 6.3 至图 6.13　源自:Jong D, Voordt V D. Ways to Study and Research: Urban, Architectural, and Technical Design[M]. Delft: Delft University Press, 2002.

图 7.1　源自:谷歌图片.

图 7.2　源自:http://jingdian.travel.163.com.

图 7.3 至图 7.5　源自:谷歌图片.

图 7.6、图 7.7　源自:黄骋骋绘制.

图 7.8、图 7.9　源自:谷歌图片.

图 7.10　源自:周维权. 中国古典园林史[M]. 3 版. 北京:清华大学出版社,2008:278.

图 7.11、图 7.12　源自:贺雪冬、王宇峰绘制.

图 7.13　源自:http://www.ctps.cn.

图 7.14、图 7.15　源自:王宇峰、贺雪冬绘制.

图 7.16　源自:http://dp.pconline.com.cn.

图 7.17　源自:http://scenic.fengjing.com.

图 7.18、图 7.19　源自:谷歌图片.

图 7.20　源自:http://www.shyw.net.

图 7.21　源自:http://every.nmgnews.com.cn.

图 7.22　源自:http://2205583.blog.163.com.

图 7.23　源自:百度图片.

图 7.24　源自:http://blog.sina.com.cn.

图 7.25　源自:http://www.nipic.com.

图 7.26、图 7.27　源自:谷歌图片.

图 7.28　源自:http://www.ddove.com.

图 7.29　源自:http://tour.jschina.com.cn.

图 7.30、图 7.31　源自:谷歌图片.

图 7.32　源自:http://site. douban. com.

图 7.33　源自:http://www. dianping. com.

图 7.34 至图 7.37　源自:百度图片.

图 7.38　源自:谷歌图片.

图 7.39　源自:邵忠. 苏州古典园林艺术[M]. 北京:中国林业出版社,2005:103.

图 7.40　源自:百度图片.

图 7.41　源自:网易.

图 7.42、图 7.43　源自:百度图片.

图 7.44　源自:谷歌图片.

图 7.45　源自:邵忠. 苏州古典园林艺术[M]. 北京:中国林业出版社,2005:35.

图 7.46　源自:http://www. szkp. org. cn.

图 7.47　源自:谷歌图片.

图 7.48　源自:http://blog. sina. com. cn.

图 7.49　源自:谷歌图片.

图 7.50　源自:http://tour. xfzc. com.

图 7.51　源自:谷歌图片.

图 7.52　源自:http://www. foooooot. com.

图 7.53　源自:谷歌图片.

图 7.54　源自:http://www. izmzg. com.

图 7.55　源自:http://news. 163. com.

图 7.56　源自:百度图片.

图 7.57　源自:谷歌图片.

图 7.58　源自:http://www. qzweb. com. cn.

图 7.59　源自:百度图片.

图 7.60　源自:http://blog. dcview. com.

图 7.61　源自:http://blog. sina. com. cn.

图 7.62 至图 7.64　源自:百度图片.

图 7.65　源自:http://www. clvyou. com.

图 7.66　源自:http://cache. baiducontent. com

图 7.67　源自:http://www. aiditie. cn

表 7.1　源自:自绘.

下篇

设计第三自然

第三自然景观化城市设计的案例分析与设计探索

本书上篇与中篇着重论述了认知引入设计科学、景观化城市设计的历史文化优势与景观化城市设计研究方法，同时还对第二自然向第三自然转化的具体 MOP 认知方法论、技术驱动和中国古典园林中隐藏的第三自然 MOP 设计方法进行了探讨。本篇将承接上篇、中篇的方法论和理论体系，通过对国内外相关设计先例分析研究与第三自然景观化城市设计实践，对第一自然、第二自然通过第三自然的统领进行景观化城市设计的系统认知与设计操作，做具体探索与展望。

从第三自然的视野开拓景观化城市设计，是以景观设计手段延续城市第三自然的历史文化文脉，即走向第三自然的景观化城市设计。走向第三自然不是简单的等量加法，把三个自然叠加，而是基于第三自然来助推第一自然和第二自然的设计，实现认知跨越和系统整合，再带动第一自然、第二自然向第三自然跨越。它涉及认识科学、基本方法论与技术驱动等一系列构成因素和整体系统的整合。同时，它还是景观化城市设计的本质与驱动力，是为了更大程度的保障城市历史与文化的延续，从而更好地延续第一自然、第二自然的可持续发展脉络。

本篇的第 8 章主要介绍华中科技大学景观系教学改革课程“景观化城市设计”的 TCL 景观城市设计案例认知分析方法，用其来详解 MOP 设计认知模型中设计可操作性（Operation）是如何具体执行的，并希望通过对澳大利亚墨尔本港（Port of Melbourne, Australia），法国拉·维莱特公园（Parc de la Villette），美国休斯敦发现公园（Discovery Green），中国古代拙政园、北京奥林匹克公园等优秀景观化城市设计案例的 TCL 操作分析，更好地解读这些穿越历史的设计案例中隐藏的第三自然的文化设计先例与形态学构形手法。从而基于认知科学的发展，通过三个自然的系统思维来更切实地开拓第三自然，指导景观化城市设计实践。本篇第 9 章的主要内容涉及笔者主持的走向第三自然的具体设计实践体系，探讨在中国急速城市化进程下，如何通过一种以第三自然为引领的新景观化城市设计手法在城乡融合、城市扩张、旧城改造上另辟蹊径，寻求三个自然的最好和谐；解读在全球化背景下通过景观化城市设计的批判性地域主义实践实现第三自然可持续发展的美好愿景，以及通过高科技手段进一步拓展第三自然的发展空间。笔者希望通过对这些设计案例的分析，以批判性景观地域主义的思考和科学认知的方法挖掘穿越历史跨越文化的优秀设计范例，设计基于第三自然的更美好的景观化城市的未来。

8 景观化城市设计案例TCL认知分析

当代一些优秀的城市设计先例中，景观设计与建筑设计、城市规划通过文化系统这个第三自然融为一体，使城市设计扮演了愈加重要的角色，融合并推进第一自然和第二自然的再发展，即城市文化与历史文脉实际决定了城市设计的基因，决定城市的价值走向与独特景观文化体验。在多学科交叉融合的今天，这一趋势更加明显。尽管MOP提供了认知第三自然的科学管道，并在设计形态学、操作与表征之间建立了一套有规律可循的联系路径，但是如果不依托设计形态学，我们只能认知第三自然，而无法设计第三自然。我们必须最终落实到设计形态学，才能为三个自然的抽象灵魂找到健康的身躯。那么，如何认知蕴含在第三自然景观化城市设计中丰富的设计形态学呢？TCL方法是不错的"构型认知解读器"。

8.1 透视第三自然形态学操作的TCL分析方法

在华中科技大学景观系笔者新开的"景观化城市设计"课程中，探索了一套新颖的景观化城市设计案例认知分析方法——TCL分析方法，其目的是更加明确地解读MOP设计认知模型中设计可操作性(Operation)是如何具体执行的。从而认识成功设计案例中的文化设计先例、景观构成手法与几何类型学，完善从第一自然、第二自然向第三自然跨越的景观化城市设计基本方法论，在走向第三自然的理论基础上更好地指导景观化城市设计实践。在这套案例分析方法中，我们首先对研究对象分别进行城市形态类型学解析(Typology)、构成方式解析(Composition)和景观配置解析(Landscape Configuration)，然后将各个部分的分析图形进行叠加、整合和认知关联，最终得到一幅关于认知、传说、先例和文化的形态学认知"抽象画"，反过来就能进一步作为设计先例启发我们对第三自然的认知与更深入的景观化城市设计，我们将这种方法简称为TCL分析法。如果说，MOP认知模型是景观化城市设计的"认知桥墩"，提供了认知第三自然的"透镜"；那么TCL分析方法是将MOP认知模式"有型"转换到景观化城市设计中的类型学分析工具，提供了设计第三自然的"组装流水线"，是城市景观化设计形态学的有效"认知桥面"。

8.1.1 TCL方法的类型学分析

如前所述，类型学(Typology)是通过人类设计认知，来总结一些反复出现的设计种类，是一种通过归纳反复出现的基础认知现象并从中进行抽象提取来解释设计配置，同时也能够清楚地说明现象之间模式关系的一种理论[1]。类型学研究方法实际上试图透过事物的复杂表象，去认知和探索事物的内在深层认知结构。类型是一种抽象活动的概念，它使不同的整体间获得认知秩序，并把这些整体列成不同认知等级，使比较成为可能，以证实它们的共同认知特征。建筑师阿尔多·罗西反复表示类型学的重要性其实在于城市层面，他将类型学看作组织工具，并是一种独特的能够跨越建筑尺度与城市尺度之间鸿沟的桥梁[2]。而弥补建筑和城市之间鸿沟的最有效桥梁其实正是景观，景观类型学正是这种桥梁的基础。

类型学是基于人类对“美感”的美学渴求和认知需要而产生的，类型与生活方式和习俗紧密相连。这种方法因而必须考虑“第三自然”：特定的历史、变化的方式和传统，从而景观类型就成为设计师进行设计的一个有效认知手段和坚实的形态学基石。我们认为已存在的优秀类型如果经过历史淘汰的“自然选择”，丰富地融合三个自然的社会文化沉淀而获得强大的再生力，从而成为多种认知“设计先例”。

简而言之，类型学的研究重点在“类型选择”和“类型转换”，在这两个研究重点之前是所谓的“类型选择”，即提取类型的认知过程。类型学对景观化城市设计要素的分析正是一种对认知对象的简化过程，即类型抽象提取的过程。景观化城市设计的重要性在于对城市物质形体空间做出控制，对于物质形体的分析往往有两个方面，其一是从纯几何体形式出发，其二是从社会心理方面出发。但二者不可完全分离，纯几何体的空间形式是物质空间的基础，人基于文化对物质空间的心理认知则是景观空间分析研究的重点。

为了读懂这些心理与物理的类型学，在 TCL 分析方法中，我们强调基于文化和历史解读，将分析案例从宏观上求解其“设计先例”的形态学与类型学，如仲尼斯在分析马赛公寓那样。而在中观、微观层面，我们力图求解出其内在的一些“设计原型”，视觉化这些基本的几何图形以及“视觉化”组合这些设计原型的构型配置规律。

8.1.2 TCL 方法的构成分析

纵观西方古典园林的历史，可以清晰地看到，基于欧几里得几何学和严格透视学的规则几何式园林是西方古典园林的主体部分，建筑轴线控制的格局，规则的草地植被，人工修剪的绿篱等，从整体构图直到各个视点都科学精确地突出了其几何的形式美感，并且这种形式为以后的现代主义景观奠定了形式的基础。而基于内心完美世界和散点透视的中国古典园林尽管与艺术哲学的思路截然不同，但是处于真实世界中的中国古典园林也有隐藏更深的微妙形体特征和更多的不确定性，正是这种“东方智慧”的不确定性为格斯塔视觉认知完型提供了更多联想空间，进而能最佳地融合三个自然的形态学完型技巧与操作特征。

景观化城市设计的主体是文化积淀物化成的实体与空间，细节则是通过前述的“设计原型”的景观配置来实现的。将设计者在实体与空间内的景观操作特征抽象为点、线、面来分析，一是可以将深奥的设计分解为简洁而具有几何可读性的设计先例对象，另一点是更加方便学习者读懂设计先例中的认知逻辑与几何形态学脉络。景观作为审美的对象，这个阶段是把真实具体形态抽象化，再以抽象的形式推敲对比。点、线、面不再是代表最初的原始结合形态，而是浓缩了更多设计先例的视觉与理念的文化象征。

在 TCL 分析方法中，我们强调用构成的方法解读前述的不同设计原型、设计先例的设计类型，分析其中的构成方式、经典的设计规律，学习这种构成框架是如何为下一步的“景观再组”来铺路的。

8.1.3 TCL 方法的景观配置分析

人们时刻都处在周围景观环境发生的各种认知联系中，我们在对景观环境的不断认识中适应着各种环境，也改变着各种环境。在微观尺度进行细部设计的时候，就更要考虑到人性化的处理，从形体、色彩、质感等方面雕琢和布置景观要素。R. 克里尔关注被人所用的空间，用新的视角创造城市广场和街道，使之在城市肌理中发挥人性化的作用。他认为城市空间的功用是多重的、复杂的，也是变动的，不应该让一种空间只有一种功能。他主张严格地隔离汽车交通，将街道归还给人。他还强调恢复空间的文化意义，保存历史文化，即重赋“第三自然”的功能。他认为街道和广场是城市空间的基本类型，将城市视为街道、广场和其他开敞空间的互相结合的产物[3]。那么如何通过景观配置解读这些城市空间的类型学呢？

在 TCL 分析方法中，我们强调将绿体、水体、地面等景观元素用类型学与几何学特征进行“镜像”，并在形态类型学的框架中予以深度解读。从而理解我们的空间与实体环境在分析案例里是如何被“景观化”的，并有可能捕捉其背后的文化特征和空间含义，从而学习如何设计基于第三自然的“景观化”实体与空间环境。

这套新颖的景观化城市设计案例分析方法首先在宏观的角度上基于几何类型学的理论方法，从设计案例中基于文化理解高度概括提炼出基本的几何原型，再用平面构成的分解方法从点、线、面中分析出中观尺度的景观布局，然后将微观尺度的景观元素分类，用绿体（绿化）、蓝体（水体）、橙体（各种开放空间）的符号表达出来，最后在黑色底图上将三部分的图形进行叠加、整合，得到最终的 TCL 分析图。下面以澳大利亚墨尔本港总体规划、法国拉·维莱特公园、美国休斯敦发现公园等世界范围内的九个优秀景观化城市设计为例具体阐述 TCL 分析方法。

8.2 TCL 认知方法分析世界经典景观化城市设计案例

8.2.1 澳大利亚墨尔本港

墨尔本港位于墨尔本中心商务区西边，为世界著名的旅游胜地，是全国经济、贸易、交通和文化的中心。码头区是一个独特的半岛地形，由亚拉河和码头串联，边缘是码头设施，中部地区是坚固的土地（图 8.1）。墨尔本港总体规划包括主要街道的扩建，各种广场等公共空间的建设。其中心景观是一个全新的公共公园兼码头广场。新建的公共图书馆，扩宽的电车轨道，船舶枢纽，高密度商业和住宅建筑为该地区带来了全新的面貌。墨尔本港不仅具有优越的生态格局、社会安全和愉悦感，更是该市文化活动最为集中的区域，是第三自然的优秀景观城市设计案例。

首先从宏观的视野下观察本案例设计的形态，整个港口被划分为三个区域，我们可以从设计原型中提取出扇形和矩形，设计师将两块扇形区域顺着运河的流向布置，突出延伸感，为市民创造了最大亲水空间的面积，提升了人性化层次。其中有五条交通轴线贯穿全区，使港口区与周围的环境密切接触，保障了港口的运输交通、人流来往的灵活性，加大了繁荣的澳大利亚港口文化与其他区域的文化互动（图 8.2）。

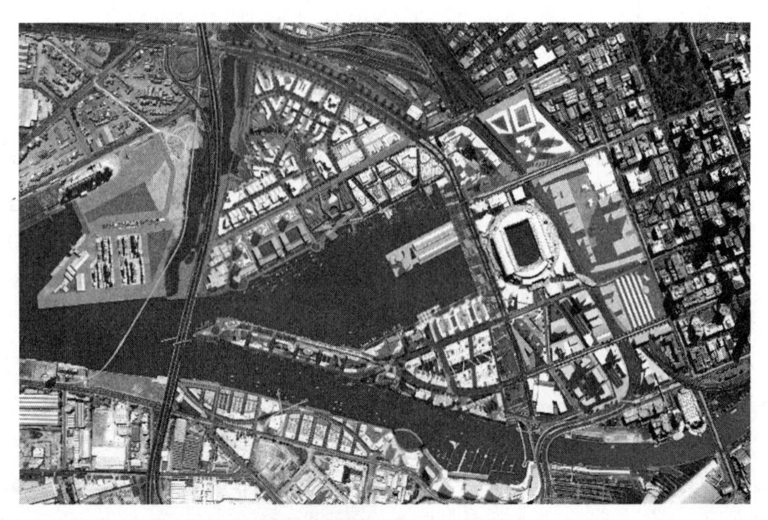

图 8.1　澳大利亚墨尔本港

图 8.2　墨尔本港类型学分析

在案例的构成分析中，视觉上任何物体都可以归纳为“点”、“线”、“面”这一最简化的形式，利用它们进行抽象的格斯塔认知构成，可以完全超越具象形式的干扰和束缚。点可以是小品景观雕塑，也可以是围合的小空间；线可以是道路，也可以是线性空间；而面就是大面积的建筑、绿地、水体或者开放空间等。在解析墨尔本港的布局构成时发现，建筑与其围合成的小型空间成点状排列，而滨水区为了提高亲水性，更多的是使用了线性的布局。这是和早年墨尔本港的文化活动空间类型相互关联的。

例如，沿着水岸线布置观景道，垂直于运河方向不等距地布置有韵律的平台。在海港内侧临水的建筑区域同样是线性的布局，却采用了不规则的分割(图 8.3)。这种处理方法在文化空间群化的过程中，复杂多变，形式丰富，但整体上仍然保持着一种均衡稳定的关系。设计师通过插入、分解、附加、贯穿、重合或者变形等方法，得到城市空间类型和各种组合类型的变体，同时对之进行整合、构成、联系，形成一个统一的第三自然体系。

墨尔本港总体规划 TCL 分析中的类型学分析和先例构成分析已经从类型学与构成的方面，将不同的景观、建筑与交通用基本的几何原型表达出来了，第三步就是将这些不同的原型进行景观要素的分类。首先，我们把这些原型分为绿化、水体和开放空间三大类，用不同的颜色标记(绿体、蓝体、橙体)，再从这三大类中分别细化出具体的形式。如本案例中的绿体有由建筑围合的宅间绿地、矩形大块开场草地、不规则几何形绿化景观带和湿地四种形式；蓝体则分为运河和人工水景两种水体形式(图 8.4)。景观元素和形式不仅仅具有形态，它还是一种精神载体，是物质存在与精神的统一体，正是这一系列的景观元素与形式的组合，架起了第二自然向第三自然转换的桥梁，景观文脉才得以延续，第三自然即人文历史与文化才得以继承与发展。墨尔本港总体规划的设计师在紧俏的城市中心，创造了多样的城市文化与景观，通过改造街区、新建公共空间、重构景观脉络等一系列手段和方法，为不同年龄、不同文化背景、不同兴趣爱好的人群带来了丰富多彩的城市文化体验。

图 8.3　墨尔本港构成分析

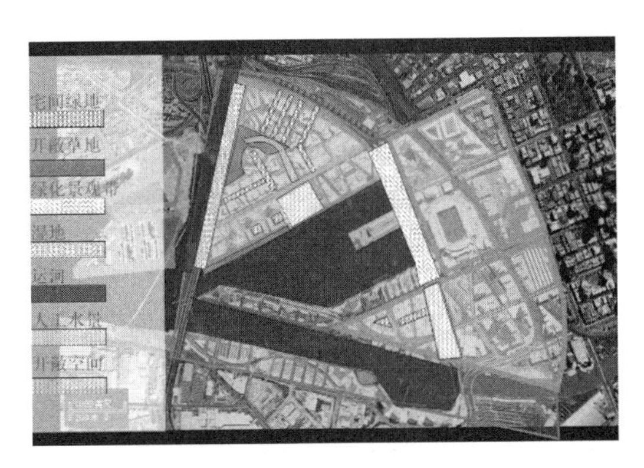

图 8.4　墨尔本港景观配置分析

最后，我们把墨尔本港总体规划的类型学分析、构成分析和景观配置分析三部分的图形从底图中抽象出来，进行整合、叠加、联系，得到 TCL 分析图(图 8.5)。

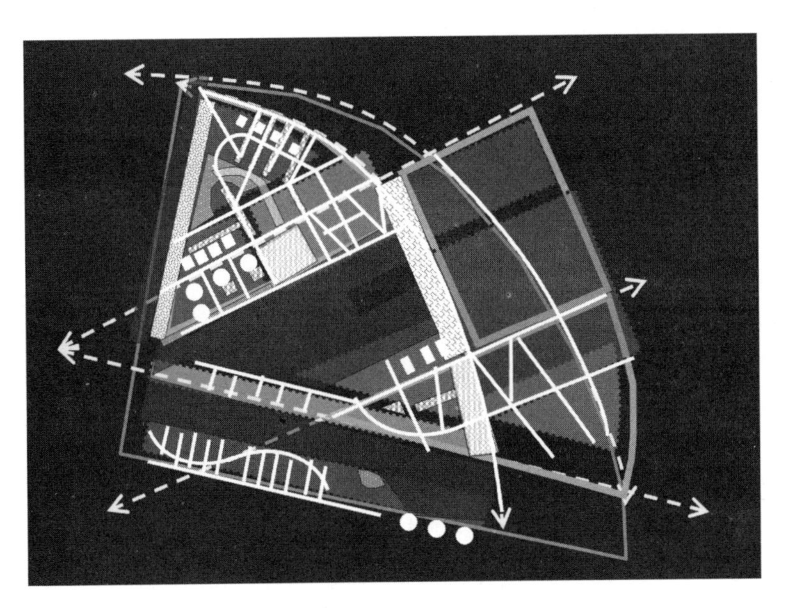

图 8.5　澳大利亚墨尔本港 TCL 认知分析图

从澳大利亚墨尔本港总体规划 TCL 分析中，我们可以看到类型与原型的逻辑关系，以及折射出的第二自然逻辑认知到第三自然逻辑认知的转换关系。同时，也看到墨尔本这座文学之都充满浓郁色彩的港口文化，以及其奇妙地相互融合、渗透的历史与文化、精致与豪放、乡村与都市、海洋与山谷、传统与现代的澳洲景观文化脉络。需要强调的是分析类型和原型并不是景观化城市设计的本质，更不是最终目的，它们只是景观化城市设计中变换的媒介，而滋润类型学与原型的正是文化积淀，这个才是景观化城市设计的本质。

认知类型只不过在现实世界中通过转换重现为新的形式，当这种类型能代表新的文化个性类型，并且被他人使用以延续，它就成为文化原型。回到“第三自然认知”的逻辑基础，也可以说任何类型都是一种必然的文化事件，是一个确定的文化或然，原型则是文化存在的不必然的或然。我们分析基于“第二自然逻辑”的设计类型学和技术驱动，正是为了寻找一种能更好地延续人文与历史的认知与方法，从而更好地完成向第三自然的跨越。所以，联系自然生态与社会法则并且体现人文与历史的第三自然的景观化城市设计是分析类型和原型的最终本质与目的，也是组装全部三个自然的流水线的系统认知车间。

8.2.2 法国拉·维莱特公园

法国拉·维莱特公园始建于 1987 年，坐落在法国巴黎市中心东北部，城市运河流经该地，为巴黎最大的公共绿地，因其独特的形象和设计理论——“解构主义”而格外引人注目(图 8.6)。公园方案最初由解构主义大师伯纳德·屈米提出，公园的成功设计也使他成为景观与建筑解构主义的先驱。“解构主义”是一种研究的态度与方法[4]。“解构”意含了与解构主义之父德里达有关的批判分析策略理论与实际，揭露了存在于哲学与文艺内容中语言与经验的特殊关系，同时探索了语言的形而上假设与其内存的矛盾以及不一致性[5]。很多人对解构主义的理解存在误区和偏见，把它看作是拆散、打散建筑的形体，在设计中以解构的名义无视秩序、拆散、破坏等，实质仍是以功能和形式的思维来理解解构主义。我们认为，只有首先把建成环境看作是一个文化系统，建筑才能被解构，解构的对象乃是与建筑领域内形而上学思想相对应的文化内容，比如功能/形式、形式/意义、物质/功能/精神等[5]。而结构的建筑只有在景观基底的第三自然的文化沃土上才能茁壮成长。拉·维莱特公园就是最好的例证。

拉·维莱特公园作为解构主义的代表作品之一，在景观和建筑的设计史上，留下了充满魅力、独特并且具有深刻前瞻性思想意义的公园设计先例。俯瞰公园，园址上有两条开挖于 19 世纪初期的运河，东西向的乌尔克运河，主要为巴黎的输水和排水需要修建的，将全园一分为二。南北向的圣德尼运河是出于水上运输之需，从公园的西侧流过[6]。设计师实际上将这两条运河作为公园的两条“历史文化”主轴线，让它们成为公园与城市交融的纽带，同时也作为公园的重要景观要素以及交通系统。公园由南北两区和中心区组合而成，北区主体为矩形和梯形，主要展示科技与未来的景象；南区为三角形、矩形与梯形的结合，以艺术氛围为主题，中心为被运河切分的圆形的草坪(图 8.7)。设计者的这种思路方法，考虑了特定的历史、变化的方式和传统。拉·维莱特公园作为工业遗址文化公园，其几何式的整体形态与保留形式，体现了丰富的第三自然内涵，即浓厚的历史背景与大工业文化特性。

图 8.6　法国拉・维莱特公园

注：1 英尺≈0.304 8 m。

图 8.7　拉・维莱特公园类型学分析

聚焦到中观尺度，公园被设计师采用了一种独立性很强、非常结构化的布局方式，由点、线、面三个要素叠加，相互之间看似毫无联系，各自单独成为一个系统。点的体系由呈方格网布置的景观构筑物组成，给全园带来明确的节奏感和韵律感（图 8.8）。所有佛列点（Folie）都是以 10.9 m×10.9 m×10.9 m（36 英尺×36 英尺×36 英尺）的立方体为基础，框架的柱跨度为 3.6 m（12 英尺），主结构使用混凝土、钢或其他材料，材料的选择以防火规范要求或经济条件为依据，使用红色磁漆钢包裹结构框架。框架被分解成框架的片段，或者以大量的组合原则为依据，以简单的构建原则为基础，围绕着一个简单的支撑网格，新增其他元素（一或二层圆柱或三角形柱子、楼梯坡道），通过异化的手段使建筑在原型的基础上得到多样的发展[7]。点合成的方法可以总结为原型与类型异化之间的关系。点与格网是以织物的形式出现，抽象的形式逐渐取代现实过程的产物，历史与文化在自然的基础上繁衍，并赋予其延续繁衍的特征。线性系统构成公园的交通骨架，由两条南北长廊、几条笔直的种有悬铃木的林荫道、中央跨越乌尔克运河的环形园路和一条流线形园路组成。面的体系由 10 个主题花园和几块形状不规则的草坪组成，以满足游人自由活动的需要。公园里由列树围合出来的圆形草坪与三角形绿地如同广阔平坦的绿色沙滩，成为人们休闲活动的主要场所。同时，在线性体系之上重叠着"面"和"点"的体系，三者通过一系列的整合手法，形成一个确定的空间序列，时间、使用、活动的序列在这个确定的空间序列上穿插、叠加，而点、线、面系统的布置分别对应了点式活动、线性活动和面式文化活动（图 8.9）。

拉・维莱特公园在建设之初就被定义为：一个根植于文化历史，同时属于 21 世纪的、充满魅力的、独特并且有深刻思想意义的公园。园内传承了法国古典园林的主题花园的形式以及构成要素，但设计师将这些构成要素及手法进行了分解、概括、抽象、引申的再创造，提出了一个空间上以建筑物为骨架、以人工化的自然要素为辅助、自然景观与建筑相互穿插的建筑式的系统方法。橙色点状的形态各异的景观构筑物是公园橙色区域主要的亮点，其余的橙色为功能性建筑物，绿色为主要的开放绿地与树林，运河是园内主要的水体(图 8.10)。

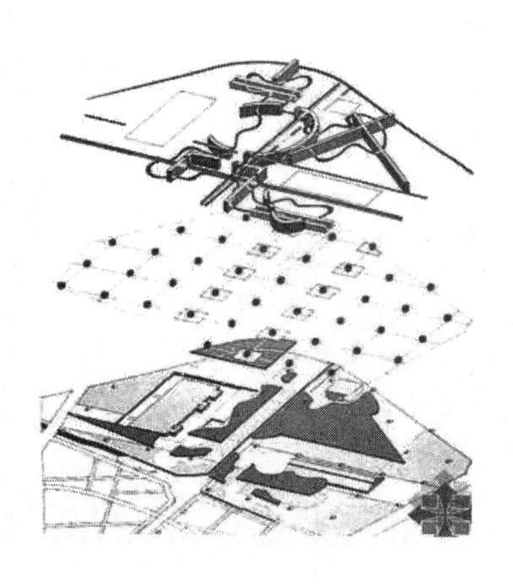

图 8.8　拉·维莱特公园点体系

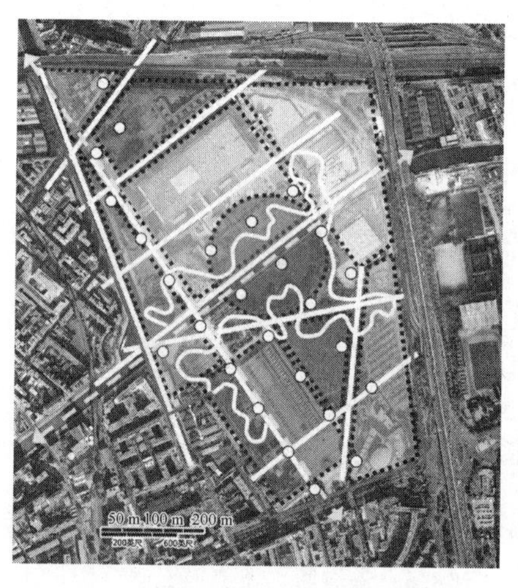

图 8.9　拉·维莱特公园构成分析

小尺度景观设置

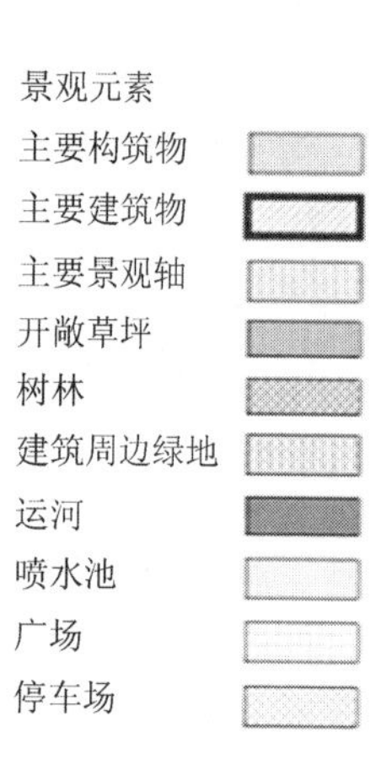

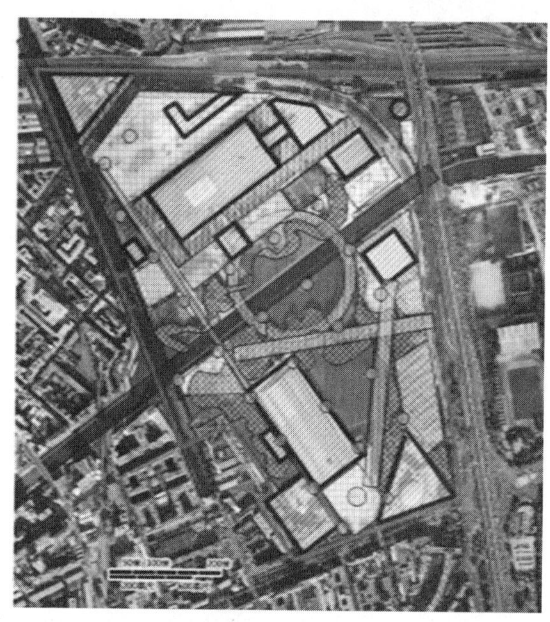

图 8.10　拉·维莱特公园景观配置分析

最后,我们把法国拉·维莱特公园的类型学分析、构成分析和景观配置分析三部分的图形从底图中抽象出来,进行类似步骤的整合、叠加、联系,得到 TCL 分析图(图 8.11)。

法国拉·维莱特公园的建设目标不仅仅是要振兴弃置的工业区,还把复兴巴黎、基于“第三自然”表达法国 21 世纪文化形象作为目标,被称为“献给世纪的城市公园”[8]。其时代性与文化性主要融入第一自然的田园风光,结合第二自然的生态景观设计理念,以独特的形态与布局、具有时代性的抽象建筑与公园设施呈现第三自然的文脉,是景观化城市改造的成功典范与设计原型。

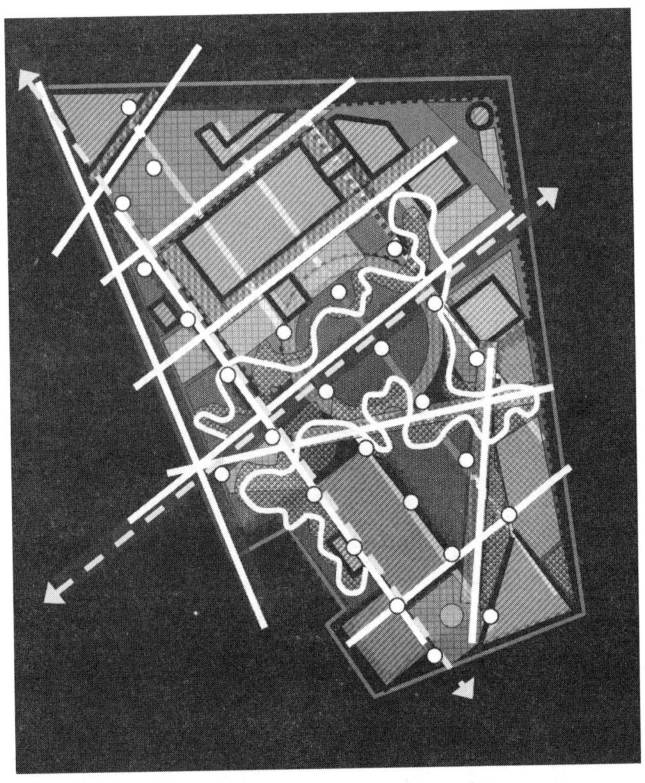

图 8.11 拉·维莱特公园 TCL 认知分析图(见彩插)

8.2.3 美国休斯敦发现公园

美国城市核心的复兴和居住人口的迅速增长使公众对城市公园的需求日益增加。发现公园项目是对美国得克萨斯州休斯敦城市中心的“第三自然”文化复兴,它将公园设计成一个适于举办活动的生活空间,增加当地市民的多样化体验。设计师的理念是注重联系,一种文化和环境之间的联系,土地和人的联系,以一种创新的方式把不同层次的需要叠加在一起,使这个占地 12 hm^2 的公园转变了城市中心区的理念和体验,从而形成一个充满生机的空间(图 8.12)。

整个发现公园虽然面积不大,但是形式别致,整个园区成杯形,这样充分利用了空间,不留死角,以最小的周长获得最大的活动空间,充分利用了第一自然。同时四周高楼大厦林立,有两条互相垂直的主轴线动态交错,与周围环境很好地融合在一起,交通系统简洁方便(图 8.13)。

从构成上分析,公园多为线性的林荫道及花径分隔空间,也有面状的大型草坪,自然布置的树木和景观点散落园中(图 8.14)。为了巩固公园地区,原来建造克劳福德散步广场的街道被空出来,作为公园的中心活动区域,同时也是公园所有主要空间的重要区域。这个线性广场周围是巨大的墨西哥梧桐树,同时还有美观的道路和照明设备,这里有农贸市场、艺术展览会和庆祝集会,这使公园中央活动区域和主要的运动街道从北向南连接起来。橡树大道两边的橡树有 100 年的历史了,穿过该地点,重塑了历史上重要的东西要道,同时也同城市零售店和办公楼、会议中心连接起来。

图 8.12　发现公园

图 8.13　发现公园类型学分析

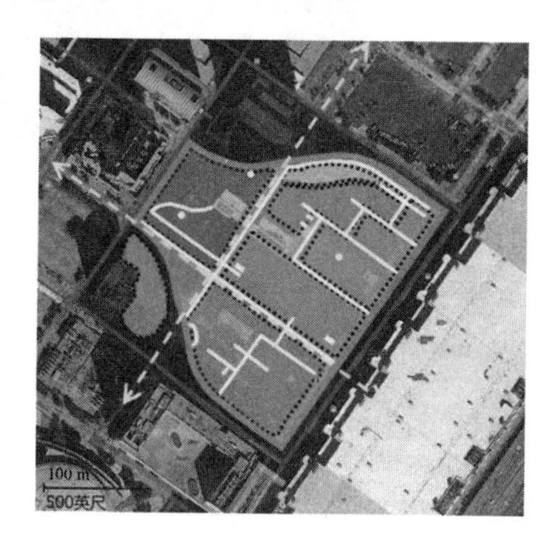

图 8.14　发现公园构成分析

细看发现公园，发现公园功能丰富，设施齐全，主要由开敞草坪、林荫大道和树林组成，公园中心的草坪和林荫道可以为市民提供举行各种文化活动、休闲的场地。水体主要有喷泉和小型人工水面，给人们带来清新和活力的感觉。公园位于繁华的市中心，但没有大型的建筑物，在林荫道的两旁以及草地上布置了许多丰富多彩的景观小品设施，不仅能点缀草地更能满足人们游憩的功能(图 8.15)。

最后，我们把发现公园的类型学分析、构成分析和景观配置分析三部分的图形从底图中抽象出来，进行类似步骤的整合、叠加、联系，得到 TCL 分析图(图 8.16)。

发现公园简单的设计结构是这个面积为 12 hm^2 的地方想得更加广阔，这一建筑方法的特点是在保持整体开放和连贯性的同时，设计出一种覆盖户外空间的序列，这样的设计是对该区域特别设计的。很多第一次来这个公园的游客都对该区域众多的活动空间和区域赞不绝口，来此公园很多次的游客则会觉得他们是该公园特色的基本组成元素。休斯敦是美国几个能拥有本地公司表演戏剧、芭蕾、歌剧和交响乐四种主要艺术的城

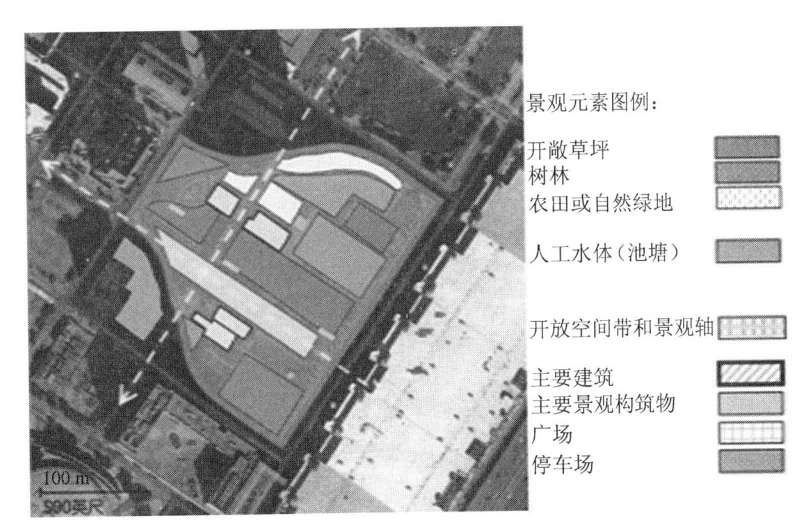

图 8.15　发现公园景观配置分析

市之一。而休斯敦还为文化活动提供了许多表演场地，其中有沃瑟姆（Wortham）剧院、杰西（琼斯厅）、艾莱（Alley）剧院以及能容纳 3 036 人的音乐厅等。发现公园虽没有大剧院的奢华与高调，却是最能带给普通市民文化与环境充分融合的第三自然体验场所。

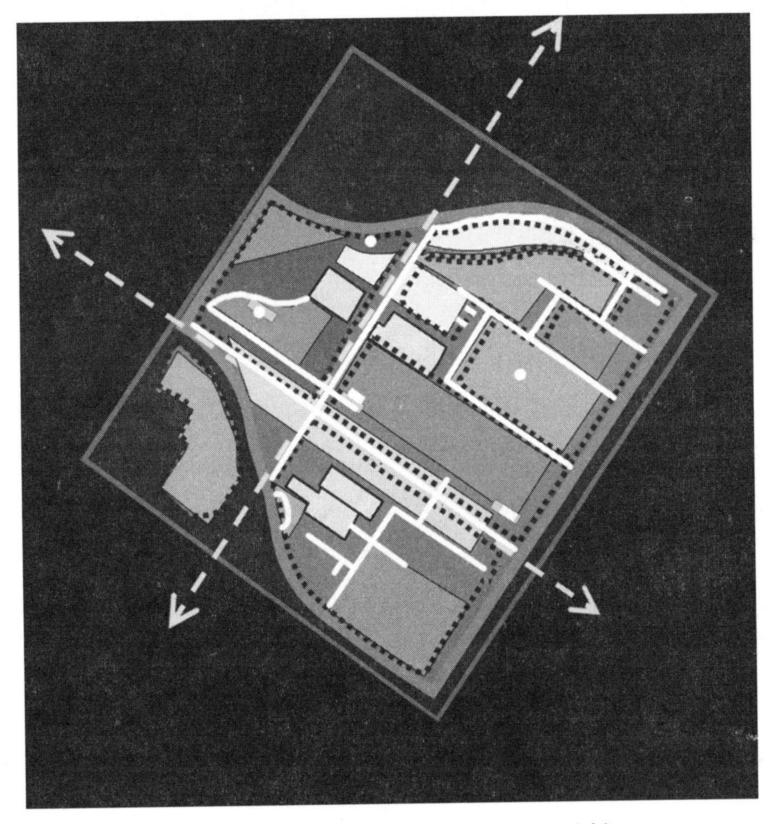

图 8.16　发现公园 TCL 认知分析图（见彩插）

8.2.4 中国拙政园

TCL 分析方法不仅仅适用于近现代景观化城市设计的分析，对我国古典园林也可以进行分析。中国是最早尝试进行第三自然景观城市的国家，虽无刻意，但其风水理论及城市选址规划思想均以追求天人合一的至善境界为最终目标，以达到人的坚持环境与自然相和谐，“虽由人做，宛如天开”，其中拙政园就是完美一例(图 8.17)。拙政园位于苏州娄门东北街，明御史王献臣解官隐苏州，于正德四年，以原大弘寺址为基础，拓建为园，取“拙者为政”之意而名。王献臣在建园之期，曾请吴门画派的文徵明为其设计蓝图，形成以水为主，舒朗平淡，近乎自然风景的园林。拙政园是我国四大名园之一，我国的江南私家园林占地有限，却要同时表达出自然意象和园主人的精神意趣与文化追求。尽管古典园林讲究颇丰，但这并不意味着空间不可解读，其弹性控制的造园手法实际成为灵活组织空间的非常值得学习借鉴的“第三自然”景观化设计方法。

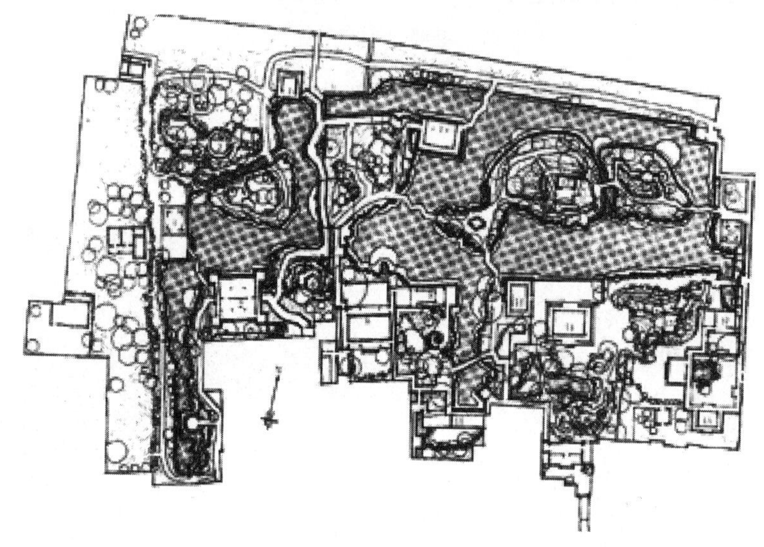

图 8.17 中国拙政园平面图

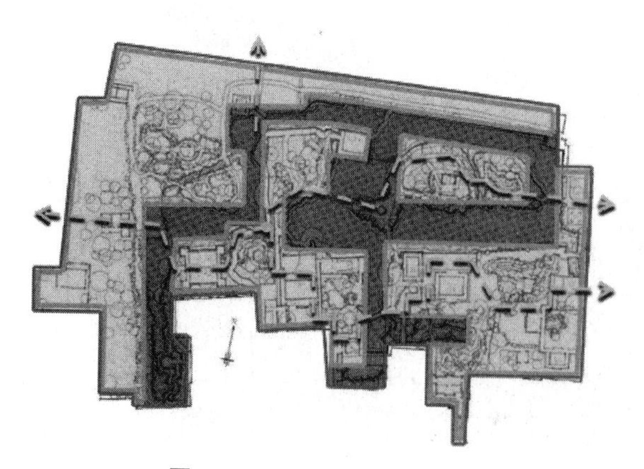

图 8.18 拙政园类型学分析

首先从宏观层面，拙政园空间可分为水体与陆空间，两种空间彼此相融，水体被围合，是一种内向的布局。与西方不同的是，有“以小见大”的需求和“师法自然”的文化追求，因此水面的岸线多自然曲折，水面大小不一。我国古典园林讲究“曲径通幽”的文化意蕴，园区虽没有明确的轴线，但是设计有主要的园路环绕全园(图 8.18)。

从几何构成的视角分析拙政园的空间，以面的形式可以分为 18 个小空间，每一个小空间都是一处景点（图 8.19）。线性元素即是园内的游览园路。江南古典园林讲究“步移景异”，因此对于精华的园林景点则以点的形式被安排在全园的视觉核心景区。

拙政园中的主体景观元素便是中心的水体了，其次就是各式园林建筑物——亭、廊、堂、榭等，这些建筑物不仅是供人休息的处所，更是园中被人欣赏的景点。植物也是古典园林中的重点，植物的搭配讲究季相变化，同时植物还与假山共同布置，相映成趣（图 8.20）。这些景观元素自然不是千篇一律的安排在园中，而是有主次的生动的随着人们游览的视线展开，丰富空间的经历。纵观中国江南私家园林的千姿百态，比较共同的布局特点之一是水池居中，桥岛相连，四周山石、建筑、花木环抱，错落布局[9]，景有尽而意无穷。

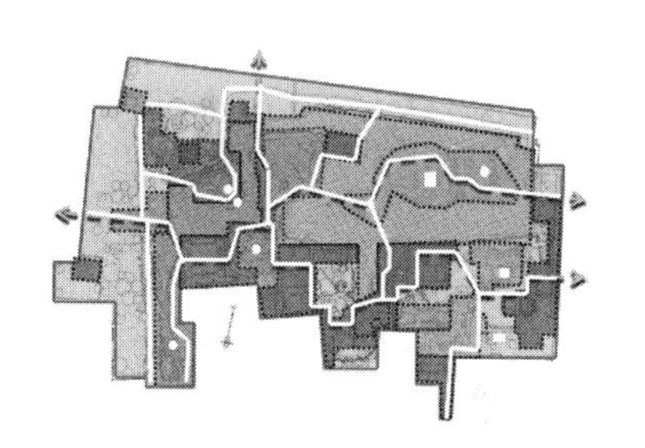

图 8.19　拙政园构成分析

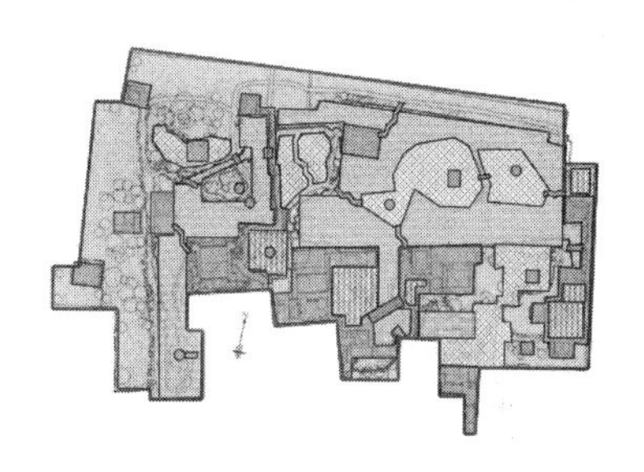

图 8.20　拙政园景观配置分析

最后，我们把拙政园的类型学分析、构成分析和景观配置分析三部分的图形从底图中抽象出来，进行相同步骤的整合、叠加、联系，得到 TCL 分析图（图 8.21）。

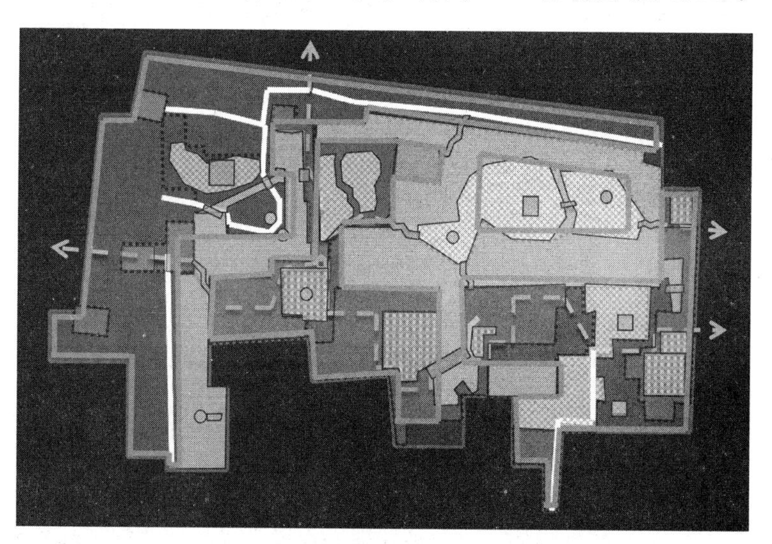

图 8.21　拙政园 TCL 认知分析图（见彩插）

拙政园是中国古典园林后期成熟的私家园林中的代表作，作为中国古典园林的一部分，私家园林的产生与兴盛，与它们作为士大夫的社交礼仪空间，并逐步占据了社会文化主导地位的历史原因、发现过程是分不开的。私家园林不仅仅是士大夫的交流活动场所，还促使传播媒介对大众文化发挥着重要的作用[10]。从中不难看出随着经济的发展，人们对生活的要求不仅局限在物质文明上，更多的还表现在精神文明上。园林就是这样的，从最早的“皇家狩猎场”到明清的“文人园林”，其性质的最大变化就是园林被赋予了更多的精神乐趣——那便是意境美。中国古代文人表达意境美的方法是在造园者的个性、修养及其对园林、认识基础上，通过对空间和时间的安排，将造园者的思想情感渗入到造园的一切过程中[11]，而这种意境美也从侧面反映了巧妙隐藏在中国古典园林中的第三自然。

8.2.5 美国芝加哥艺术之田

芝加哥的北格兰特公园原是一片平地，毗邻著名的芝加哥千禧公园。“艺术之田”的方案由北京土人景观与建筑规划设计研究院与美国约翰逊·约翰逊·罗伊事务所(JJR事务所)联合设计。设计构想该公园作为芝加哥市的文化象征，是记录和展示大都市景观周而复始的画布[12]。作为芝加哥农业遗产象征的玉米地，被设计师雕琢成景观基质，成为格兰特公园的标志性特征，同时也是一种不断再生产的农业过程。不同的游览活动与农作物的生长随季节的交替而变化，使芝加哥在每年的播种和收获的盛事里，焕发活力，不断进步。

芝加哥北格兰特公园分为三个部分：最大区域的艺术之田，原地保留的癌症幸存者花园以及芝加哥湿地。形态方面，整个区域有矩形与三角形，这样布置充分适应了场地的限制。各部分之间被场地保留的南北向排列的树木带分隔。自西部的千禧公园的蛇形人行桥到密歇根湖岸，三个区域依次由蜿蜒的高架桥连接。地面的流通路径进一步贯穿于生产性景观之中(图 8.22)。

图 8.22 艺术之田类型学分析

艺术之田的道路与景观创造了一系列的几何肌理，几何格局允许灵活地使用简单的长方形，将空间正交分割，延续了城市肌理。穿插在玉米田中，还有点状的艺术展览盒。曲线高空的步道桥将艺术之田的方形打破，遵循了最小干预的原则，给行人带来最佳的景观体验同时保护了玉米景观。在湿地雨水收集区，设计师使用了卵形，让生物自由繁衍与生长(图 8.23)。

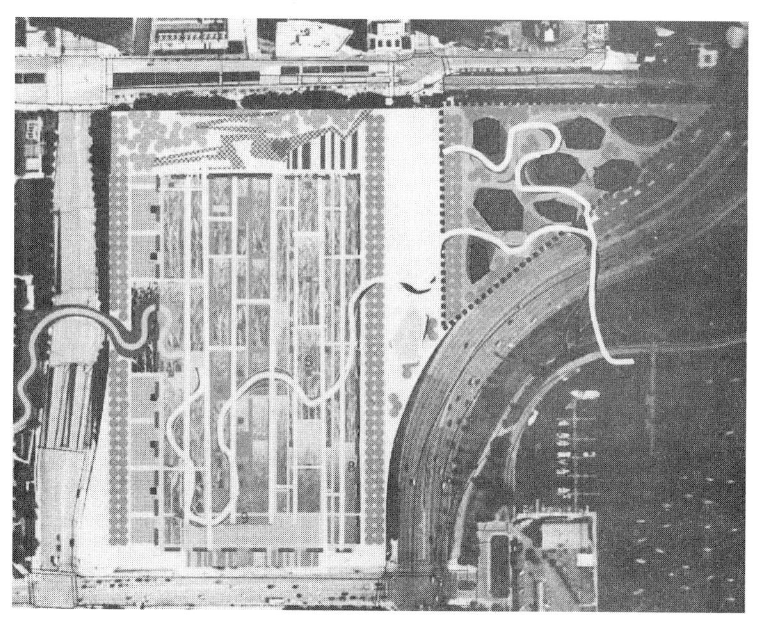

图 8.23　艺术之田构成分析

艺术之田中的景观元素可分为六个层次，有人工设计的景观展览盒；多功能高空散步道；条形的小径；水体分为水渠和湿地两种形式；绿体主要是大面积的玉米地生产性景观以及场地原有的树木(图 8.24)。对艺术之田中的景观元素进行分层不仅是一种清晰的组织方式，更可发现不同于第三自然文化元素——艺术与农业、观人与赏鸟、农田耕作与社区园艺等[13]之间的联系。

图 8.24　艺术之田景观配置分析

通过以上步骤，得到芝加哥北格兰特公园——艺术之田的 TCL 分析图(图 8.25)。

图 8.25　艺术之田 TCL 认知分析图(见彩插)

8.2.6　中国北京奥林匹克公园

北京奥林匹克公园(Beijing Olympic Park)位于北京中轴线北端，其中包括奥运中心区与森林公园区。奥林匹克公园中心区位于北京北中轴线端点，占地面积为 315 hm^2，是城市传统中轴线的延伸，意喻中国千年历史文化的延续。园区集中体现了“科技、绿色、人文”三大理念，是融合了办公、商业、酒店、文化、体育、会议、居住多种功能的新型城市区域，区域内有完善的能源基础、四通八达的交通网络。

北京奥林匹克公园整体延续北京中轴线平缓开阔的空间形态，景观以棋盘网格布局，北端的湖泊与轴线东侧的龙形水系组成一条巨大的“水龙”(图 8.26)，这样的形态很好地延续了中国的传统文化，而且具有特色，增加了可识别性，体现了第三自然的文脉。

在中轴线两侧，中心景观与各式功能区沿线展开。在入口区布置了最有特色的圆形的“鸟巢”与方形的“水立方”。紧挨中心大道西侧为 10 个方形下沉花园及远处矩形的运动设施。轴线以东，紧随龙形水系的不规则形是会议与展览区。其中由线性的道路分割不同的功能组织交通(图 8.27)。

图 8.26　北京奥林匹克公园类型学分析

图 8.27　奥林匹克公园构成分析图

本方案的景观元素中，主体为绿体与蓝体。以中轴路绿带、奥运中心区的绿地和广场、森林公园以及清河绿地走廊形成连续的景观文化长廊，这条长廊联系古城遗迹，打通了人们游览的视觉空间。蓝色水体是将周边区域众多水系引入公园，再进入森林公园的湿地系统排入地下水形成蓝色“龙脉”（图8.28）。“龙脉”成为本案独特的整体“设计原型”与“设计先例”。

图 8.28　奥林匹克公园景观配置分析

通过以上三步，把得到的图形从底图中抽象出来，得到北京奥林匹克公园的 TCL 分析图（图 8.29）。

图 8.29　北京奥林匹克公园 TCL 认知分析图（见彩插）

8.2.7　日本横滨新港

日本横滨国际枢纽港口是交通空间和城市设施相结合的新形式。目前该港口是一个融合了观光旅游、商务、购物、会议等的城市综合体。

横滨新港紧靠横滨市中心，东北濒临大海，面对海湾大桥，有着发达的铁路交通网、航运运输、公交系统，为了保障码头多种需要，港口内有两条垂直轴线与外界相连，整体构图为一对大致对称的梯形，轮渡区使用了矩形，完全贴合港口原地貌（图 8.30）。

图 8.30　横滨新港类型学分析

新港客船码头最大的特色是对空间的运用，设计师运用一系列的程式——特殊化连锁循环回路，以产生一种不间断的、多方向性的空间，而不是传统意义上的引导人流去固定的方向。整个港口被循环回路分成大小不一、形状各异的面（图 8.31）。

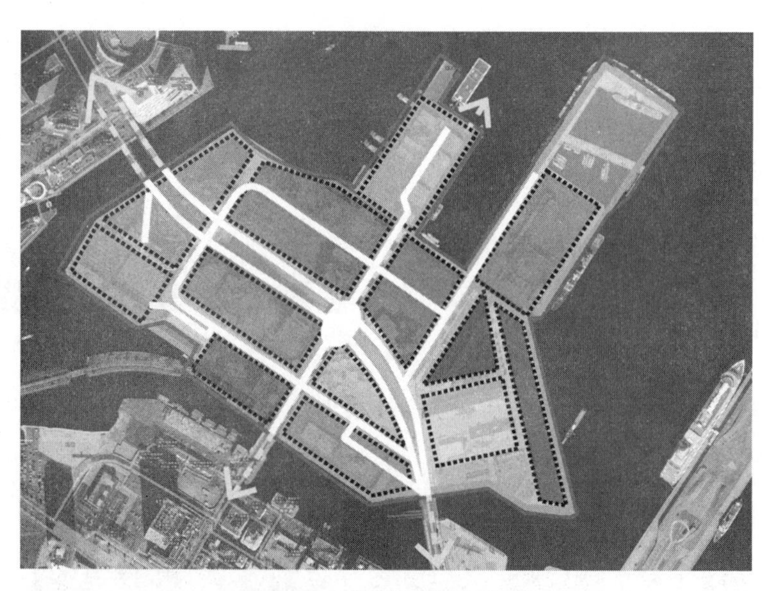

图 8.31 横滨新港构成分析

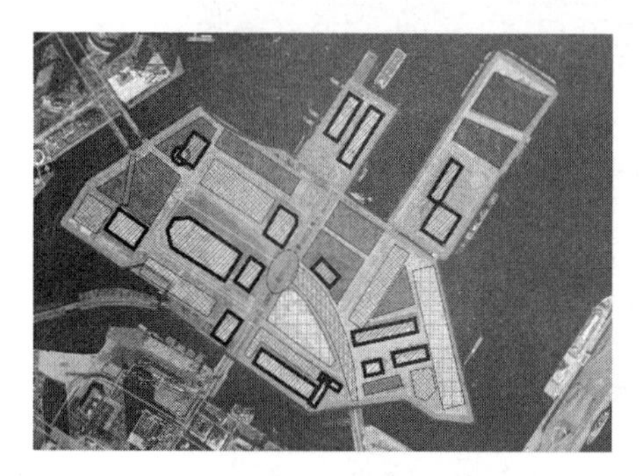

图 8.32 横滨新港景观配置分析

作为环海港口，本方案的蓝体是海面，设计师充分利用沿水区域，突出日本环海文化特色，建立人与自然有机结合的城市，在水边规划了大规模的绿地，形成了绿色网络。中心地区保留了老港口的历史建筑与文化街区，并赋予它们新的多功能用途，从而复兴第三自然（图 8.32、图 8.33）。

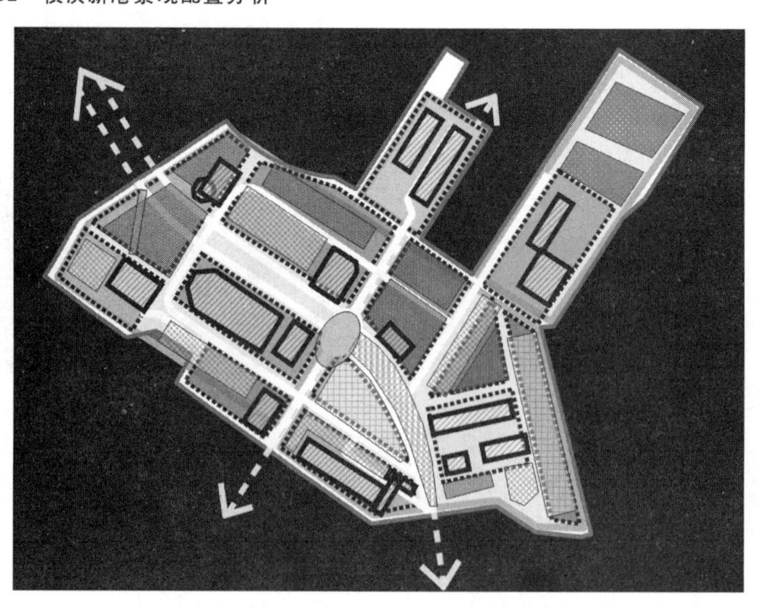

图 8.33 横滨新港 TCL 认知分析图（见彩插）

8.2.8 德国柏林波茨坦广场区城市设计

在分析较大尺度的城市设计时，通过 TCL 方法可以更直观地察觉城市布局的特色和发展的规律，同时可以更好地把握第一自然、第二自然、第三自然的关系以及联结三者景观的三横一纵整个体系。德国柏林波茨坦广场区(Potsdamer Platz Berlin, Germany)在二战之前曾是欧洲最大的交通要塞，有欧洲文化交叉点之称。

俯瞰方案，设计师尊重“第三自然”，对广场恢复了莱比锡广场的八角形状，梯形的尖端具有指向性，因此在外围采用了三个梯形相切的形式围绕广场。城区由两条主要道路控制(图 8.34)，顺应这两条控制线能均衡提高土地利用率。

通过几何拆分，整个街区采取整齐划一的传统街块的德国文化模式，由线性元素的道路将几大片区划分为大小不一的面，这些街道四通八方，满足各个功能的需要。然而在不同的区域之间有线性的景观带进行联系，同时在城市中心区安排了重要的景观节点(图 8.35)。

图 8.34 波茨坦广场类型学分析

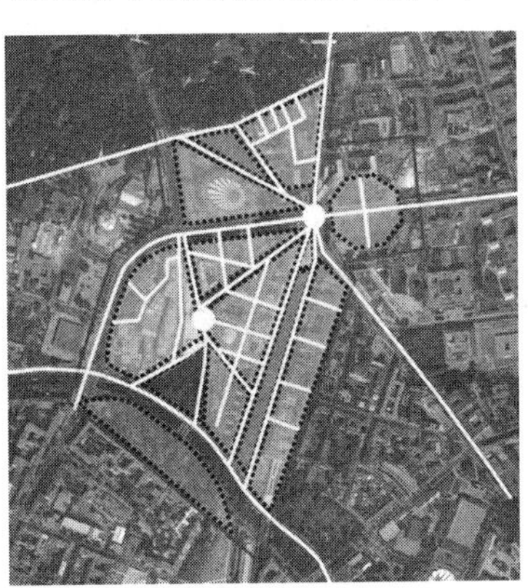

图 8.35 波茨坦广场构成分析

波茨坦广场区的景观设计手段，是用各种景观绿体包围城市建筑。建筑方块单元紧凑的排列，景观绿化穿插在建筑内部，在建筑街区之间有开敞草坪、空间和景观长廊供人们活动。广场区的蓝体是运河和一小部分人工水景，沿着运河两岸有自然的湿地与树林(图 8.36、图 8.37)，使自然与城市联系更加紧密，成为第三自然景观化城市设计的生动案例。

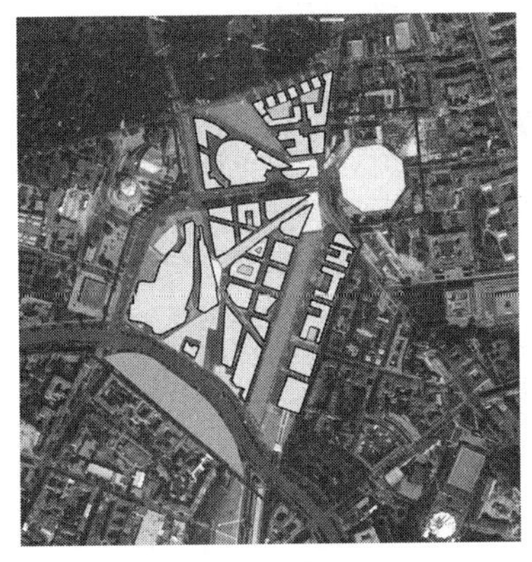

图 8.36 波茨坦广场景观配置布局图

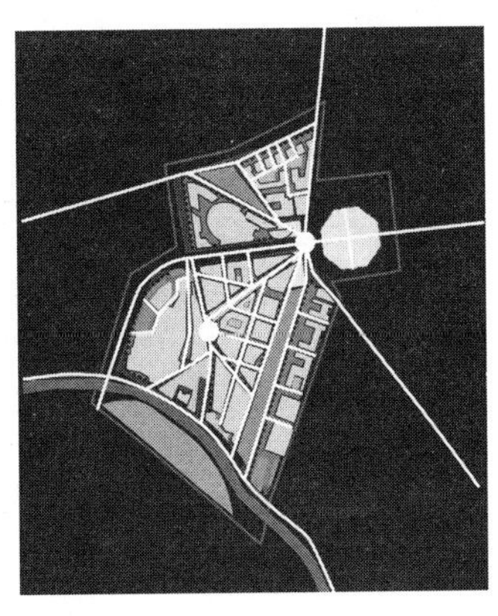

图 8.37 波茨坦广场区城市设计 TCL 认知分析图

8.2.9 荷兰格罗宁根中心区城市设计

格罗宁根(Groningen)为荷兰东北部文化重镇,原为农业区,12 世纪成为商业中心。长久以来,格罗宁根市一直是荷兰北部的知识、科学、文化、贸易和工业中心,其建筑具有浓郁的荷兰特色。这里风光秀丽、气候宜人、交通便捷,人们年轻而富有朝气,近一半人口年龄在 35 岁以下。其对周围的城市都极有影响性,四通八达的交通运输条件使该市成为荷兰重要的贸易及商品转运中心(图 8.38、图 8.39)。

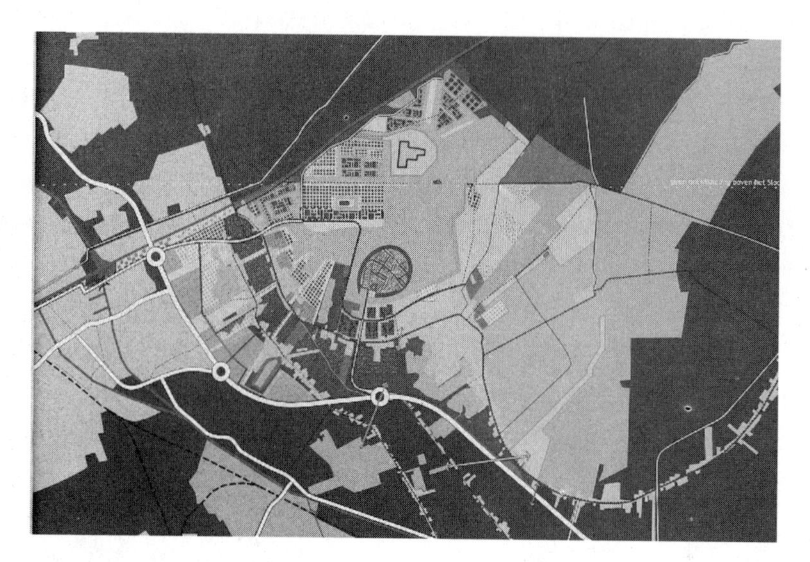

图 8.38 荷兰格罗宁根景观配置布局图

图 8.39 荷兰格罗宁根田园风光

格罗宁根城市中心空间类型学大体上可被分为三角形和半圆形。这样的形状明确地区分了城市不同的功能区域，又能将水体最大地引入城市中心。保证城市良好的可达性是格罗宁根城市规划的根本，在本方案中主要交通流线沿着圆弧横跨整个城市，再从其中分流出三支通向四周(图 8.40)。高效的交通流线对于城市中心经济贸易发展是十分必要的。

从中观角度观察城市几何构成，中心是不规则形的湖泊，围绕该湖泊，形状大小不一的几何面紧凑地拼接成城市不同的功能分区，这样的布局使城市中心更加突出，再通过线性元素道路的连接与划分，缩短了人们交往的距离，提高了可达性与社会和谐度，第二自然的社会法则在这里得到了很好的体现(图 8.41)。

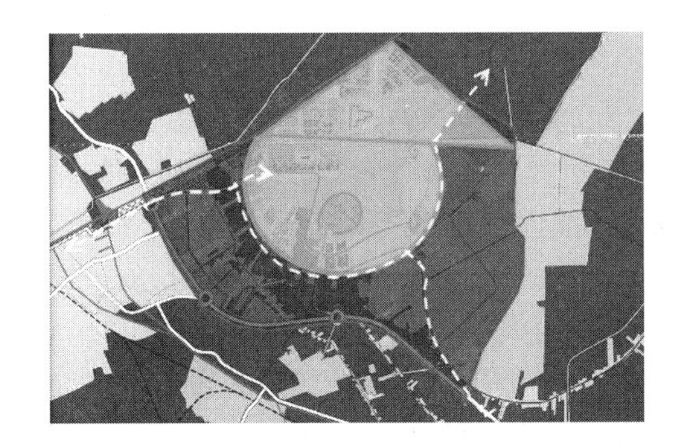

图 8.40 格罗宁根城市规划类型学分析

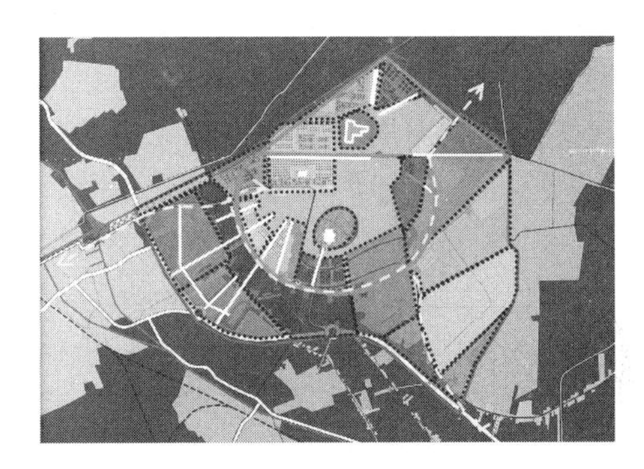

图 8.41 格罗宁根城市规划构成分析

在本方案中主要的景观元素是蓝体，“水文化”是荷兰景观设计中最重要的“第三自然”。中心的湖泊使整个城市充满活力，周围区域围绕有湿地、开敞草坪、树林、耕地等绿体，是一片理想生态的区域，体现“第一自然”活力的地方。这片景观区并不是与城市生活建筑隔离的，城市建筑也插入或者覆盖于其中，形成生动的城市开放空间与社会活动场所，从而成为联系“第二自然”的成功纽带。在外围的城市区中也融入了人工水体、绿地空间等景观设施，用荷兰式的“第三自然”整体带动城市发展(图 8.42、图 8.43)。

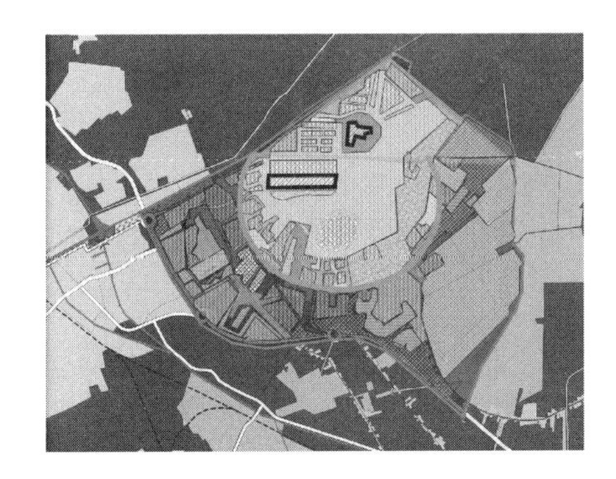

图 8.42 格罗宁根城市规划景观配置分析

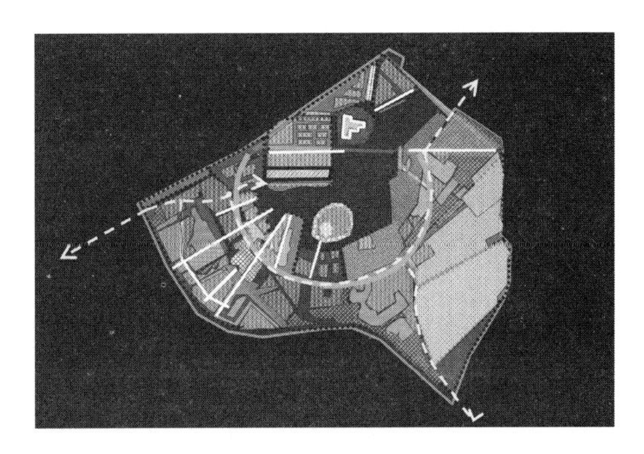

图 8.43 格罗宁根城市规划 TCL 认知分析图

8.3 TCL 方法透视下的世界经典案例启示

从上面案例的 TCL 分析中，可以看到，TCL 分析方法不仅适用于小尺度的场地景观设计，也适用于中观尺度的景观建筑设计与景观城市设计，甚至宏观尺度的景观城市规划，不仅能够解读西方理性思维主导下的景观化城市设计，同时对表达主观感性的写意与侧重于主体对物象的审美感受和因之而引起的审美感情的中国古典园林[14]，也有其独特的分析角度。“第三自然”是可以通过“设计先例”、“设计原型”依托一定几何形的构成形成形态学美感，来物化成景观化城市的空间与实体。

从中我们可以看到，自然与形式没有直接的显性必然联系，没有哪一种形式能代表自然，哪一种又能代表不自然，但是只有借助文化这个“第三自然”才可能用有形显现无形。我们所追求的第三自然，是美学的自然，人文的自然，历史与文化的自然，融合到有形的第一自然与第二自然景观化的自然中。人们随着对自然的认识逐步加深，会发现自然中存在着大量的几何形，如雪花、蜂巢、结晶等，蕴含的是看不见的力量的美学和文化的多样性。人们便是根据这些经验，在发现自然与改造自然的过程中，抽象出大量的几何形，渐渐得出几何规律与知识。它不仅揭示了自然的规律，而且只有通过这样的分析方法，我们才能更好地领悟真正的自然系统[13]。而在 TCL 分析方法中，这些几何学分析方法不是主观臆断出来的，但是却可以用来表达人们内心的文化主观意向的“设计原型”和历史上出现过的“设计先例”。

归根结底，TCL 分析方法只是景观化城市设计的一种基本认知分析方法，是为了更好地诠释第二自然向第三自然转化的基本方法论与技术驱动，但对于走向第三自然的理论解读与再思考，还需要更深入的实践探索，以应对中国快速的城市化和全球化、信息化社会下的各种新挑战。在下一章里，将重点解读基于走向第三自然理论体系，全球化背景下的景观化城市设计地域实践，而且我们考虑最多的是，如何依托城市化、全球化、信息化将文化持续地通过景观化城市设计的方法融入新环境，体现其场所精神和历史与文化文脉的继承、创新与延续，使第三自然得到永生。

9　全球化背景下第三自然景观化城市设计的地域实践

上一章通过 TCL 分析法，解读了世界范围的优秀景观城市设计案例，通过设计整体形态学和景观元素先例与原型，我们可以物化无形的第三自然。对景观的理解不能仅体现在功能和形式方面，而应该提升到城市的层次、历史的深度、文化的广度，从而更好地完成从第二自然向第三自然的景观化跨越，以及第一自然、第二自然与第三自然的完美融合。

然而，来势汹涌的全球化浪潮和发展中国家的快速城市化对第三自然的景观化城市设计提出了更高的要求。我们有必要结合 21 世纪出现的新环境以及其中的新挑战与新机遇来开拓第三自然景观化城市设计的新空间。在这章里，通过中国与全球的几个景观化城市设计实践案例来分享一些关于第三自然景观化城市设计的地域性新视野。在景观城市设计实践中，基于走向第三自然的逻辑认知理论体系，反思了城市的弊病以及地域文化缺失和千城一面的现状，拓展了从第一自然、第二自然和第三自然景观化城市设计的真正含义，保留了城市历史的肌理，并且将地域文化带入城市景观之中，体现了景观化城市历史与地域文化的批判延续与再创新。

在全球化背景下，随着经济全球化和政治全球化的发展，文化全球化的趋向也日益突出。批判性地域主义作为景观创作中的一种设计理念，强调尊重传统，反映现代技术，突出地域独特性，彰显地域文化。早在 20 世纪 50 年代，美国评论家刘易斯・芒福德对喧嚣一时的国际主义形式的建筑发出质疑并提出了地域建筑形式论，主要强调运用地方材料与环境结合进行创作，针对 20 世纪发达国家在城市文明推进过程所出现的社会问题，他以批判的眼光强调了城市文化下的建筑及环境危机，从多角度分析环境危机形成的设计思想与意识形态，认识到协调人与现实生活之间的关系及其重要作用；并且强调欧洲中世纪所遗留的文化建筑以及分析城市的有机形成，来影射自然形态建筑自身有机的文化规律性。芒福德的批评思想为现代建筑向纵深方向的延展提供了一定的设计思路[15]。1981 年，笔者的博士生导师，当代希腊建筑学者仲尼斯和勒费夫尔夫妇首先在《网格与路径》一书中提出了批判性地域主义这一概念，他们认为批判性地域主义来源于地域主义建筑研究的先驱——芒福德对地域主义的认识，继承了芒福德地域主义思想中对普遍性和地域性的认识。批判性地域主义作为一种带有批判思维的创作观念，仲尼斯夫妇认为批判性地域主义的重要特征是“批判性”和“陌生化”，既反对抹杀地域性，又反对完全照搬地域建筑传统[16]。美国肯尼斯・弗兰姆普敦站在地域性的视角上，分析了大量欧美以及亚洲部分国家的前沿性设计案例，分析和总结了实践性案例中地域文化在设计中运用的方式与方法，强调地域文脉在设计中的重要性；并且总结认为批判性地域主义并不是一种风格，而更属于一种倾向于某种特征(态度)的类别。其被看作是边缘性的实践，虽然对现代化持有批判态度，但仍拒绝放弃现代建筑遗产的解放与进步；强调“场所”的领域感；对地形、光线、气候等因素的有效利用；触觉与视觉的同级性；反对乡土情感的模仿，注重乡土因素的再阐释；是普世文明间隙中的繁荣[17]。吴良镛先生认为“批判性地域主义"的实质在于它既精辟地关注地域景观与建筑的文化内涵,又能高瞻远瞩地发扬时代批判与创造精神,创新在于是否以批判精神和创新精神对待传统与发展[18]。

批判性地域主义设计反思与自省的态度,为景观化城市设计向良性的循环与发展做了导向。如本书上篇所论述的,景观学是唯一将城市—建筑—景观整合为三位一体的一级学科,与建筑学、城市规划学相比,它不仅具有先天的整合社会、文化、设计等体系的优势,而且研究、分析、规划、设计、管理、指导对象包括整个自然与人居环境,即景观中包含了城市与建筑。而城市设计又是唯一穿越三个一级学科的综合方向,是实现三个自然融合的最好纽带。

因此第三自然的景观化城市设计更具有批判性地域主义的全部优势。研究批判性景观地域主义的目的是依托全球最大的城市化进程,解析处于工业社会时代背景下的本土景观。我国的中心城市和地区已进入后工业化信息时代,而村镇基于前现代或处于工业化改造阶段,不同的社会文明形态交织与并融,出现了社会文化分布的不平衡。在经过农耕、工业化、后现代信息文明的今天,现今世界范围正面临现代与传统、外来文化与本土文化的冲撞与融合;我国的景观城市设计现状、国情与发达国家 20 世纪的工业城市化面貌有很多相吻合点,但不同之处又在于出现了本土传统景观设计文化与外来景观设计文化、现代景观设计文化与后现代景观设计文化并存的格局。在现代景观格局的平衡关键点中,更要寻求适宜发展的健康因素,以求得我国景观化城市文化长足的整体进步的健康型发展,反思本土景观城市文化的建构;致力于"有机场所"的营造,从全球视野剖析地域景观与现代景观的关系,以及地域景观的传统与革新问题。

基于对体现第三自然的景观化城市历史与地域文化的批判性延续与再创新的思考,在本章节中,首先通过三个全球化背景下中国城镇化趋势下的实践案例,诠释对中国景观化城乡融合的第三自然与中国城市中心的第三自然以及中国城市边缘的第三自然的思考和展望,然后以丹麦希勒勒南区(Hillerod South)项目与美国路易斯安那拉法耶景观化城市设计实践为例,解读全球视野下,21 世纪新环境中面临的"知识创新"与"网络割据"的威胁与挑战,将高科技的创新精神融入第三自然,同时提出了复兴旧环境中景观地域文化和开发新环境中的基于地域特点的创新文化的认知理论观点。结合全球范围的新一轮高科技革命,本章希望引起对第三自然再发展带来的机遇和前景的再思考。

9.1 第 29 届 IFLA 竞赛一等奖方案:基于第三自然的景观化城乡融合

9.1.1 项目背景

设计是一个解决问题的过程,它依赖于我们的创造力、直觉以及对科学原理和技术信息的合理利用,景观化城市设计更依赖于我们将三个自然整合的系统化设计方法论。近年来,随着现代主义理论的逐渐衰败,在环境设计领域里比以往任何时候都更需要想象力,更需要个性符号与象征。而且我们注意到,不同地区的设计必须体现不同地区的传统、历史以及文脉,只有在第一自然的基础上,运用从第二自然向第三自然跨越的整合的景观化城市设计系统方法,包括设计类型学与技术驱动,将景观化的第三自然融入到建筑、城市规划以及景观设计的每一根血管与细胞中,才会使这个地区的历史与文化在景观的沃土中，相互依存，共同延续。在这样一个时代背景下，为了使全世界的风景建筑学及相关专业的学生提高跨世纪的环境设计意识，为了鼓励环境设计中的创造性与高水准，为世界各地在环境设计上有独到见解的学生提供一个达成共识与引起国际注意的机会，1991 年 11 月，联合国教科文组织（UNESCO）和国际风景园林师联合会（IFLA）联合举办了题为“一个富有想象力时代的到来：景观中的传统、象征和意向”（*The Coming of an Imaginative Age：Tradition，Symbols，and Meanings in Landscape*）的国际竞赛。笔者当时系华中理工大学建筑学系 1989 级本科生，利用课余时间参赛，独立提出了以“将城市引入乡村、乡村引入城市——繁忙江南水乡的僻静水上花园”（*Introduce City to Village and Village to City——Secluded Water Gardens in Busy City of China*）为主题的设计方案（图 9.1、图 9.4 至图 9.6），并获得设计一等奖和当年设计大奖——联合国教科文组织风景园林奖（UNESCO Award in Landscape Architecture）。

当今世界，城市化与工业化是每个发展中国家实现现代化的必由之路。可是我们看到的是，城市化与现代化损害了美丽的第一自然——田园风光，带来了严重的城市危机，工业化带来了严重的环境危机，臭氧层遭破坏，森林面积减少，水土流失，全球气温上升；人与人、人与大自然的交流越来越少；交通拥挤，人口爆炸；犯罪率上升，第二自然也损坏严重。全球化带来城市千篇一律，缺乏场地精神与地域文化；第三自然破坏严重。

无论是在建筑、城市规划还是景观方面，人们找不到灵魂的寄托和精神家园的归宿。人类正用自己创造的文明毁灭自己。中国的城市化与现代化是走这条老路，还是探索一条符合中国国情的新路呢？对这个问题的探索不仅是政治家、经济学家、社会学家的责任，更是我们景观设计师、建筑师以及城市规划师的职责。

笔者选择了中国富有地方特点的江南水乡，以“将城市引入乡村、乡村引入城市——繁忙江南水乡的僻静水上花园”为题对未来的景观化城镇设计做了最初的探索。

9.1.2 对于第一自然、第二自然与第三自然以及江南水乡地域性特点的设计思考

城市景观是由第一自然的自然环境、第二自然的社会环境与第三自然的人文环境共同决定的。江南水乡的自然环境是河流密布；社会环境是大力发展经济，推动城市化与工业化；其人文环境则是一种历史与文化的文脉的继承，历来是第一自然、第二自然、第三自然最好的活化石和实验地。自古以来，这儿文人墨客荟萃，造园之风兴盛，《扬州画舫录》中记载：“增假山而作陇，家家住青翠城阃；开止水以为渠，处处是烟波楼阁。”上至衙署、商会、商贾私宅，下至酒坊、茶肆等都要留出庭院叠石引水，种竹栽花，这似乎成为不可缺少的部分，遗风至今尚存。这为人们大量建造水上花园，创造新的城镇景观提供了条件。如同荷兰那样，水文化是江南地区第三自然的最典型代表，也是整合三个自然的最生动媒介。

中国的江浙一带“日出江花红胜火，春来江水绿如蓝”。这里大小河流交织，风光艳丽，人杰地灵。自古以来，我们的祖先在河边定居生活，以船代步，水村遍布，水镇相连，形成独具一格的水乡景色。其中，苏州被誉为“东方威尼斯”。随着现代化运动的进程，往日的宁静被打破，工业化与城市化的喧嚣正冲击着古老的文明，当时水乡地区城乡的状况如下所述（图 9.1）：

第一，随着乡镇企业大量兴办，一些工厂的“三废”严重污染了周围的环境。大气、土

壤、水体的污染给某些水乡地区的居民健康带来严重威胁，尤其是水乡地区居民赖以生存的河水水质下降。

第二，随着经济增长与人口爆炸，人们开始大规模盲目地自建住房。很多城镇没有经过统一规划，旧的水镇水村格局被破坏，良好的新格局尚未形成。房屋密度越来越大，河道越来越窄。河流曾给水镇带来了生命，如今却影响了它的发展。

第三，在一些拥挤的水镇里，到处人满为患，旧的公共活动场所在数量与规模上越来越不能满足人们的文化生活需要。人们的活动绿地越来越小，很多居民因此羡慕乡村田园般的生活情调。

第四，经济的增长给广大水乡带来了生机，富裕起来的水乡村民不再安于日出而作、日落而息的生活方式，他们渴望更丰富的文化生活，他们希望早日过上城镇式的生活。

中国当时处于快速城市化的起步阶段，政策是严格控制大城市的规模，大力发展中小城镇，以加速城市化步伐。随着经济的飞速发展，在水乡地区建成一大批新的中小水镇的同时，也有一大批旧的水城水镇需要改建扩建，那么，未来的水乡城镇景观应是什么样的呢，原始的受到新工业化威胁的第一自然，无序化自我发展的第二自然，还是用可持续发展的第三自然去引领第一自然、第二自然的协同发展？

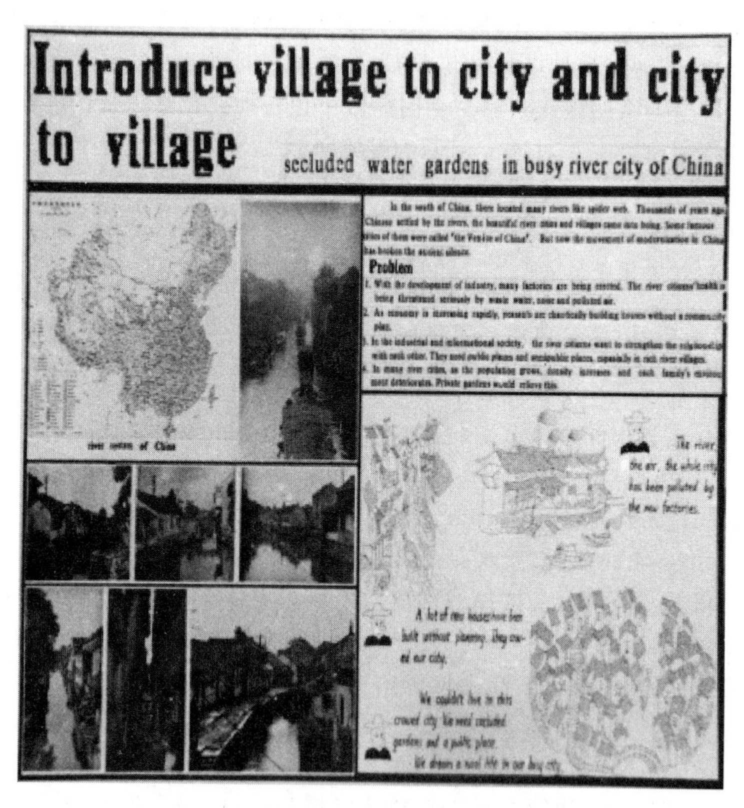

图 9.1　将城市引入乡村、乡村引入城市

城市与乡村是两种不同的聚居形态，乡村向城市的转化势在必行。在肯定城市优势的同时，不能否认乡村也有某些优势，能否考虑两者优势的结合呢？在城市，使人们享受乡村生活的情调；在乡村，使人们体味都市生活的乐趣，这就是将城市引入乡村、乡村引

入城市,从而在聚居形态上消灭城乡差别。吴良镛先生在其《城市规划设计论文集》中高瞻远瞩地指出,应该为居民提供城市的私密感、邻里感、乡土感、繁荣感,保持和创造城市的自然环境之美、历史环境之美、现代建筑之美、园林绿化之美等。“一个好的城市应该是欣欣向荣的。它不仅反映在经济生活、物质建设的繁荣上,也反映在人们的精神面貌和社会风气的朝气蓬勃上”。吴良镛院士还指出“街道、广场上缺乏必要的休息场所”,“城市中缺乏茶座、茶楼一类的公共交往场所”;必须“从热衷于大规模、大尺度的规划到从事‘小而活’的规划,更面向人们生活”。在江南水乡未来城镇发展中,实施以上原则的具体措施就是建立适应不同需要的各种类型、规模的水上花园群,从而建立一种介于城乡之间的新的“水上花园城市”,形成“都市里的村庄,村庄里的都市”的新的水乡景观。这种充满温暖和爱意的人造小空间最早出现于1960年建成的纽约佩利公园,国外称之为袖珍公园(Vest Pocket Park)(图9.2、图9.3)。

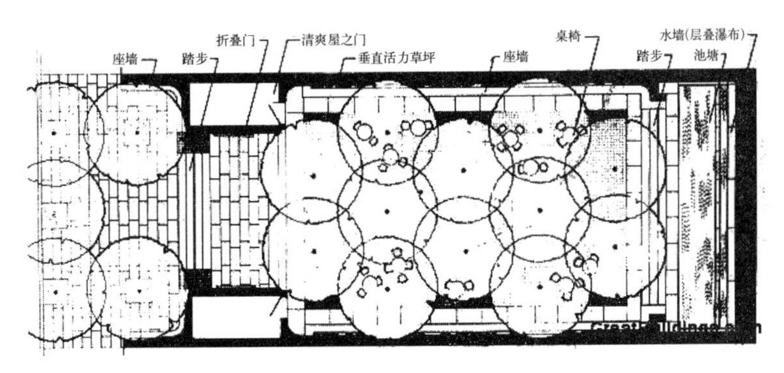

图9.2 袖珍公园平面

图9.3 袖珍公园(建成后)

日本的“新陈代谢”派强调建筑和城市的生长,在笔者的设计方案中也引入了这种观点,并赋予其景观化的第三自然。将水乡城镇的河流体系抽象为一棵苹果树,经过生长，树枝变粗、变大，上面还将结出“苹果”，这些“苹果”就是大大小小的水上花园（图 9.4）。

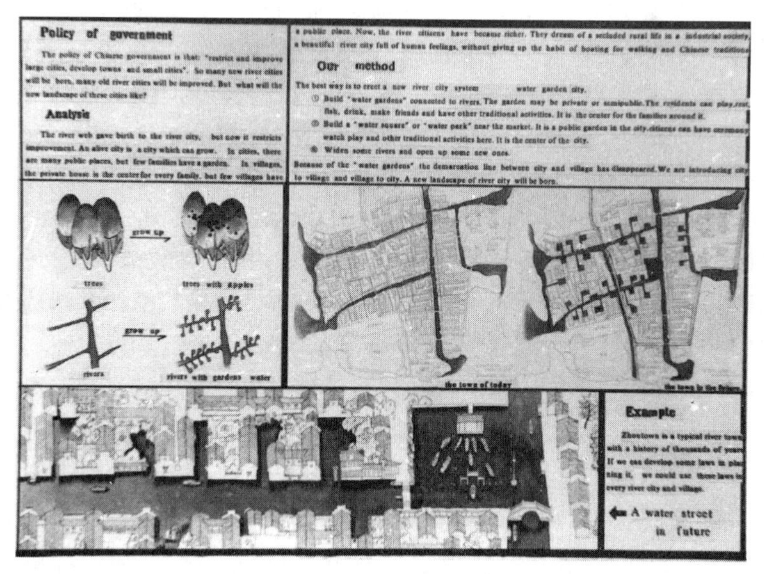

图 9.4　将城市引入乡村、乡村引入城市（方案图 4－2）

9.1.3　将城市引入乡村、乡村引入城市的第三自然

综合以上各方面的因素，笔者对江南水乡地区一个典型的水镇——周庄的城镇改建做了初步的规划方案和详细的单体花园设计方案。周庄的水上花园都与主干河巷相联系，联系的方式有交汇、相交、引申三种。只要划着小船，就可以进入任一水上小花园，同时将第三自然的地域文化融入到每个水上花园中。水上花园的类型有以下三大类（图 9.5）：

图 9.5　基于第三自然的水上花园类型

1）公共水上花园

公共水上花园规模大、数量少，一般只有一两个，往往位于河道交汇处，靠近集市的城市中心地带，是水乡居民的公共活动场所。平时它是停船场，也是观看社戏的水上剧场；节日时是举行各种庆典，进行多种多样传统文化活动的场所。

2）私密性花园

私密性花园数量多且规模小，一般不超过 20 m×20 m，是一种“袖珍”花园，其四周的住宅为一家所有或几家共有。人们必须经过细长的河巷才能进入，且花园入口有门，门上可落锁，因而具有很强的私密性。它是周围住宅的中心，是四周人们的活动场地，这种花园的设计依据是四周的环境和房主的爱好，在设计中力图运用现代构图，采用现代材料去体现古典的园林意境，把它设计成现代城市喧嚣中的一叶静谧的扁舟，理性与浪漫，历史与现实，人与自然都在这小小的“世外桃源”中交织升华。同时体现了尊重自然、尊重人、尊重文化的第三自然城市设计的核心——景观设计。在设计中，开始尝试用“西方的形式与手法塑造东方空间的灵魂”。已经选用了一些中国文化积淀的第三自然的“设计先例”与“设计原型”，例如“半墙”、“曲水流觞”、“云墙”等中国传统“设计先例”的抽象与提炼。

3）半公共性花园

半公共性花园介于前两者之间，大多建在河边，它既带些许私密性，又具有某种公共性，周围的住户能在这儿交际、饮茶，过往船家也可在此休息、聊天。这些花园有的是选择空地建起，有的是拆除危房兴建，然后在四周房屋上加层还建，在保持原有人口密度的情况下，降低城市的房屋密度，增加绿化面积，创造良好的居住环境和丰富多彩的城市景观。除了兴建这些水上花园外，还可采取一些辅助措施：适当拓宽某些主干河道，加强城市陆路交通，增设小桥，使水城里的居住区以水路交通为主，实行慢节奏；工业区、商业区、行政区等则以陆路交通为主，实行快节奏。这样的城市既有现代生活的节奏，又有田园生活的情调，人们在城市空间中感受到了世界的丰富多彩。

9.1.4 目标与展望

为了使这种设想不仅能在周庄实现，还能适用于水乡地区广大的城镇乡村，笔者试图从设计中抽象出一套新的景观城市模式(图 9.6)。在这个模式中，城市格局点线结合，水上花园以五种方式进行排列组合：私密单体式、半公共单体式、私密组合式、半公共组合式、混合式。河道系统与公共花园关系的处理也有五种方式：单边相切、单向贯穿、双边相切、双向贯穿、混合。综合考虑各种因素，对这些样式进行优化组合绘制出理想的景观水镇模式图。这样，我们就可以编制一套计算机程序，其他任何一个发展中的水镇、水村，只要抽取相应的各项数据指标，输入计算机，就能得到关于该水镇或水村的满意的初步规划方案，从而使水上花园城市带有普遍适用性。在这儿已开始使用这些体现为基本几何型的“类型学”和可能被计算机识别与利用的形态学“原型”，并开始思考它们生态美、社会美和文化美的跨越三个自然的景观化组合。

最后将城市在建成水上花园前后进行一番比较，不难发现以下几个方面的变化：

第一，整个城镇以大大小小水上花园为中心，有机生成，有序统一，河巷变宽、交通改善，房屋密度下降，绿地增多。既有供公共活动的大型水上文化场所，又有私密性较强的小型水上花园点缀其间。

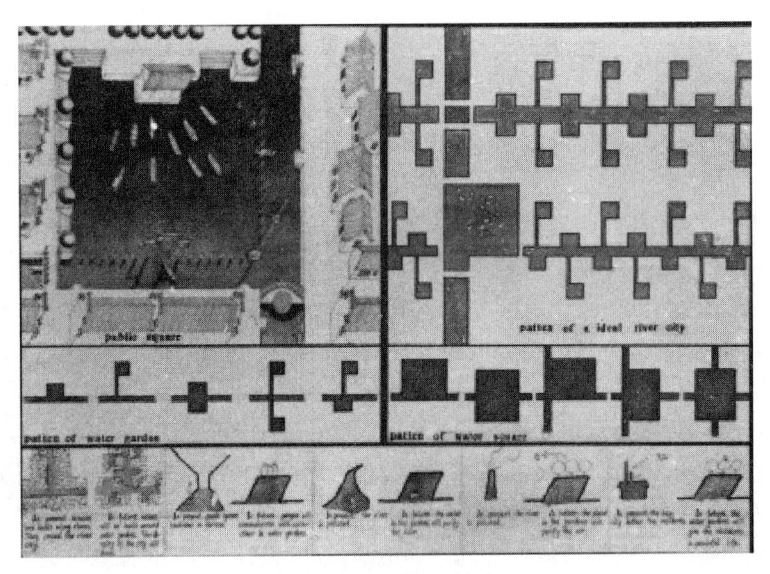

图 9.6　景观城市模式

第二，交际活动场有所增加，社会环境改善，人际关系加强，体现人文关怀。

第三，由于各个水上花园的兴建，水体中的微生物增多，改善了整个河流体系的水质。

第四，工业造成的大气污染被大量绿色植被所缓解，城市空气中的悬浮物减少。

第五，水上花园的植物以及人工构筑物有效地吸收或阻挡噪音，因而整个城市噪音下降。

总结本项目中的第三自然设计脉络，其 MOP 认知、TCL 构型以及设计先例与原型的结构框架如图 9.7 所述。

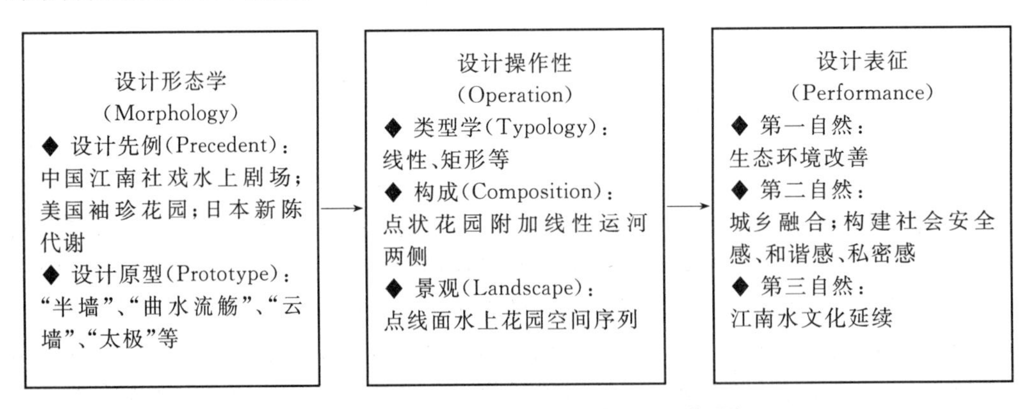

图 9.7　本案第三自然 MOP 设计认知总体图解

方案设计致力于建立城乡融合趋势下的地域景观文化识别，包括第一自然、第二自然、第三自然和连接三者的景观化城市设计基本方法论在这一体系的新型景观城市方面所做的粗浅尝试，同时试图以整合化景观化城市设计方法，探索第三自然景观设计的整体性、知识系统性以及“自适应性”。其目的是以景观主导城市设计的脉络的方式，联结城市的自然生态、带有人类理性与社会情愫的社会法则以及整合两者又同时包含历史与文化文脉的第三自然，完善走向第三自然系统方法论，协调以景观为首的城市设计和城市建筑与自然环境的关系，创造出更加和谐、更加适宜人类居住的景观化城市空间环境。方案赢得评审团高度评价，并于次年在巴黎联合国教科文中心专门举行了个人颁奖仪式，为中国获得了专业荣誉(图 9.8)。

图 9.8　在巴黎联合国教科文组织总部举行的颁奖仪式

在本书将成之际，惊闻余树勋老先生不幸离去，深感悲痛。当年刚刚开放，消息闭塞且无互联网、投递方案只准填纯英文，笔者的名字和学校的翻译都无法准确识别，无法联系到笔者。所幸余老代表中国出席了那次在韩国举行的 IFLA 大会，回国几经周折联系到笔者，通知笔者领奖的渠道。在此，以一张老照片(图 9.9)寄托对他的哀思。余音萦绕、树木百年、勋业满园，余树勋老先生为中国风景园林事业的发展刻苦钻研、无私奉献的高尚精神永远激励着我们奋发图强。

图 9.9　余树勋先生(中)出席 1992 年 IFLA 大会后在北京香山寓所接见笔者(左)

9.2 第49届IFLA竞赛三等奖方案:基于第三自然的景观化城市更新

光阴如梭,时隔20年,中国的城市化进程取得举世瞩目的成就,步入快速期并面临新的挑战。笔者也从华中理工大学的一名本科生成长为一名教师,并指导华中科技大学第一届景观系本科生(封赫婧、张姝、陈凯丽、杨文琪、胡磊)参加第49届IFLA国际景观设计竞赛,夺得第三名(三等奖)的好成绩。

全球背景下景观化城市设计的地域实践对象不仅仅包含景观化城乡融合区域,城市中心与边缘也成为景观化城市设计的敏感区域。随着中国城乡一体化进程的加快,城市不断地向农村扩张的同时,农村也在逐渐向城市内部渗透。在这里不得不引入城中村"ViC"(Village in City)的概念,它是对城市中一种低租金、外来低收入或无收入流民为主、居住条件恶劣社区的称呼。该社区是外来民工首次或第二次进城的落脚点,具有移民文化特征。从狭义上说,是指农村村落在城市化进程中,由于全部或大部分耕地被征用,农民转为居民后仍在原村落居住而演变成的居民区,亦称为"都市里的村庄"。从广义上说,是指在城市高速发展的进程中,滞后于时代发展步伐、游离于现代城市管理之外、生活水平低下的农民工集中租住区。中国城市里的"城中村"除了拥挤、卫生条件恶劣,第一自然几乎荡除殆尽;另外,房屋所有权与改造等问题,管理的真空,居高不下的犯罪率,缺乏开放绿地与社会交往空间等一系列突出的第二自然社会问题进一步困扰着"城中村"。最为严重的是,这些进城农民工及其子女既远离原来的农耕文化,又被城市文明所抛弃,在第三自然空间里又成为真正意义上的"文化边缘人群",完全被他们奉献出全部力量的城市所忽略。本次获奖方案正是通过"第三自然"景观化城市设计方法服务于城中村的农民工及其子女的弱势群体,为他们营造一种改善第一自然与第二自然,唤醒第三自然的"地狱环境中的景观天堂"。

9.2.1 项目背景

第49届IFLA大学生设计竞赛的题目是"创意景观改变生活"。此次大赛希望通过这个主题,引导人们认识景观设计在城市发展中产生的社会变革力量,从而意识到景观文化在人类发展中的重要价值。城市中景观设计的变革力量提升了对在景观建筑创建生活环境中发挥文化大价值的认识,这种环境将满足意义深远的城市生活所需的更广泛文化素质。景观不仅仅创建了良好的生态环境,更在全面提高人们生活水平的基础上,提供了延续第三自然历史与文化的载体与城市文化体验的独特场所。

华安里是武汉市最大的城中村,毗邻汉口火车站,有着通往全国各地方便的铁路与陆路交通优势,因此吸引了大量来自全国各地的农民工与短期外来务工人员及其家属。它占地28.9 hm^2,目前容纳了至少18 000名农民工及他们的家庭成员。由于地处管理盲区,周边环境脏乱差,用地又被多条铁路线切割,鲜有开发商问津,华安里成了武汉市被遗忘的角落。为了在拥挤、条件差的环境中给孩子们创造一片天地,一些志愿者将小学建在了屋顶之上,375名儿童只能在大概400 m^2的空间内活动。同时不便的可达性给孩子们的活动带来了十分大的安全隐患。孩子们只有通过危险的铁路、阴暗狭窄的街巷等才能抵达屋顶的学校(图9.10),据报道,每年都有儿童在交通事故中遇难。对于充满希望的孩子们来说，这里不仅仅是被遗忘的角落，更是绝望的谷底。

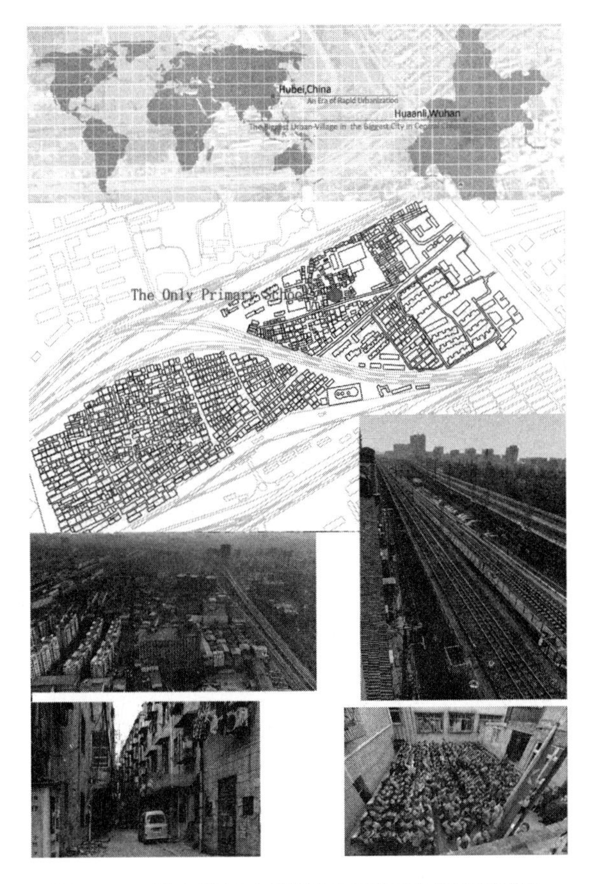

图 9.10　最大的城中村“华安里”区位及现状照片

9.2.2　中国“城中村”：第二自然的“伤疤”

在这个华中地区最大的城中村里，存在大量关于“第二自然”的社会问题。

（1）人口杂乱，“城中村”由村民、市民和流动人口混合构成；流动人口成为主要犯罪群体；治安形势严峻。

（2）城市规划滞后，违法违章建筑相当集中，“一线天”、“握手楼”、“贴面楼”风景独特；由于房屋密度高、采光通风条件差，村民居住环境差。

（3）基础设施不完善，卫生条件太差；各种管线杂乱无章，排水排污不畅，垃圾成灾；街巷狭窄、拥挤，存在严重消防隐患。

（4）土地使用存在诸多问题，宅基地、工业用地、商业用地相互交织，非法出租、转让、倒卖，管理混乱等。

同时存在所有权与改造方面的重重问题。

（1）已“撤村建居”，土地被国家全部征用，农民不再享有集体土地所有权，村已经被城市完全包围，原农民已全部转为居民，只是保留着农村传统的生活习惯。这是通常所说的广义上的“城中村”，它经过改造已融入城市之中，不再是“城中村”改造的对象。

(2) 正在“撤村建居”。土地大部分被征用，土地所有权部分属于国家所有，部分属于集体所有，但原农民未转为居民。

(3) 尚未“撤村建居”，但已列入城市框架范围，土地全部仍属于集体所有。

后两种村的情形是狭义上的“城中村”，是通常所说的要改造的“城中村”。

城中村，这个中国贫民窟如同都市的“癌症”，已成为中国快速城市化进程中一道几乎被人遗忘的疮疤。

如果真想加速城市化，则应该正视贫民窟的存在，甚至允许在一段时间内有所扩大，以大大降低城市化的成本，从而大大加快中国城市化进程，使中国最大限度地从城市化的积聚效应中获益。因此在改造“城中村”过程中，妥善安置外来人口，让他们有能够继续安身立命的廉租屋，更有精神上的归宿，是一个重要的文化问题，而不仅仅只是一个经济或者社会问题。

城中村作为城市与农村的临界，外来人口安身立命的住所，其存在是具有合理性的，不能盲目剥夺其存在权力，强行推平并使其融入城市。反而可以将其作为一个地标并保持其个性和特色，特别是其具有农村和城市的混合特征，浓郁的生活气息等。城中村是在中国快速城市化进程中形成的一个独特的社会文化遗产，这些被鳞次栉比的高楼大厦所包围的荒废城市空间，聚集了来自村镇的农民务工人潮，成为“都市里的村庄”。那么，如何在全球化背景下的景观化城市设计的地域实践中，赋予进城农民工新的文化认同感和景观空间个性？实现城市中心的“都市里的村庄”第三自然“景观化城市更新”？

9.2.3 基于第一自然、第二自然、第三自然的基址调研与分析

根据我们现场调研，分析基址，主要问题有以下三个：

第一自然的问题，孩子们没有抵达屋顶学校的安全通道。在华安里，由于有铁路经过，每年儿童交通事故频发；环境脏乱，缺乏良好的治安环境和安全抵达屋顶学校的管理措施，这些都无法保证孩子们去屋顶学校的安全性，可达性差。为华安里的所有孩子们建造一条连通学校和家的安全通道是首先要考虑的问题。

第二自然的问题，因为城中村占地面积小，房屋建设密度大，且都是由当地居民自拆自建，规划无序。除了不足 80 m^2 的屋顶“天空操场”(Sky-playground)，并没有考虑预留足够的教学和儿童课后活动的空间。这种非常糟糕的条件已经影响到了孩子们之间以及和家长的正常社会交往，同时增加了孩子们的孤独感，形成一种负面的社会现象。

第三自然的问题，城中村的务工人员大多来自农村，孩子们跟随他们的父母来到拥挤繁忙的城市中。他们离开曾经愉快轻松的田间生活，也渐渐淡忘了那份充满童真和稻谷旁、小溪边以及田野间的快乐。我们要做的景观城市设计就是要帮助他们寻找、体验、珍藏那份曾经珍贵的第三自然文化生活回忆。

9.2.4 第一自然、第二自然和第三自然融合的创新景观化设计策略

基于第一自然、第二自然、第三自然的基址调研与分析，设计组提出了将第一自然、第二自然和第三自然融合的创新景观设计策略。并将竹桥和竹塔作为跨越第一自然到第三自然的设计类型学。

设计组以田野乡间的竹子为景观元素，抽象出一种田野乡间的文化符号，即竹桥和竹塔。竹桥架起了学校和家之间的安全通道，而种植塔则可以培养孩子们乡村农耕文明的感受，竹桥间的滞留空间还可以作为体验熟悉的田间生活愉快休闲天堂的课后教育空间。因为武汉号称“九省通衢”，一共设计了九个代表不同省份地方特点的种植塔，提供了农民工及其子女回返农耕文明以及和他们特定故乡地域文化与老乡重新联系的社会场所和文化精神(图 9.11)。

图 9.11 创新景观设计策略——竹桥、种植塔

在设计景观竹桥的时候，设计组经过基址调研与分析，采用了竹子作为基本元素。竹子是中国最廉价的建筑材料，同时具有一定的硬度与韧性，并且大部分农民工在建筑工地工作，对于搭建脚手架的竹子构造施工非常熟悉。建造竹桥与竹塔所选的竹子也从附近建筑工地脚手架上的废弃竹子中选取，将竹桥与竹塔的建设成本降到最低。同时，竹子有着特殊的中国传统文化含义，竹子四季常青象征着顽强的生命、青春永驻；竹子空心代表虚怀若谷的品格；其枝弯而不折，是柔中有刚的做人原则；生而有节、竹节毕露则是高风亮节的象征。竹的挺拔洒脱、正直清高、清秀俊逸也是中国文人的人格追求。竹是中国美德的物质载体，是君子的象征，为无数仁人志士所喜爱，古今文人墨客对竹充满了赞美，留下了大量的咏竹诗和竹画。

作为本案“第三自然”象征的竹文化，最早可以追溯到中国魏晋时期。之后，竹从一种士大夫文化意义演变到了一种广泛的价值观和各种民俗含义，例如“竹报平安”常用来祝福平安吉祥。国画中的竹常以水墨表现竹的形象与气韵，墨竹画在写意花鸟画中占有重要位置，其笔墨特征是以书入画、骨法用笔，画竹要“成竹在胸”，才能在运笔用墨时挥洒自如，表现出竹的神韵与气节。竹子亭亭玉立，婆娑有致，不畏霜雪，四季常青，且“未出土时先有节，及凌云处尚虚心”，有君子之风。画竹的关键在于对竹枝叶的取舍、概括，用笔自然、一气呵成，表现竹的无限生机，浓淡相映、妙趣横生。在国画中，竹与梅花、喜鹊画在一起，有爱情长久、幸福美满的美好的寓意。竹子因其特殊形态与寓意，自古以来就成为中国传统的园林植物，更能体现其对人的文化认同感与亲切感。竹子还是最方便的中国传统建材之一，乡间的技工可以非常熟练的运用。竹子和其他金属部件之间的结合可以提供最大化的便利性和灵活性，设计组特意为不同的连接设计了不同的节点。

如何使抽象的竹桥转化为景观化城市第三自然，符合与加强社会安全保障和美化市容的基础设施、美好生态与第一自然？设计组做了如下的考虑：竹桥是作为学校与家之间的安全走廊，连接了有限场地的建筑与铁路两边的主要交通道路，有助于学生们跨越铁路。这座桥还贯穿了不安全的区域，可以增加更多来自街道的视线和关注。孩子们的定位将决定这座竹桥的分支端点。竹桥除了采用竹子作为基本元素外，其形态也是根据都市乡村的构造脉络来设计（图 9.12）。竹桥适当位置设置滞留空间，可以进行都市农业，即直接改善第一自然的生态环境，又是社交场所，改善第二自然的社会环境，而农耕文明的再接触和乡亲间的文化交流又再度推进第三自然的演进。

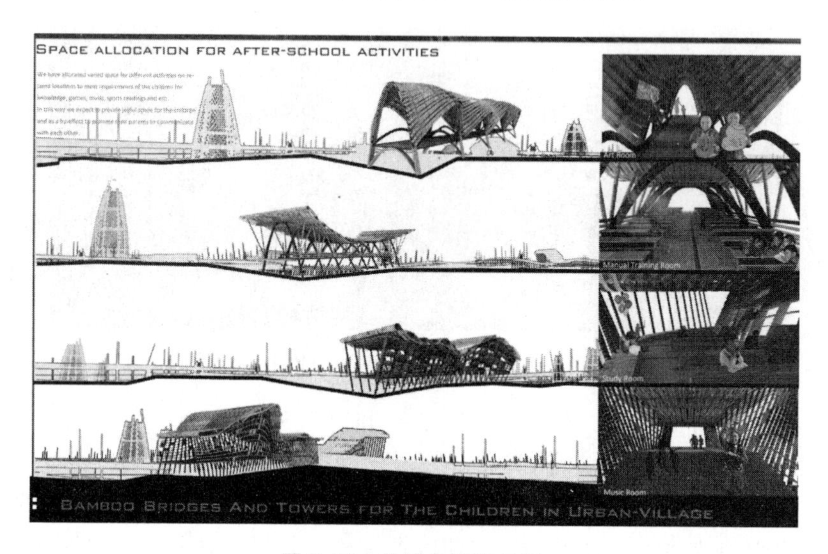

图 9.12　竹桥立面与效果

竹桥和竹塔内多功能空间可以满足人们日常生活交往的需要，它可以提供开敞的娱乐活动空间，并且有桌椅给孩子读书学习，多样化的组织提高了市民参与性，体现多样化的第二自然。而在种植塔的基础上，设计组计划建立通过绿点，把竹桥上所体现的生态、历史与文化的景观系统渗透到"城中村"的每一个细胞（图 9.13）。

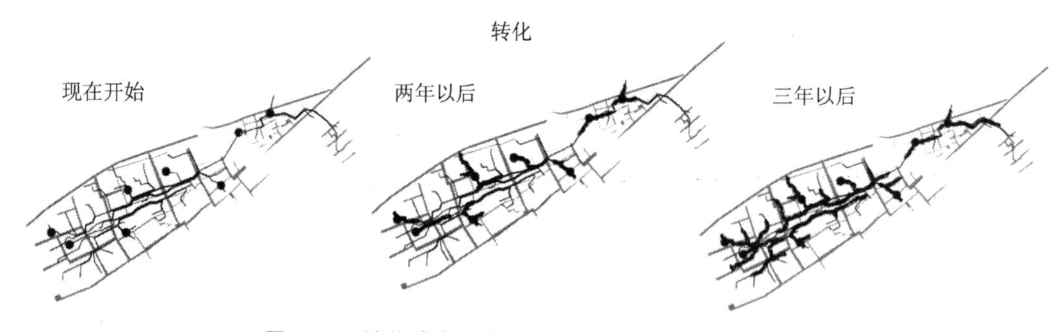

图 9.13　随着城中村岁月变迁演进的"竹网络"的渗透

在种植塔里我们选用的植物都是乡土植物（图 9.14、图 9.15），这些植物品种取自居住此地、来自于五湖四海的人们的家乡，是为了勾起在城市里打工的农民工的回忆以及带给儿童们自己家乡的印象，让他们在这个陌生的城市里能感受到家乡的味道，也为本城中村创造了独特的城市个性和不一样的文化体验。

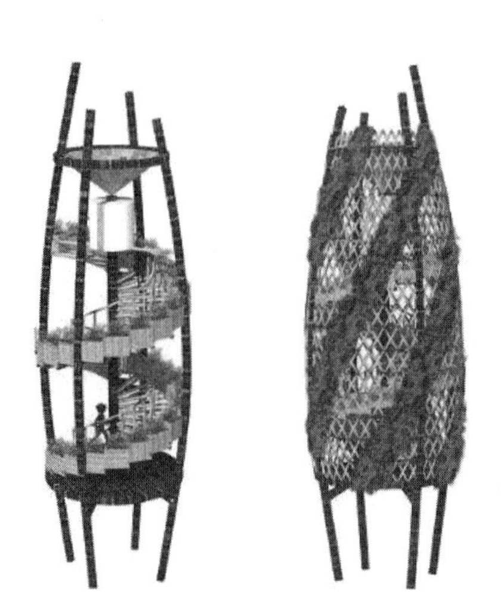

图 9.14 不同省份文化特征的竹种植塔　　**图 9.15 在夹缝中有机生成的竹桥、竹塔形成“地狱里的天堂”**

总结本项目中的第三自然设计脉络，其 MOP 认知、TCL 构型以及设计先例与原型的结构框架如图 9.16 所述。

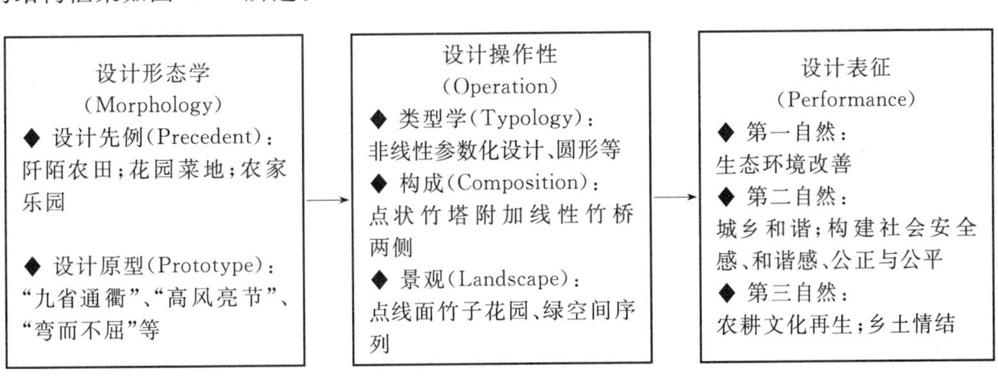

图 9.16 本案第三自然 MOP 设计认知总体图解

9.2.5 目标与展望

探索在城市中心的夹缝中为弱势群体设计景观化城市更新，通过景观手段在狭小的第一自然空间内塑造无限的第二自然空间，和缤纷的第三自然空间，是这个项目的最终努力目标。华安里“城中村”改造实验于 2012 年获得了 IFLA 竞赛三等奖，但这只是探索第三自然的起点，而非终点，该城中村的其他景观与建筑改造设计研究正在进行中。

9.3 景观乡村主义:基于第三自然的田园城市

随着城市的无限扩张,中国城市边缘也成为景观化城市的敏感区域,全球化背景下的中国无序化城市扩张对景观化城市设计的地域实践带来了一系列的冲突与挑战,无序的第二自然的野蛮扩张与原始第一自然、景观化第三自然的冲突愈演愈烈。针对这样的问题与挑战,基于走向第三自然体系理论,我们提出了景观化城市扩张——“田园都市主义”这样的概念,其目的在于诠释走向第三自然的理论体系,建立中国城市边缘的第三自然景观。

9.3.1 全球化背景下中国地域范围内无序的第二自然与第一自然、第三自然的冲突

在全球化背景下,无序的城市化扩张带来了一系列危机。城市化是随着工业化进程的推进和社会经济的发展,人类社会活动中农业活动的比重下降,非农业活动的比重上升的过程,与这种经济结构变动相适应,使得乡村人口与城镇人口此消彼长,同时居民点的建设等物质表象和居民的生活方式向城镇型转化并稳定,这样的一个系统性过程被称为城镇化过程[19]。

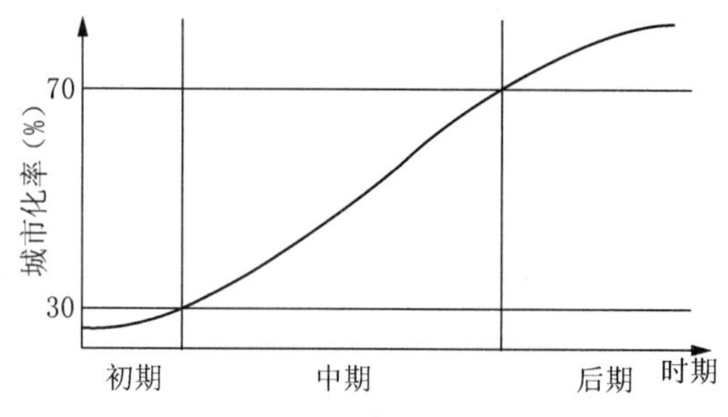

图 9.17 城市化过程的S形曲线

诺贝尔经济学奖获得者斯蒂格利茨曾经说过:21世纪将会有两件大事影响人类的进程,一是新技术革命;二是中国的城镇化(图9.17)。2011年我国城镇人口占总人口的比重首次超过50%,标志着我国城市化率首次突破50%[20]。

于2010年8月16日在美国《外交政策》杂志发表的文章称,到2030年,中国将拥有人口过百万的城市221座,新增城市居民4亿,超过美国全国人口。如果保持目前的城镇化趋势,未来20年中国需要新增建筑面积400亿 m^2,相当于10个纽约或瑞士全国面积。随着城市人口的增长,城市地域的扩张,必将加重城市中自然环境的负荷,破坏城市的生态系统。无限的城市扩张将会带来如下一些问题:

(1) 无限城市扩张对农村第一自然资源的掠夺和破坏

目前我们所看到的众多城市化现象往往是由于发展速度过快的不合理的城市规划设计导致的城市盲目扩张,不断吞噬农业绿地,聚集大量人口,消耗大量能源、资源的过程[21]。德国经济地理学家克里斯塔勒(Christaller W.)指出:“城市在空间上的结构是人类社会经济活动在空间上的投影。”[22]

中国的封建社会时期,是自给自足的农业社会,由于田地包围城市,并且城市化的程度非常小,基本没有城市化问题;到了工业时代,快速的工业发展需要更多的土地,由于工业化和粮食生产技术进步,促使全球多数地方的出生率上升,加上医学科技的发达导致死亡率大为下降,世界人口出现快速且大量的增长[23](图9.18),迫使城市开始向周边扩张,并带来了一系列的城市问题;在工业时代后期,这种城市扩张所带来的问题越来越严重,并且资源和环境得到不可逆转的破坏。在面对自身无法承载的巨大发展压力时,

城市继续向郊区无节制地发展，吞噬周边农田，城市化进程迅速蔓延。而这越来越明显地威胁着地球的自然环境，也越来越明显地威胁着人类的未来[21]。

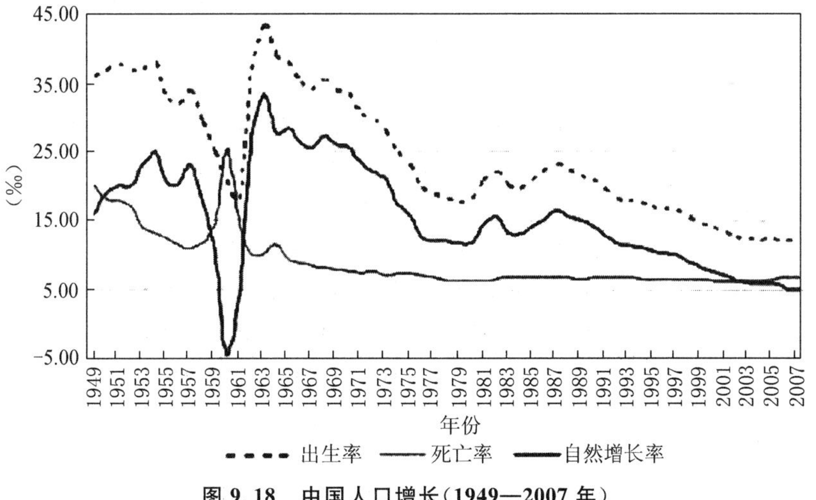

图 9.18　中国人口增长(1949—2007 年)

(2) 无限城市扩张对第三自然的影响

无序城市扩张造成"千城一面"及其地域文化的缺失，传统的"推土机"式拆迁加上"大吊车"式单一建设无法深入挖掘地域文化和产生城市个性。中国的城市化往往抢占了自然以及文化遗产用地，取而代之的是高密度的高楼大厦，模式化的复制居住区、商业区、办公区，千城一面、千楼一面，整个城市拥挤、缺乏个性和识别性、归属感。人们在拥挤的环境中抗争着各种传染病的泛滥，并且已经越来越少的土地用来给人们生产粮食了，没有了最基本的生活保障，再发达的经济、科技也是惘然。

(3) 无限城市扩张对第二自然的影响

无限城市扩张造成了农民和农村的不可持续发展和国家粮食危机。根据我国户籍制度，农村人口占总人口的 69%，非农人口占 31%，而按照城市化率的统计标准来说，在城市工作或者生活超过半年以上的人口就为城市人口，正因为如此，47%的城市化率既包括了 31%的非农人口，也包括了 16%的具有农民身份的进城务工人员——农民工[24]。农民被迫背离土地和农业，一旦城里就业机会减少，回到农村的农民已经不易回到已生疏的农业生产；即便城里可以暂时找到工作，国家也潜伏着粮食危机，广大的农村基本都是"留守家庭"，老弱病残的人在家务农，而青壮年在城里打工。同时专家和学者们认为，土地流转过程中出现的"非粮化"、"非农化"以及耕地抛荒等，直接导致耕地面积减少[25]。研究表明：土壤资源质量等级最高(Ⅰ)的土壤资源的损失量占到了总量的 43%。其中耕地发生质量损失的面积占到损失总量的 83.83%，这其中 45.86%的损失量都来自土壤资源质量等级最高的耕地资源。尽管土地管理相关的法律法规要求土地开发利用过程中要达到土地的占补平衡，但补充的土地尤其是耕地资源的质量很难达到被占用的优质耕地的质量和生产力水平，这将严重影响区域土壤尤其是耕地资源的可持续利用，并威胁到粮食安全和社会发展[26]。

无可置疑，城市化发展带来了城市增长，为农村剩余劳动力的安置问题提供了解决途径，同时也促进了产业的大发展及产业结构的适应性调整，使得城市交通与基础设施建设等不断完善。但是，成千上万的农村人口离开世代生活的土地，来到喧嚣的大城市，寻找新的就业机会，成为城市底层劳动力的主要来源，但是却难以在城市中转化成物质财富。之所以不能把农村的土地指标转进城市，这是在用工业社会的生产力巩固着农业社会的空间形态，越来越积重难返，所造成的浪费令人心痛[27]。

（4）传统农村生产方式本身也制约了农村的进一步跨越式发展

以家庭为单位的农业生产制约了农业土地的高效使用、现代农业产业升级。虽然中国大力发展科技，但是目前最大的产业链依然是收入和产出比例比较低的第二产业，依赖于出口大量投入人力以及没有技术核心的组装业，而第一产业也仅仅停留在大面积耕地以及人工作业上，缺乏更加科学以及系统地使用土地手段。

近年来，能源枯竭、自然灾害频发、食物安全等一系列问题为城市发展敲响了警钟，这种种危害直接制约着人类的生存与发展。那么在中国快速城镇化背景下所面临的城市中的都市农业，如何解决人口、能源、土地、种植的问题将成为亟待解决的难题，我们需要寻找一个可持续发展的解决模式。

（5）总结

全球化背景下中国城市化的无限扩张，带来的是无序的第二自然、破坏的第一自然以及文化缺失的第三自然。针对这一系列的问题，可持续发展的概念映入人们的眼球。可持续发展是既能满足现今的需求，又不损害子孙后代能满足他们的需求的发展模式[28]。这是现代人在经历了一系列的环境问题之后提出来的，其实在中国古代就有了这种可持续发展的思想，那就是中国传统的哲学思想——天人合一和风水格局。

敬天即所以爱人，爱民即所以尊天。所谓天人合一，是包含了天定胜人与人定胜天两个观念。“天行健，君子以自强不息”（《周易·乾·象》）。中国的思想，不偏于天定胜人，亦不偏于人定胜天[29]。它是一种人与自然融合为一体的思想，其体现在人居环境上是渴求得到既能满足人们的生活居住需求，又能满足环境保护的需求，自然环境与居住环境合二为一，相辅相成。风水学存在于中国人的内心和文化深处，是几千年来通过世世代代的人摸索出来的一门科学，它不是迷信，也不是统治工具。在古代的封建中国，人口没有膨胀、没有金融危机、自然没有破坏，但是当时的景观风水师却非常重视自然风景在造园中的利用：古代的庄园，不像现代的别墅集中安置，而是分散开来，每一栋住宅都有独立空间，不同的风景感受，而且保证了私密性和领域感；房屋与自然风景融合，使建筑与景观成为和谐统一的整体；更注重“九曲十八弯”的步移景异的景观感受，所以住宅的排布非常自然，摒弃机械化、几何化的非人性布局。

传统的“摊大饼”式的城市规划实际是以一时之利借助强势手段对农村各种资源的掠夺式发展，是不可持续的发展，在面临城市化如此严重的今天，应该寻找有新的具有中国特色的设计方法和手段来应对，选择耕地资源损失最小化的城镇化路径[30]。从集约用地的角度分析，发展大中城市更有利于节省土地，转变传统的城市发展方式和用地观，加强土地整理，集约用地[31]。城市应当是一个爱的器官，而城市最好的经济模式应是关怀人和陶冶人[32]。而城市边缘最好的景观模式应该是体现人文关怀的景观化第三自然的中国田园都市主义。

9.3.2 基于第三自然的中国田园都市主义

在这里不得不引入一个概念——田园城市理论。田园城市理论（Garden Cities）是埃比尼泽·霍华德提出的一种将人类社区包围于田地或花园的区域之中，平衡住宅、工业和农业区域的比例的一种城市规划理念[33]，而“田园都市主义”则是一种新的大城市周边开发与设计策略，它将城市发展需求与都市发展需求相结合，以多元、特色化、地域性的田园风光的都市新面貌实现可持续发展的中国城市化。在此，田园城市的乌托邦结合中国传统文化思想通过第三自然的景观化城市设计方法，有可能变为现实。

总体表征：2008 年 10 月 9 日至 12 日举行的第十七届三中全会聚焦农村改革发展问题，土地制度、粮食安全、城乡一体化等议题均已给出新说法。第一，农村土地承包期有望从 30 年延长到 70 年。第二，宅基地置换。第三，农地入市。将城市发展需求与都市发展需求相结合。农村为城市提供现代化、高科技高度集约的“粮仓”、“果圃”、“花园”、“渔场”，而不是仅仅卖地成为地产项目。将农民留在土地上就地就业服务于集约化的高科技农业。

以多元、特色化、地域性的田园风光的都市新面貌实现城市化，对土地集约化和城市化产生如下积极的影响：

（1）田园都市主义对第一自然的积极影响

田园都市主义可以节约土地和 FEWS（人类生存所需的四种基本资源：食物、能源、水、空间）资源。城市土地集约利用：在特定时段、特定区域内的一个相对的概念，应在科学发展观的指导下，以“以人为本”为核心，以全面协调可持续为前提，统筹兼顾城市土地的经济效益、社会效益和生态效益，通过适度增加存量土地投入、改善经营管理等途径，不断提高城市土地的利用效率，为城市经济社会持续、健康和稳定发展提供基础保障[34]。中国经济已持续了 30 年的高速增长，在未来 10 年甚至更长时期内，将继续保持较高增长态势，城市化和工业化进程加快，人口继续增长，将导致大规模的土地需求。然而，中国土地资源面临的形势十分严峻，耕地总量持续下降，土地退化严重，人均占有耕地资源递减，土地资源利用粗放，土地稀缺问题将成为制约经济增长的重要因素[35]。2004 年国务院 28 号文件下发了深化土地改革、严格土地管理的决定，明确提出节约集约用地的政策。因此，需要及时调整和校正土地利用方向，调整用地结构：充分挖掘现有城市用地潜力，协调新区开发与旧城改造的关系；建立和完善土地市场体系和调控体系；利用地价杠杆调节城市区位的合理配置；完善土地管理机制，促进小城镇健康有序发展等措施，来促进该市城市土地的进一步高效利用[36]。

在这一城市发展的方向下，以免造成城市内部的无序混乱现象，当前处于快速城镇化背景下的中国城市之中急需集约多维利用 FEWS，用以将形态整合一体化[21]。城市与乡村的空间结构关系的转变正如塞德里克·普莱斯（Cedric Price）所提出的形象比喻，将都市农业，绿色能源，水与城市空间（FEWS）一体化的空间结构关系的转变形象比喻为由远古时代的“煮蛋式”——17—19 世纪的“煎蛋式”——现代的“炒蛋式”[37]。

（2）田园都市主义的第二自然社会效益

专家和学者们比较集中的观点是，土地流转过程中出现的“非粮化”、“非农化”以及耕地抛荒等，直接导致耕地面积减少，将危及我国的粮食安全[25]。

为了考察城镇化与耕地的关系，建立耕地面积与城镇化率的回归模型：

$$\ln(\text{area}) = c_0 + c_1 \ln(\text{urban}) + \varepsilon$$

式中：urban 为非农业人口，代表城镇化率；area 为耕地面积；c_0、c_1 为待定系数。

利用湖北省1990—2004年的数据进行分析，据计量结果，湖北省耕地面积与湖北省非农业人口之间有显著的负相关性，湖北省1990—2004年耕地面积的变化约有65%的因素可以用非农业人口的变化来解释，或者说，耕地面积的减少65%是由城镇化引起的[32]。

如何既能进一步提高城镇化水平，又能在城镇化进程中维护国家粮食安全，寻求城镇化与粮食安全之间的内在统一，为此建议如下：应当选择耕地资源损失最小化的城镇化路径[17]。从集约用地的角度分析，发展大中城市更有利于节省土地；转变传统的城市发展方式和用地观，加强土地整理，集约用地[32]。"举头望明月，低头思故乡"，漂泊的人们之所以痛苦，往往是因为孤独，思念家乡以及亲人，甚至是家乡的一棵大树。所以田园都市主义的理想模式是把农民就地转化为市民，而不是将他们推向拥挤的城市，成为孤独的漂泊者。而田园都市主义的社会效益目标就是增加粮食安全、增加农民就业和增收。

根据第六次人口普查，居住在乡村的人口为674 149 546人，占50.32%，其平均教育水平是小学，大部分的乡村人口还生活在交通不便、经济落后的地区，其生活条件急需改善。但是自1978年改革开放以来，中国步入国际化的舞台，贫富差距逐渐拉大，同时也产生了一些社会问题。政府一直致力于平衡贫富差距，以富人带动穷人致富。将富庶的投资人与较贫穷的农民结合起来，是比较好的平衡模式。有条件的人享受了良好的生活环境的同时，也供给和带动了当地农民的收入，改善了他们的生活。

目前中国的农业仍然是粗放型农业，以人工化和大面积种植为主，极少使用机械或者高科技种植业。生产效率和产值低、投入产出比较高。然而高科技农业是一种使用现代科学技术，高效率利用土地和人力的产业，它可以让农民更快的致富。把散布的村庄集合起来，为高科技农业的发展空出土地。

(3) 田园都市主义的第三自然先导本质

一方面，目前中国城市化最严重的省份是广东省，深圳、东莞、虎门等市已经联成一体，城市与城市之间几乎没有乡村，产生了大面积的硬质铺地影响雨水的排泄，垃圾废物无处填埋等一系列的城市化问题。另一方面，新催生的城市又基本千篇一律、"千城一面"，地域文化与地域景观两者几乎被蚕食殆尽。将纯粹的郊野乡村转化为"乡村城市"或"田园都市"，可以一定程度上阻止城市的"摊大饼"似的扩张，并进而复兴地域新文化。田园都市主义本质和最终目的是为了防止都市无限扩张，增强都市化新文化特色。

(4) 田园都市主义第一自然、第二自然的总体形态学要求

面对城市化带来的如此严峻的环境问题、社会冲突，我们需要寻找一种行之有效的解决方法：土地集约化的空间形态、复合型可持续产业链的土地利用、多元的景观特色。仲尼斯和勒费夫尔提出的"批判性地域主义"反对高科技和全球化带来的副作用——自我利益的膨胀以及社会公共意识的薄弱，他们的结论是，批判性地域主义似乎是当今建筑师在面对全球冲击下，重建"地方"这样一种具有社会性空间的可行途径之一。

9.3.3 田园都市主义的黄陂实验

黄陂是位于武汉近郊的一块场地，欲将其打造为一种全新的中国模式——乡村城

市，并将其精髓作为一种模式，推广开来。它将以私密的优美环境吸引全国的精英前来居住、休闲，并引领当地的高科技现代农业，拉动当地产业发展。

关于开发酒庄、重建新农村的相关规划，国际国内已有一些成功的例子。如何通过设计集约化土地，使农村生产方式跨越式的发展，酒庄建设吸引精英人群，拉动当地经济发展，并作为城市的标志，同时又能具有新时代的功能和审美价值，关键在于掌握使用和利用土地的强度和方式。从这个意义上讲，设计包括对原有形式的保留、修饰和引用形态学创造新的形式。这里将主要介绍新农村建设的新思路和在此基础上的新的设计形式，并由此引发对走向第三自然的景观化城市设计理念的理解。

本项目地块位于湖北省武汉市黄陂区，是一个位于中国中部地区的乡村，面积约为 8.7 km^2，有自然村 7 个，1 000 多户农家，距离武汉市中心约 35 km，距离汉口火车北站 15 km，距离武汉天河国际机场约 11 km，毗邻沪蓉高速，背靠木兰山(图 9.19、图 9.20)，具有良好的交通环境和景观环境，并且将成为武汉的形象大门。甲方希望得到一个对外开放的具有特殊意义的庄园，其功能包括红酒生产、红酒储存、游人观光，成为全国首屈一指的红酒庄园度假村，并且同时处理好自然村和庄园的关系。

度假产业启蒙于欧美国家，早期的度假是贵族的活动。在中国，中产阶级规模扩大，促进了度假产业。在全国目光聚焦在发展大众度假产业的同时，很少有人关注精英度假。高端度假成为新的产业发展方向，大武汉国际化程度提升，庄园式休闲办公、休闲会议和高端旅游等浮出水面。

同时面临“摊大饼”式城市发展的吞并，是按传统的城市扩张方式成为城市扩张的牺牲品，丧失原有特色，还是探寻一种新的设计方法是我们值得思考的问题。

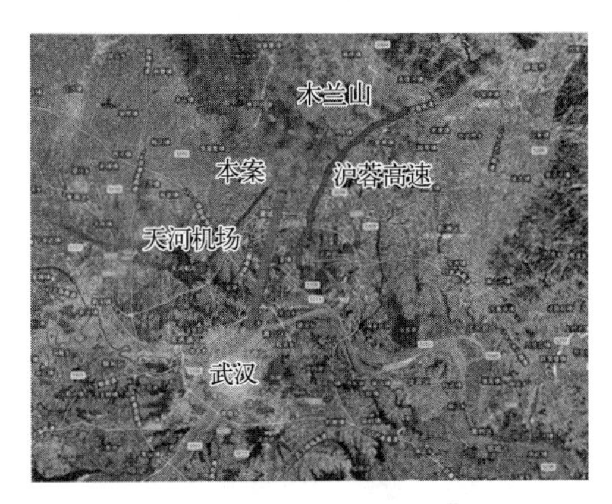

图 9.19　黄陂区位图

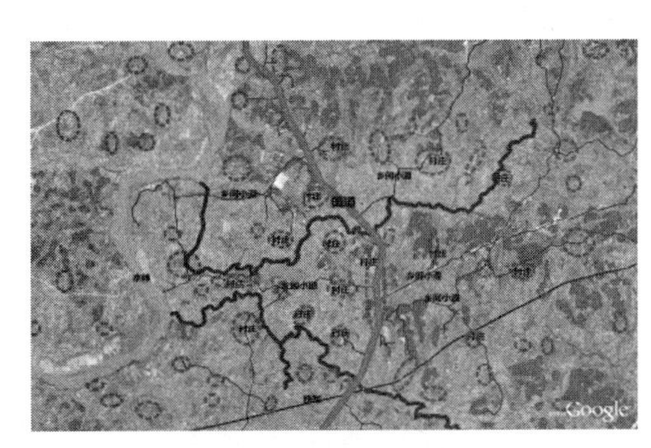

9.20　黄陂周围村庄分布

在规划建设中涉及农民搬迁的问题，在城市化如此严重的背景下，是将他们推向城市还是就地消化？我们需要从传统都市化走向新庄园经济，同时庄园消费的定位也是需要考虑的问题。经过分析，我们发现场地原状呈现一种分散的状态，且土地利用率极低，无法形成城镇化、农庄化、农业产业化和高科技化。为了解决这一问题，我们考虑采取集中的策略，最高效利用土地，使庄园获得足够发展空间。同时，当地农民可以获得发展资金转化高科技农业，并就地城镇化(图 9.21、图 9.22)。设计方案提出的以新农村建设新思路为主旨的田园乡村型设计方案，得到甲方充分认可。

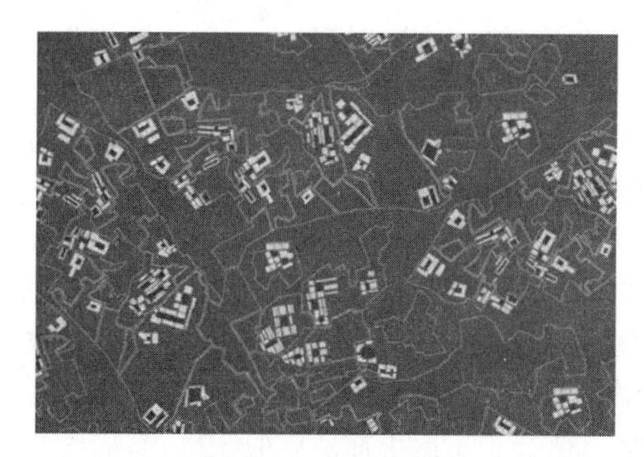

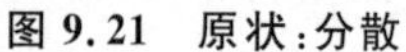

图 9.21　原状:分散

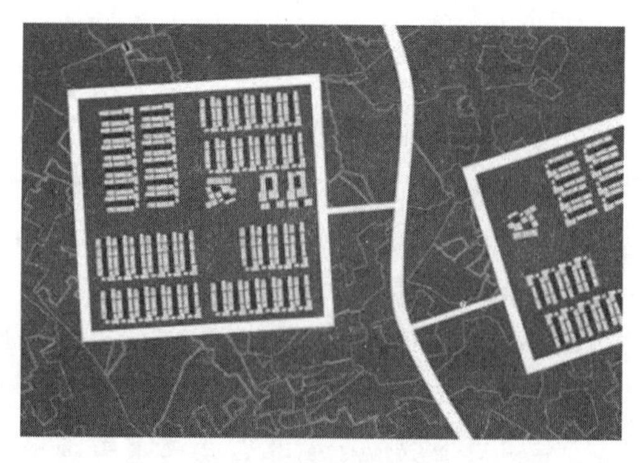

图 9.22　策略:集中

景观设计形态学形成——中国传统与西方现代主义融合的设计先例与原型如下所述:

从古至今每当一个建筑与一些形式联系在一起的时候它就隐含了一种逻辑,建立了一种与过去的深刻联系,或称之为“设计先例”。可见建立在文化、生活方式和形式的连续性基础上的类型正是类型学所寻找的答案[38]。景观设计不是凭空捏造,依循其大地文理、历史文化等相关事物形态都是广义类型学的范畴。

在认识到机器模式城市仍将长期延续的前提下,传统城市空间形态的继承是一个有选择的过程,在继承中与机器模式走向融合;抵抗全球化的影响是传统继承研究的重点[39]。其实当代景观营建和传统园林之间并无鸿沟,与民族传统决裂的方式是一种错误,中国传统园林是当代景观营建的重要根基。景观设计不应被视为从国外移植来的全新行业,更不是随心所欲、凭空想象的设计,而是在历史与现实的语境中选择恰当类型的复杂过程。

结合中国道家的阴阳学说和西方形态学兼容传统与现代的设计手法建造乡村型城市如下所述:

万物皆可一分为二,皆有阴、阳。阴、阳是宇宙的起源,世间万物皆有阴、阳之分的说法,引用太极的形态建造庄园,意在“万物负阴而抱阳,冲气以为和”(老子),建造一个人与自然融洽无间的、和谐的、最适宜人类居住的庄园(图 9.23)。

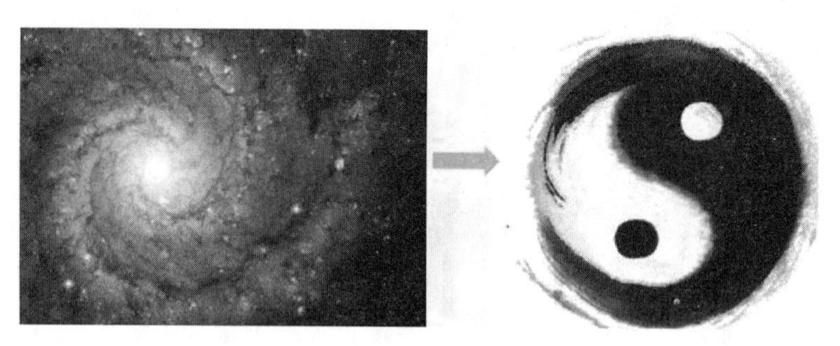

图 9.23　老子的阴阳学说示意图

类型学中,设计小组研究当地的大地肌理,其水塘比较多,且农田的形状比较规则,每个单元像一个一个的细胞一样,生产粮食,孕育着生命。细胞的个体与个体之间紧密相连,形成组织结构。而又各自独立,自成体系。单体结构——细胞壁、细胞膜、细胞质、细胞核。生态细胞是指以“细胞结构”为模板的仿生单元布局模式。单元内有流动循环的水系,单元核心——古堡区,细胞质——大面积的农业种植,以有机的形式组合在一起(图 9.24)。

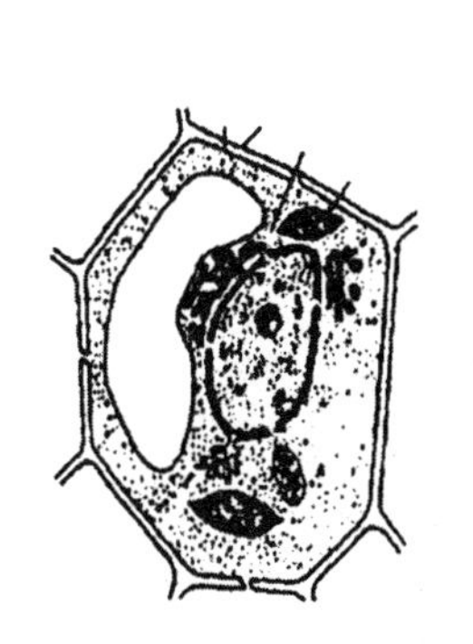

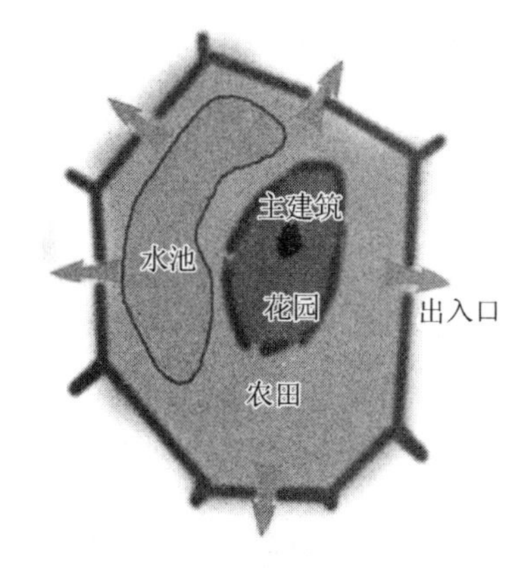

图 9.24　细胞结构的仿生单元布局模式

综合以上对空间形态的分析，设计组认为庄园的空间布局是在产业布局上形成"一心多片，支状链接"的类型学（图 9.25），即一个中心和若干个不同类别的产业园或功能组团嵌套在有机的生态细胞田园之上。各片区相对集中，风格相似，功能相近《考工记》记述的周王城中也在城市中心的王宫附近有左祖（父系社会祭礼祖先），右社（农业社会中祭祀五谷之神），也说明祭祀活动在城市中的地位。可见城中位置在中国古代社会具有非凡的神圣意义，所以中心位置是一个城的核心。图 9.26 是以太极城为中心，农业种植围绕在周边的初步构思草图。

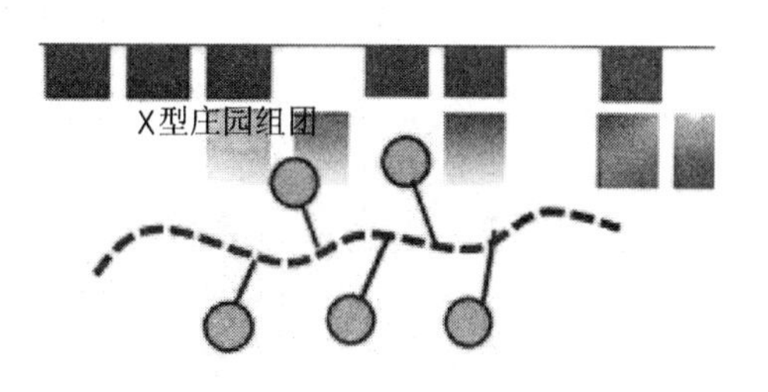

图 9.25　类型学：一心多片，支状链接

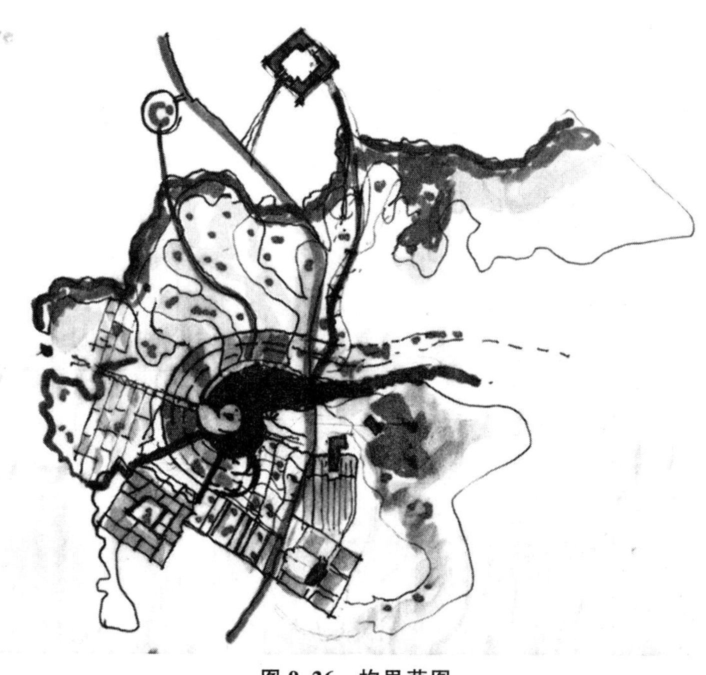

图 9.26　构思草图

(1) 功能分区和多元土地利用

庄园，即庄和园，是房屋与田地的组合，所以设计组将场地分为以下几个区域：中心服务区、法国古堡区、庄园区、欧洲田园风庄园、超五星级酒店与集中安置区、酒店区域还包括外围的草原与林区，形成一心多片的规划格局(图 9.27)。

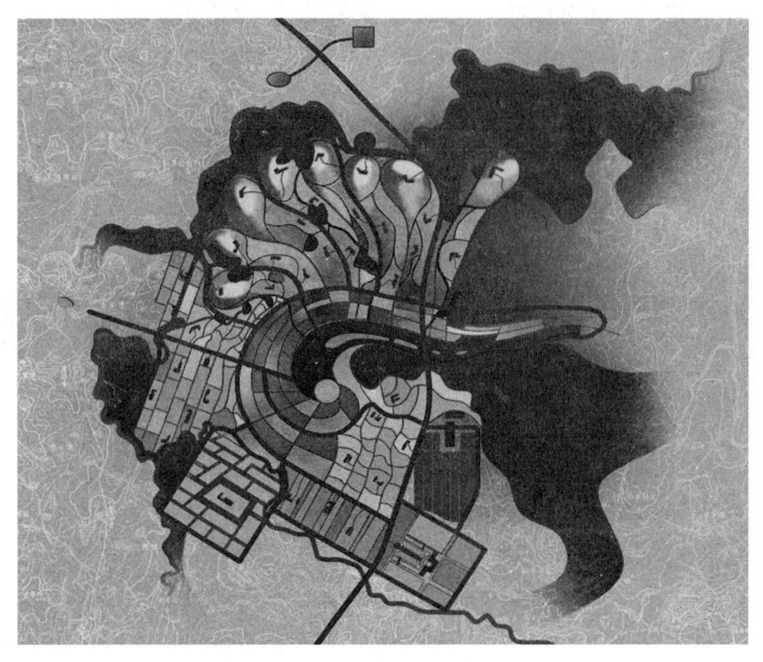

图 9.27 庄园总平面图

中心服务区：定位为行业精英庄园核心区和综合服务中心，是面向中国休闲商务市场、高端度假市场，集会议博览、休闲商务、餐饮娱乐、住宿接待等多种功能于一体的“田园主题核心小岛”。

法国古堡区：位于场地的东南角。以法国风情为主要风格的古堡区，为本案的主要服务区，是面向中国休闲商务市场、高端旅游市场和国内外葡萄酒专业厂商市场，集会议博览、文化展演、休闲商务、旅游集散、餐饮娱乐、住宿接待、休闲购物、教育培训及行政管理等多种功能于一体的“红酒主题庄园”。

庄园区：位于场地的北侧和中部，北侧是中式山水庄园；中部为中式田园庄园。以中国山水、田园诗词为意境，通过曲水、远山、草屋、方宅的随性组合，创造“虽由人作，宛自天开”的自然山水庄园，享受农耕文化所带来的最质朴的田园享受。共建造 10 个庄园，结合当地丰富的文化渊源为每个庄园赋予一首田园山水诗，并以此为主题建造，这 10 个庄园分别是：桃花岛、木兰山庄、程氏书院、慈云普护、淡泊宁静、杏花春馆、终南别业、渭川田家、雨过山村、归园田居，是本案最主要的构成部分(图 9.28)。

欧洲田园风庄园：位于场地的南部，温室岛，运用黄陂当地石材建造房屋。

超五星级酒店和集中安置区：位于该场地距离庄园较远的北侧区域。

酒店区域：生态圆山。酒店核心层为垂直农业，周围布置客房，西面敞开采光，形成生态绿心；每层都是花的海洋，螺旋向上，浮于空中，建造一个空中花园；酒店布置四季如春的玻璃山，形成一个温室酒店。

草原与林区：草原位于场地的东北角，林区环绕庄园。

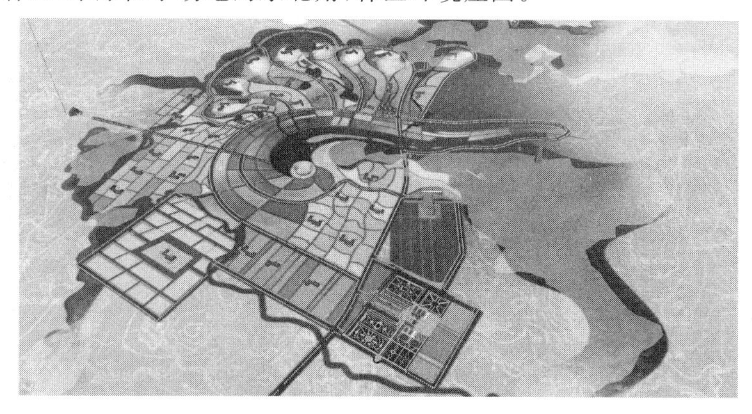

图 9.28　庄园鸟瞰图

（2）生态新农村：绿色方山

方山集中安置本案场地中的 1 000 多户农家，高度集约化利用土地资源；绿色建筑表皮，会呼吸的表皮；建筑与环境的有机融合，资源高效利用。建筑采用积木式村庄：叠起来的房子，可以集约化土地利用，绿色的建筑外表皮，垂直农业达到土地的高度利用；高科技的空中轨道交通，链接古堡与农民安置区。

（3）水循环系统

目前很多城市或者乡镇的水系统过度人工化、城市化，使原有的自然风光和独特的水景观遭受破坏，也破坏了水生态系统和生物过程的连续性和自然景观多样性和美学价值[40]。设计组力求寻找一种与场地相结合，并充分发挥水系统的生态功能和美学功能。

中国传统田园讲究山水结合，本场地北侧有木兰山环抱，场地中现有一条成环的小溪和零碎的水塘，缺乏成体系的水系统。中央区是人工水系，规划平面与水环境阴阳和谐，刚柔相济，融为一体。并有中央水系引出田边水渠，达到灌溉的功能。一条曲线柔和的水系顺应着场地边界，将庄园包含其中，成为一条滨河风景线，将村庄置于外围而将庄园置于内核。中央水系、自然水系和小湖泊三者相连通，形成水循环系统，产生生态效应(图 9.29)。

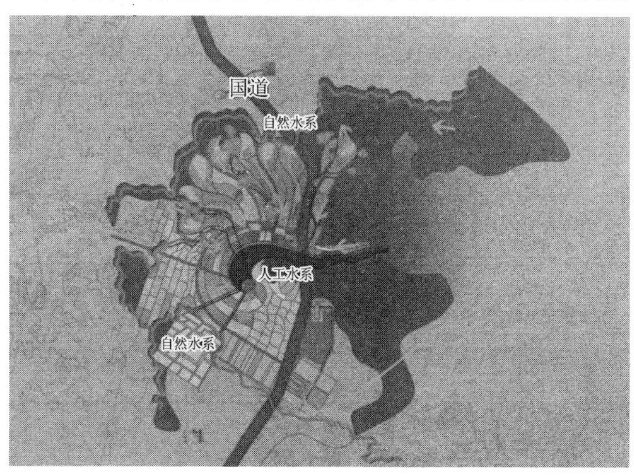

图 9.29　庄园水系图

(4) 道路交通格局

庄园道路交通格局见图 9.30,庄园绿与生态系统见图 9.31。

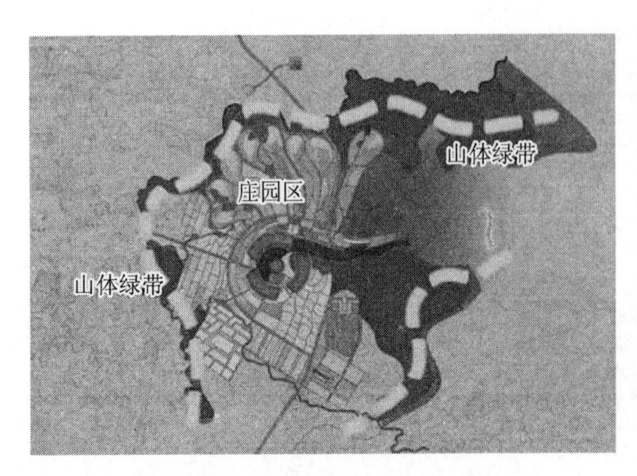

图 9.30 庄园道路交通格局图

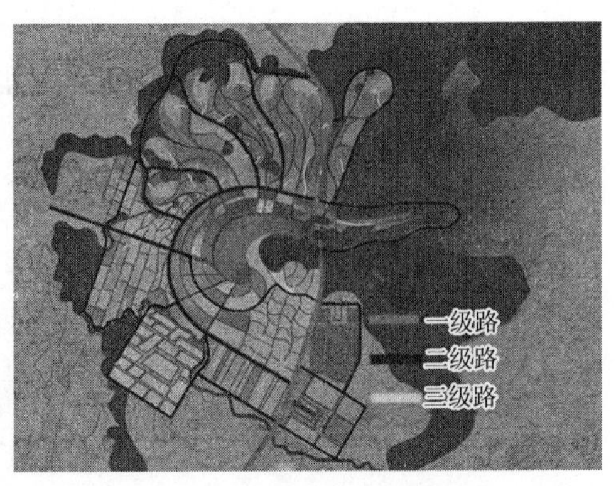

图 9.31 庄园绿与生态系统

9.3.4 实施策略

1) 战略定位

中国首个高端产业庄园度假区,建造全国乃至世界的首个现代庄园主题文化度假区;高端度假区,带动中国房地产高端产业发展,成为高端度假区典范;发展高科技农业,引导高效率、大面积、机械化庄园农产业。

2) 产业定位

以发展高质量服务业为核心,以高科技农业为辅助产业,以高品质休闲观光业为配套产业(图 9.32)。

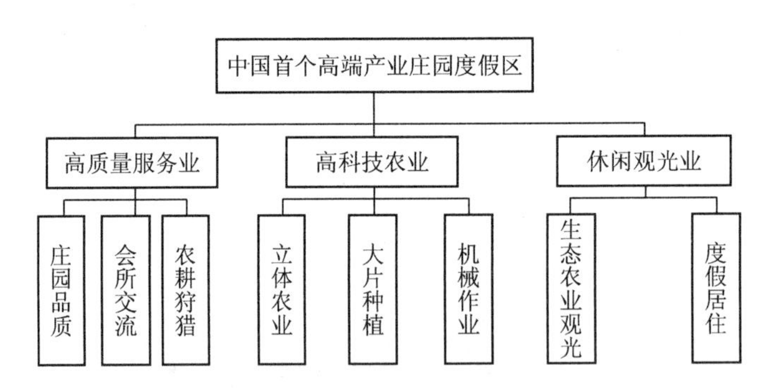

图 9.32 庄园产业定位

3) 本方案面对的主要市场

集高科技农业区、旅游度假区、休闲商务区和葡萄酒生产性服务区于一体的综合性区域,集企业度假庄园和私人庄园于一体的庄园度假区。

(1) 田园文化、私人独享庄园感

中国田园式为内在本质,耕种或骑射或狩猎,享受自由、私密、畅快的私人庄园体验。

(2) 度假居住、康体运动高端旅游市场

无垠斑斓花海,清澈灵动流水,苍翠碧绿林波,世外桃源般的农业景观,人工与自然的完美和谐，打造一个无忧静谧的感观世界。以中国山水画和西方古堡为支撑，以文化为主题，以酒庄为产业和服务功能的载体形态的庄园度假区。

(3) 高端农产品、先进加工业市场

以高科技农业园等为生态背景，高度机械化，出产高品质农产品，服务全省乃至全国，集文化体验、大面积农业景观、休闲会议、度假居住等于一体的特色国际休闲度假区。

总结本项目中的第三自然设计脉络，其 MOP 认知、TCL 构型以及设计先例与原型的结构框架如图 9.33 所述。

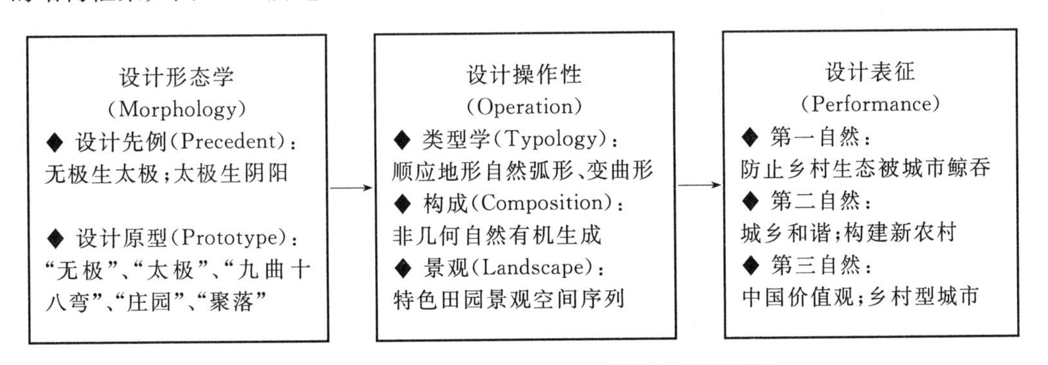

图 9.33 本案第三自然 MOP 设计认知总体图解

9.3.5 中国城市边缘的第三自然展望

本方案注释了设计组对"乡村型城市"整合三个自然的探索性理解：农民就地转换为市民，自然集中安置，高集约使用土地，以便从事高科技农业。借鉴荷兰高科技农业的经验，建造大面积温室、垂直农业、高附加值的农业、高科技和高端农业、"废弃物"有机循环的生态循环农业，在集约土地使用的同时改变中国农村千年来的传统种植方式。将中国传统的城市营造文化与生态、社会与经济的发展统筹起来协调发展。

设计方案期望通过庄园的设计，探索一种"乡村型城市"的新类型学，将此类型学推广开来解决目前新的城乡矛盾。在整合景观化第一自然、第二自然并且走向第三自然的基础上，指引了中国城镇化发展的新方向，扬弃中国传统价值观、推动中国传统自然观，挖掘第三自然的景观化城市设计模式。中国人处理人与自然、聚落与自然的态度是一种独特的文化遗产，是发扬第三自然景观设计的最佳精神境界。

在城乡一体化发展的新一轮撞击中，这种"第三自然"文化观岌岌可危，我们必须辨认和把握文化的载体，去伪存真，使中国城市边缘的第三自然成为延续"城市与乡村之根"的有力武器，而非种植"城市与乡村之根"的地方。

城乡差别始终是中国最大的差别，城乡矛盾始终是中国最大的矛盾。在本章的前三个"第三自然"的景观化城市设计案例实践中，我们解读了走向第三自然的理论体系，在中国快速发展时期的城乡问题，如何通过第三自然的设计方法进行可持续发展的城市景观化和景观城市化，应对全球化背景下的中国批判地域性景观的姿态与展望。

然而，随着全球化进程的飞快加速，特别是21世纪新环境中面临的“知识创新”与“网络割据”提出了新的威胁与挑战，第三自然如何依托高科技应对迫切的国际问题被摆上了景观设计桌面。下面以丹麦希勒勒南区项目竞赛和美国路易斯安那拉法耶国际城市设计竞赛一等奖中标方案为例分享第三自然设计方法实践探索的国际经验。

9.4 童话般的第三自然：丹麦健康城

在丹麦希勒勒南区项目设计中，设计组（参加同学：张彤、郭汀兰、张久芳、王建阳、何学源、曹凌玥、杨小雨）针对丹麦希勒勒南区的现状与发展前景提出了基于场地文脉的6个挑战、10个策略以及具体设计手段。方案提出基于第三自然的老城延续与手工城市重构的概念，挖掘与配置地域性景观与文化。同时融入“治愈农场”与“自然疗法”的农场文化与原始状态的自然文化对人类文明的治愈作用，通过第一自然美化第二自然，通过第二自然构建丹麦童话文化的第三自然，最后达到人的身心状态的最佳平衡和健康（图9.34）。

图9.34　丹麦健康城鸟瞰图（见彩插）

9.4.1 项目背景

希勒勒市南区是希勒勒市未来发展的重点区域，也是本次项目的设计范围。该地区位于北西兰岛(North Zealand)的中心地带，地处S线(S-Bahn)地区东部，南部有地区轨道交通，区内包括西部的闪电区和纽兰兹，北部的索尔皮特和体育设施及住区，设计范围总面积约为300 hm^2。目前基地内大部分为农用的分散建筑。在场地的东部地区，如赫斯特哈费耶(Hestehavevej)、草原公路、铁路(Lokalbanen)以及一个名叫赫斯特哈费(Hestehave)的小村落分散着许多历史建筑和小屋子。北边和南边的罗斯基勒(Roskilde)路是归诺和诺德制药公司(Novo Nordisk)所有的。法夫赫莫(Favrholm)农场现在改建成了诺和诺德制药公司的培训基地。在法夫赫莫的围墙和希勒勒的车道之间的区域是整体规划中潜在的扩展空间，这片区域被诺和诺德制药公司在20世纪90年代末期收购发展。该区域东部有S火车站(S-Train Station)、中部有已规划好的新西兰医院，这两个条件使该地区具有成为未来南部地区市中心的潜力。项目任务书中强调，当地公民和企业对希勒勒市未来的规划充满了愿景。该愿景描述了如何使希勒勒市南区成为保持原有地区自然风情的绿色社区，同时也希望希勒勒市南区变成一个能够吸引人们参与、交流、互动的小镇，并且能够在设计方案中找到这些共鸣。

9.4.2 场地面临的挑战与策略

该项目的主要挑战来自八个方面。这些挑战既是设计的问题也是设计方案的机遇。主要挑战如下：如何使场地成为当地居民和外来人员的重要生活场所；如何保持场地的地域性特征；如何保持城市结构的延续与完整；如何处理利用该区域与场地已规划医院之间的关系；如何使该地区具有可持续性，时刻保持动态的发展形势；如何处理雨水；如何减少二氧化碳(CO_2)排放，保持地区的碳中性；如何保持地区的灵活性，使地区成为新老城区之间过渡的枢纽。

针对以上项目书中的八个问题，我们通过场地分析提出了以下相应的设计策略(图9.35)：营造一个拥有健康灵魂、身体、经济和生态的特色城市；构建具有战略性的公共空间节点，连接这个新城的主要脉络；尊重场地原有存在的一切具有价值的元素，并保持其与大自然联系；沿着城市主要脉络，通过林奇的城市四元素创造不同的城市空间形态；控制火车站的扩张，为未来的城市发展预留足够的空间；沿着新城边界建立景观绿化缓冲带，隔离交通噪音与空气污染；在空间相互交汇的情况下，具有清晰的区域使用功能；创造多样化的邻里环境，保持城市的可识别性；构建可持续的水系统；通过构建几何形结构最大限度地发挥自然的潜力。

9.4.3 第二自然的社会岛和医疗岛

基于以上提出的10个设计策略，结合第二自然景观化城市设计的方法论，我们探索了通过患者社会关系的改善来提高疗效的相应设计方法，即认为患者不但不应该被社会排斥和隔离而边缘化，还应该设计更多的社会交往空间促进患者和健康人以及整个城市的更多社会交往，以此施行基于第二自然的“社会疗法”。为此，我们开发了两种主要空间类型学(Morphology)：社会岛(Social Island)和医疗岛(Eyeland)，来解决场地内部问题以及传统医疗模式的弊病(Operation),实现人与人和谐交往促进身心健康的最终设计表征目的(Performance)。

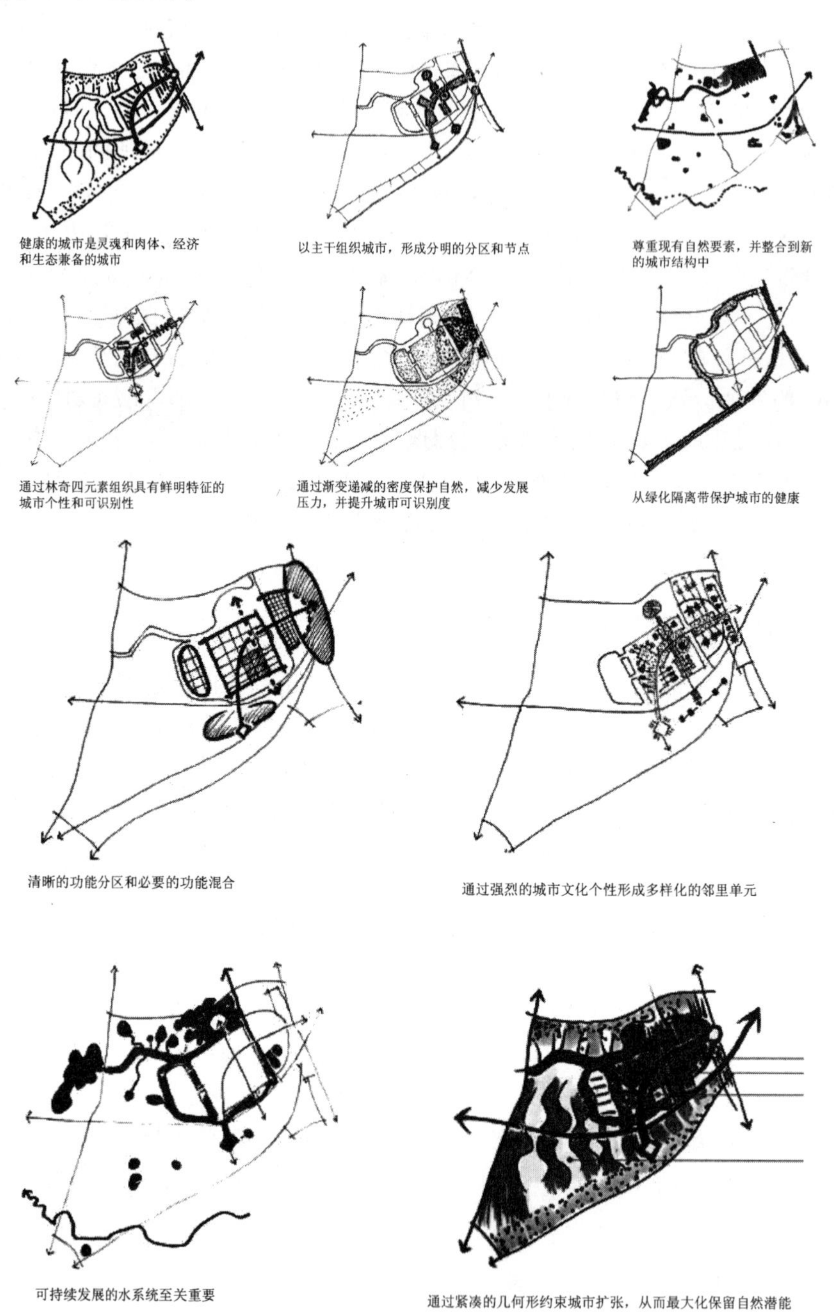

图 9.35　10 个策略草图

社会岛:任何一个城市都应该遵循该城市发展的历史文脉,我们在希勒勒市现有脉络中努力寻找基于丹麦文化的设计先例与原型。结果发现场地附近的丹麦皇家腓特列古堡就是该地最悠久的历史建筑和联合国教科文组织保护的文化景观建筑,是第二自然与第三自然的“叠影”。经过文化与场地分析,我们发现了一系列“景观设计原型”(图 9.36)。这些原型包括城堡、岛屿、运河、树林带、宽阔的田野等。我们在设计草图里力图以 TCL 的构图方式“重现”这些原型。社会岛包括了医院的方岛和住宅区与商业区相融的圆岛。在最大限度地利用当地地形、地貌的情况下,我们以景观作为设计的主导手段,顺应当地的景观资源分布格局来布置建筑位置与密度(图 9.37)。这就起到充分发挥当地自然资源在设计中的作用,使景观特色最大限度地可视化,同时也保证了当地的生态环境,满足了第一自然城市设计的基本需求。在靠近火车站的圆岛里,我们设计了很多在腓特列古堡里见到的“设计原型”的岛状空间,它们被称为“社会交往岛”。它们有时在水边,有时在道路旁。这些大大小小的“社会交往岛”被“播种”在城里,也是一些充满活力而又有集聚力的点状场所,用其来激活整座城市的活力。利用这种原型,我们首先在圆岛的周围开辟了一条环形运河,岛内空间保留着场地原有的湖泊(图 9.38),这些湖泊可以提升该区域的景观可识别性和地方特色。为了激活圆岛与火车站之间的联系,在与火车站出口相连接的区域设计了一条景观大道,景观大道的两侧是商业街,这可以激发当地居民与外来人员在该区域的碰面和交流机会,同时景观大道为相遇提供了非常舒适宽松的交流环境(图 9.39)。其次,作为医院的方岛,如何考虑医院与城市居住区之间的联系,使社会的交往程度更高,避免医疗患者在心理上的病态思维?我们做出了很好的处理方式。医院方岛周围是环绕的运河,不但可以作为缓冲区以避免疾病传播,还可以提高医院周边的景观效果,缓解病人的消极情绪,同时作为风景优美的方岛,反而成为一个旅游胜地。方岛的景观资源可以吸引隔桥相望的圆岛居民,通过提高圆岛与方岛之间的可达性,使居民愿意到医院去游玩,提高了方岛的社会凝聚力与社会和谐度。该设计方法很好地应对了挑战中提到的如何解决医院与周边环境的协调,同时体现了第二自然城市设计方法在设计中的运用。

(a) 腓特列古堡文化类型学

(b) 水中岛的自然类型学

(c) 皇宫体现的设计原型

(d) 典型的丹麦园林设计先例

图 9.36 “腓特列古堡”及周边环境隐藏着丰富的“设计先例”与“设计原型”

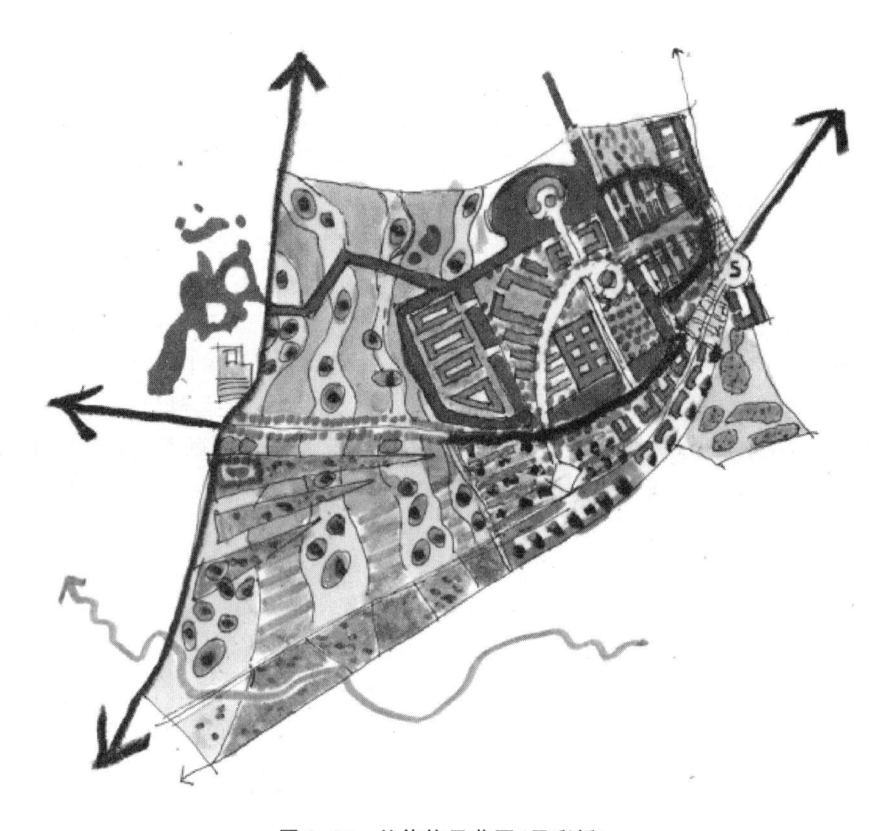

图 9.37 总体构思草图(见彩插)

图 9.38 城市里各种“社会交往岛”(见彩插)

图 9.39　体现第一自然的绿色建筑及围合出的第二自然的社会空间

在广漠的乡村，我们“播种”了“医疗岛”，一种新型的景观康复花园，散布在蜿蜒的麦田和花海中。康复花园可以满足治疗儿童自闭症、老年痴呆症等身心疾病的需求，在大小不同的花园中，我们种植了不同功能的医用花卉。根据英国医师爱德华·巴哈(Dr. Edward Bach)在 20 世纪 30 年代的发现，有 38 种花朵可以与我们的情绪发生共振，利用花精疗法可以治愈如悲伤、愤怒等负面情绪，恢复身心平衡。花精只作用于我们的感觉神经，并不能直接作用于我们的思想，人身体的感觉神经是非常敏锐和精微的，远远超出我们思维反应的速度和细致度，只需要一点点就可以影响我们的情绪感受。情绪的改变，往往导致身体状况、态度和行为方式的改变，但这取决于不同人的整体素质和状况，所以花精影响情绪感觉而带来的生理和思想的变化也是因人而异的。这些大小不一的花园成为“人和大自然交流之眼”，实现了最佳的自然康复效果——“天人合一”的境界。该区域通过分散这种充满活力而又有凝聚力的点状场所，完全激活第一自然、第二自然、第三自然活力。这些点状场所像是浸润在自然中的一个个互相联通的小岛，成为自然环境中人与人、人与自然连接的纽带。也许，这种医疗方式在不久的将来能发展成为该地区居民生活方式的一种习惯，甚至成为新的地域性文化特征(图 9.40)。

9.4.4　第三自然的老城延续与手工城市设想

设计中对老城的第三自然主要是基于安徒生童话场景中的一些“设计先例”，再造一个仙境般的现实世界，提供精神安慰和辅助治疗。这种第三自然的文化延续通过不同景观轴体现在多个层面。

历史轴：强烈的视线轴穿越过最有标志性的腓特列古堡，同时在细部肌理上延续老城区的整体建筑材料和色彩。

生态轴：多种生态走廊与老城联系。

文化轴：延续丹麦童话世界。

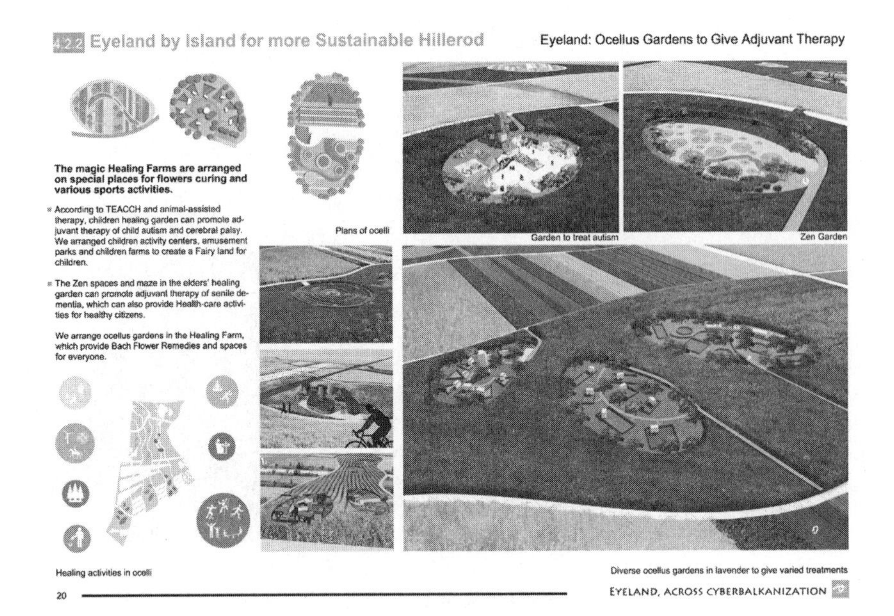

图 9.40　麦田中的“医疗岛”

交通轴：不同交通方式将老城与新城紧紧地连接在一起。

经济轴：以医院为中心的新经济。

作为工业革命的产物，现代城市也像被流水线统一生产出来一样千篇一律。然而，真正人性化的空间是不能被流水线机械化制定的。相反，传统手工艺品通过人手摩挲、精雕细琢后，能够产生充满第三自然的文化个性特质（图 9.41）。因此，未来的城市不仅要有现代科学技术使人们对家园的想象成为可能，更要在设计中融入像手工雕琢过的空间，使人作为定制的主体。在未来城市中，我们希望能够让文化的温度、自然的态度、社会的饱和度成为塑造“手工城市之手”。

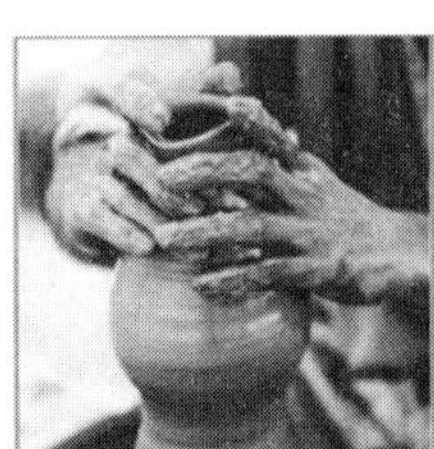

图 9.41　丹麦手工文化

9.4.5　第一自然的治愈农场与自然疗法

花海植物配置：除了老城延续与手工城市设想，我们还在营造花海时引入了大量适合的花卉（图9.42）。在注意季节变化、色彩搭配的同时参考了《本草纲目》对具有治疗效用的植物进行了精心筛选。保证在人们欣赏缤纷的花卉时，这些花卉也能为人们起到治疗的作用。丹麦温暖的季节使人们能在室外享受广阔的花田。而在严冬，温室内却鲜花怒放，能为人们带来心灵的温暖。

图 9.42　花海鸟瞰(见彩插)

花精疗法(Flower Essences):除了通过花色、花香以及从花卉中提取精油产品达到帮助康复的作用,我们引进了爱德华・巴哈医师发明的“花精疗法”。透过类似光合作用的热震荡,把花朵爱的生命信息撷录下来,用纯水来保存,再经过高倍的稀释和震荡步骤,使其潜在的能量波频大量的释放出来,成为一种具有疗愈机制的能量波,可以和人体内的细胞能量产生共振,让体内的内分泌、免疫、消化、代谢、神经系统等,以及精神与心灵层面,产生和谐的能量磁场,展现最佳的机能状况,激发不可思议的疗愈成效(图 9.43)。我们根据花精疗法针对的七种负面情绪,引进了合适的花卉,以达到心灵治疗的目的。

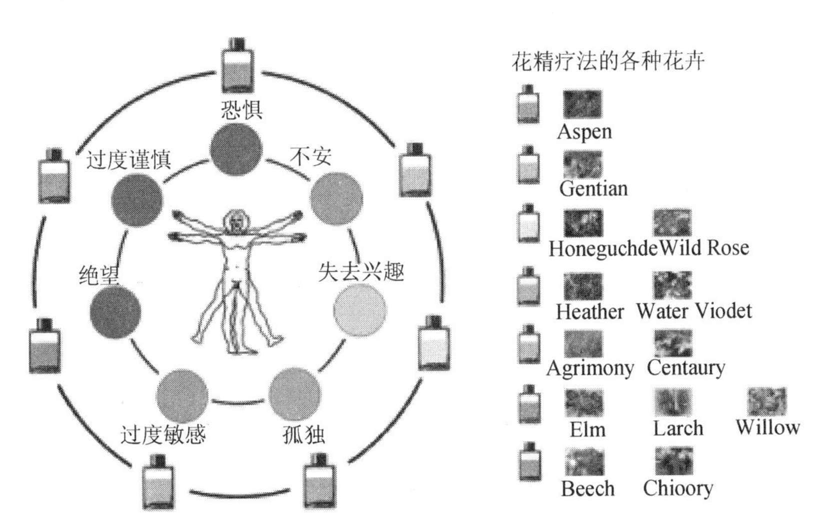

图 9.43　花精疗法

以康复为主题的康复农场中设置了丰富的活动。广袤的薰衣草田、麦田中设置有自行车道、跑道,其作为希勒勒市健身路线的一项补充,为人们的日常锻炼提供赏心悦目的环境,人们能在美丽的花海中尽情沐浴阳光(图 9.44)。

图 9.44　城际火车内欣赏花海康复

针对儿童，我们设置有儿童活动中心、游乐场、儿童农场。为孩子们与同龄人、与大人、与自然交流提供了如同童话一般的梦幻乐园。结合对结构化教学法（TEACCH）、动物疗法等的研究，我们的设计对于患有孤独症、脑瘫等疾病的儿童具有特别的康复治疗作用。对于老人，我们专门设置有活动场所，以提供安静舒适的运动休闲环境，其中冥想迷宫对于老年痴呆症具有特殊的治疗作用（图 9.45）。

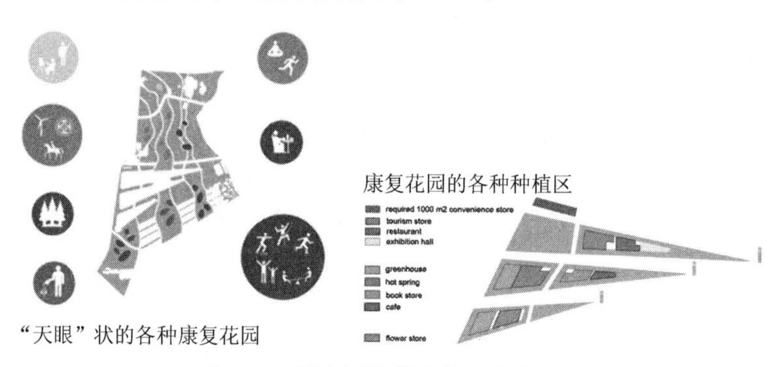

图 9.45　配备不同花卉的运动康复区

另外，本次设计我们选取了紧凑的城市空间布局模式，在康复农场中专门设立有市民花园，为居住在没有花园住宅中的市民提供了可供租用的园艺场所。

总结本项目中的第三自然设计脉络，其 MOP 认知、TCL 构型以及设计先例与原型的结构框架如图 9.46 所述。

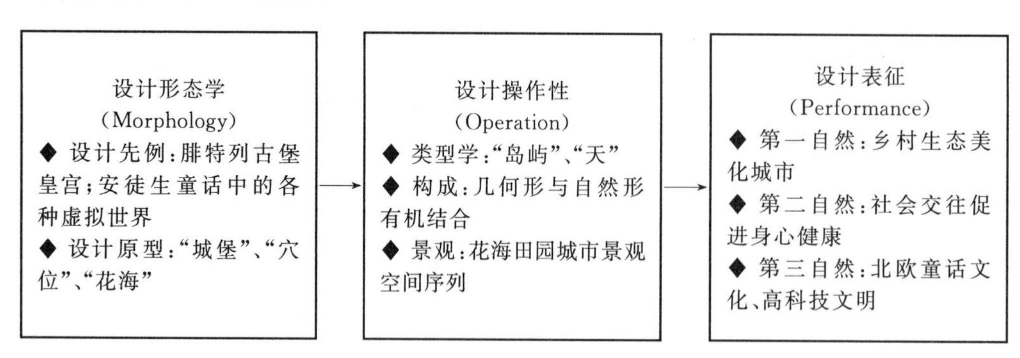

图 9.46　本案第三自然 MOP 设计认知总体图解

9.4.6 前景与展望

在丹麦健康城这个项目中，我们把安徒生的童话作为地域文化的象征，将不同童话场景景观化（图 9.47），使得独特的丹麦第三自然得到彰显。同时，依托自然还原良好的第一自然生态特征，营造社会交往的第二自然最佳氛围，患者不再是被社会抛弃和遗忘的群体，而通过第一自然的花香疗法，第二自然的社会疗法，甚至第三自然的文化疗法达到自然康复的目的。最后，三个自然达到一种完美的结合与深化，充分体现了“第三自然”景观化城市设计方法的独到之处。方案有幸作为优秀作品入选哥本哈根市博物馆对丹麦公众进行展览，并获得较高的评价。

图 9.47 夜景鸟瞰：再现安徒生不同童话情景的神奇景观

9.5 通向未来的第三自然：美国城市设计竞赛一等奖方案，拉法耶创新工厂

承接上文探索世界范围内的第三自然景观化城市设计案例实践分析，在这个案例中主要介绍美国路易斯安那州拉法耶（Lafayette）市“城市中心意象”（Imagine Downtown）国际设计竞赛一等奖中标实施方案“突破网络割据的创新工厂”的设计背景、理论、方法和成果。拉法耶是美国南部一个有前法国殖民地风格的多元文化的经济枢纽城市，当地政府希望通过国际竞赛征集最具创意，能重振该市经济、文化和社会活力以及塑造城市中心区新形象的方案。获奖方案是一个名为“路易斯安那隼鹰”的全部地块的总体规划（约 2.6 km^2）以及第 6 号地段（约20 hm^2）的大学村城市设计“突破网络割据的创新工厂”。总体规划针对信息化、全球化背景下的核心问题，充分研究当地历史文脉和科技创新潜力，用新古典风格的法式花园大道、多样功能的街心公园和个性鲜明的城市节点将零碎毫无个性的六块地整合成鲜明的“设计先例”，一个雄心勃勃的“路易斯安那隼鹰”城市形象——象征敢于开拓追求卓越的美国精神。突破“网络割据”的创新工厂代表了一种第三自然的创新文化，开拓了第三自然如何应对互联网社会的挑战，实现了可持续创新社会与文化突破的新方向。

9.5.1 项目背景与策略

由创意行动(Creative Action)、路易斯安那州土地署、路易斯安那州立大学拉法耶校区建筑设计学院,以及AOC社区传媒共同发起的名为“城市中心意象”的国际竞赛,面向所有个人、学生和专业团队征集对拉法耶市中心未来愿景的畅想。在官方文件的拉法耶2035愿景中,拉法耶将凭借其丰厚的卡真人和克利奥尔人(Cajun and Creole)文化资源财富、创意文化产业和真正的生活乐趣成为国家最优越的社区之一,以重振被“卡特里娜”飓风重创的该州经济。参赛者需要从市中心区六块场地中选择一处,提出具有活力的方案策略以解决具体基地面对的特殊议题和挑战,达到促进当地经济发展和城市自我完善的目的。

经过初步研究,方案首先确定了三个基本策略:21世纪是全球化的知识经济时代,所选城市设计的地块应该最能应对21世纪的主要问题与挑战;21世纪同时是一个地域化时代,所作设计一定是充分体现当地文化特征的批判性地域主义实践;一个优秀的设计必须是从整体出发的设计,因此首先必须构思一个能统领全部地块的富有雄心和标志性的总体规划。

9.5.2 新环境中的主要威胁:“知识创新”与“网络割据”

持续创新促进经济持续发展的紧迫性:

进入21世纪后,人类进入前所未有的新环境。在知识经济的背景下,信息技术和知识创新无疑是新环境中最重要的两个要素,它们影响着包括建筑本质在内的社会各层面的发展和变化,其中属大学、学院等教育机构的变化最为显著。“在过去的十年间,伴随政治、技术、社会和文化的发展,大学的定义已经改变。这些方方面面的发展意味着一个新环境产生了,在这个新环境下,有新的需求和新的机遇……新的交流、演算和模拟的手段,新的获得、积累和传播知识的工具以及专业领域的扩增,动摇着把大学看作一个与社会隔绝的、空间相互相似的物质组织的传统观念”。“新环境下的大学的职能应是创造新知识,这与主要功能是传授的传统大学是十分不同的”[41]。新环境更多地将大学定义为通过互动和交流产生新知识和创新的空间,而不是纯物质的教室与校园。

芒福德在他的著作《技术与文明》中把技术发展史划分为三个“互相重叠和渗透的阶段”,即:始技术时代(The Eotechnic Phase,1000—1750年)、古技术时代(The Paleotechnic Phase,1750—1900年)和新技术时代(The Neotechnic Phase,1900年至今)。芒福德为新技术时代的经济传统三要素添加了第四要素——创新,并认为正是创新将新技术时代与人类历史上其他时代划分开来[42]。贝尔将芒福德的新技术时代理论向前推进一步,定义出后工业化社会及其重要特征为依赖于知识创新[43]。沙维奇指出在后工业化时代环境正“从手制造到脑创造”,城市间的竞争成为创新的竞争[44]。

随新环境一同出现两个对立趋势,即全球化和地方化。全球化将导致重大的社会变化,并最终形成全球通用的新的城市空间秩序。这些重大的变化可以概括为:① 生产力形式的改变;② 福利呈下降趋势;③ 权力关系的变动;④ 技术的发展……这种变化带来“交通激增和空间重新划分”。令人吃惊的是,其结果不是更多的一体化,而是“物质和社会的隔阂正在剧增”[45]。全球化在某种程度上将最终带来地域分化。全球化的进程扩散得越广,地区的重要性就愈发凸显出来。地方化的凸显使得创新的竞争更加激烈和不平衡。那么信息技术对这一新环境又将产生怎样的影响呢?

我们一度欢庆敌敌畏的技术发明能高效地杀死一切害虫，最后发现不但环境被污染而且还诞生了大量的畸形儿。汽车的发明使我们梦想从办公楼到家门口只是一脚油门的事情，结果早上推开窗户才发现北京从一环到四环几乎都是巨大的停车场。电话发明的时候我们期待足不出户一切联系都能完成，邮局将会消失，结果发现快递公司现在成为增长最快的行业。更少有人知道，电话的发明者贝尔博士通过人类历史上第一条电话线传递的声音居然是："喂，伙计，有个技术问题你必须过来我们当面解决。"电视的发明使得人们有足够理由相信影剧院将消失，结果迪士尼乐园却成为全世界儿童心中的圣地；尽管一票难求，去心中偶像的现场演唱会顶礼膜拜仍成为每个粉丝心中的超级梦想。也少有人知，半个世纪前富勒曾经雄心勃勃地企图以人工的"巨型球冠"覆盖整个纽约曼哈顿地区，所幸这个乌托邦并未成为敌托邦的现实。但不幸的是，现在一个更大的乌托邦陷阱已经出现，人们正被一个"看不见的巨型数据网络"所完全覆盖，这就是人类对互联网及其衍生产品的过度依赖：人人每天坐在电脑前，手指离不开手机和电脑键盘，时时刻刻不忘短信、微信，博客、QQ 群坐满大"V"……数据景观的吸引力正在取代真实景观空间中不可替代的社会交往模式。

新环境中知识创新精神的主要威胁——削弱第二自然的"网络割据"：

随着互联网的诞生和数字电信的革命，21 世纪向"互联网社会"转型(图 9.48)。在人们欢呼雀跃互联网带给人们的一切便利以及巨大社会变革时，研究者们却观测到互联网这种快捷的信息媒介将取代其他形式的信息媒介的同时，正产生"网络割据"的负面影响(图 9.49)，即互联网正在将学者带入排外、分割更细、兴趣点和观点更趋同的一个个学术小团体与帮派割据之中。研究者认为，如果一位知识生产者借助信息技术(IT)获得了与同领域远程的同事更多的交流互动，那么他(她)与一位其他领域的知识生产者的物质性交流互动必将受到损害[46]。而可持续的创新依赖于两个必要条件：持续的跨学科的思想碰撞、面对面的学术交流。"网络割据"的后果与互联网产生之初人们期待的更大交往、更多接触、更科技化的人文社区的前景是完全相反的。邬峻最早研究模拟了新环境中知识群体在"网络割据"影响下相互作用的过程与结果，这样的结果将影响新知识的创造，与新环境下大学的定义相悖，正成为新环境中阻断可持续创新的主要威胁[46](图 9.50)。

图 9.48　敌托邦：完全依赖数据城市构建的可怕电子景观

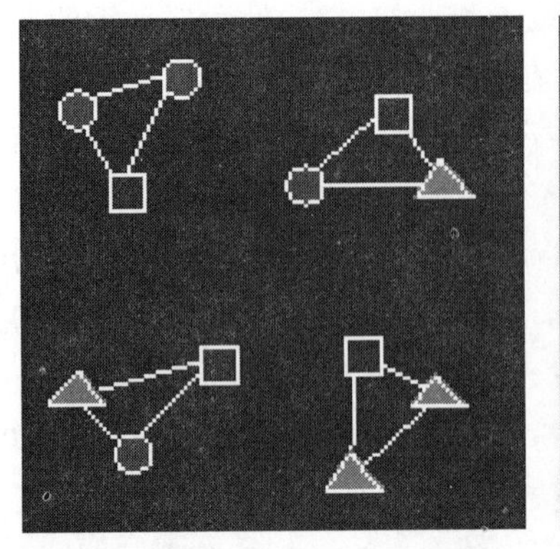
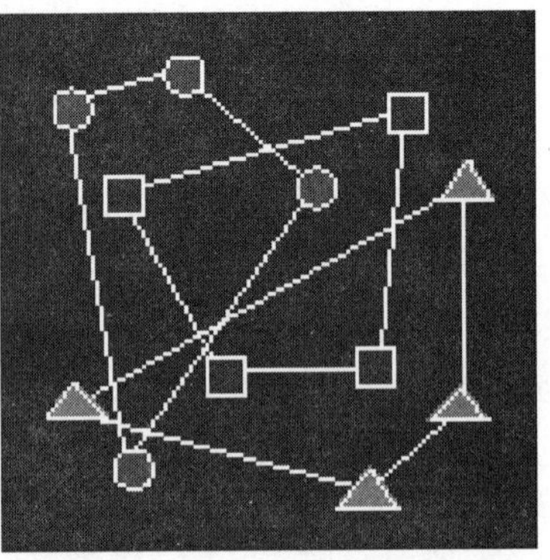

图 9.49 “网络割据”

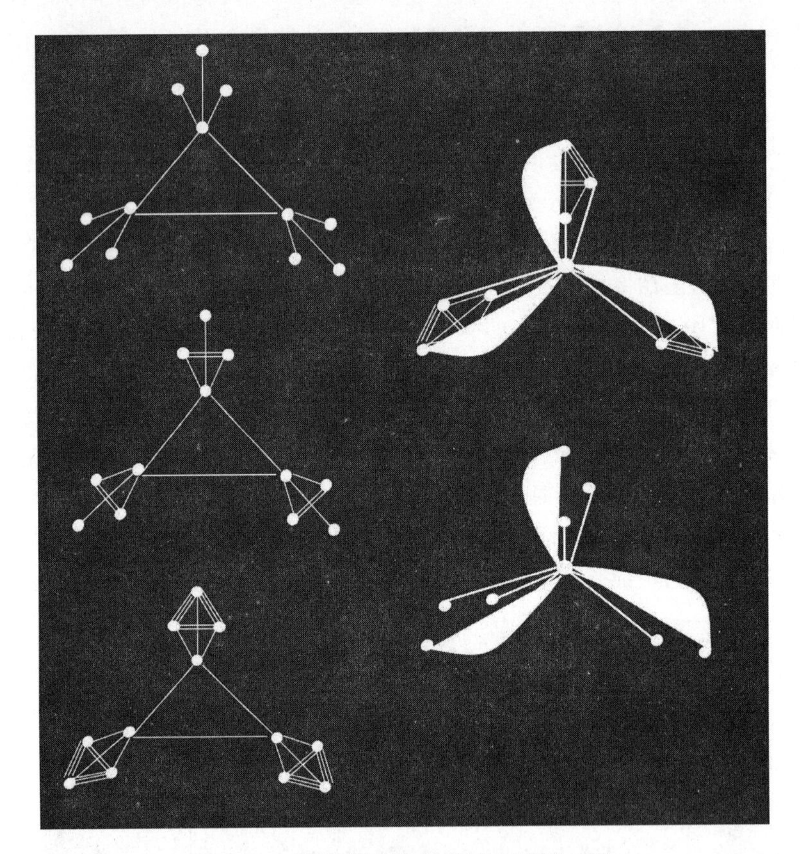

图 9.50 “网络割据”对可持续创新的威胁

关注到这些显著变革，新环境中的挑战可以总结为：

在扩大的人口和削减的资源背景下，世界仍需要逐年提高增长，或至少维持现有水平；为了保持这种增长，必须对新环境做出全新适应，仅仅通过常规思维只能保持短期增长；人们比任何时候都更需要一种新思维，设计出一种新的“创新设施”能应对当前的危机，并保持长期增长和最大的可适应性[46]。

第三自然的突破，以一种创新文化的“创新工厂”对抗“网络割据”：

新环境中的复杂挑战，对可持续创新的急迫要求与“网络割据”对可持续创新的威胁促使我们去探索设计一种全新的能可持续创新的空间类型——“创新工厂”。“创新工厂”中通过知识工人间必要的多样化互动产生长期的新知识增长和最大的可适应性。多样化在生境中维持竞争、适应性与进化的重要作用早已被达尔文及其后来的科学家广泛论证[47]。在社会环境中，尤其是知识生产和创造中的重要作用更加引人注目。弗罗里达论证了多样性在创新中的戏剧性作用。他开发了“创造指数”(Creative Index)这一概念，并研究了全美最重要的10大都市圈的多样性与其“创造指数”之间的关系，得出的结论是多样性越高的城市，其创造力越强[48]。

“创新工厂”将在新环境中整合互联网联络的便利，并依靠多样化背景的知识工人的多样化物质交往达到长期的可持续创新。在知识创新带来的人与人之间的互动中产生的社会多样性是“创新工厂”的必要条件。在“创新工厂”中应通过知识工人的社会网络图示和空间关系的拓扑结构图示的互动，来最大化虚拟交往的优势，最小化其带来的“网络割据”负面效应[46]。为此决定在拉法耶进行“创新工厂”这个前所未有的试验性设计。

第三自然的发展瓶颈：为深入了解拉法耶，研究了大量该地区的文化历史起源、路易斯安那州立大学、拉法耶教区和拉法耶市的背景资料，发掘出该地区两大发展潜力。首发潜力是其丰富的历史与地域文化。这里在成为美国领土前曾是法国殖民地，最初的规划由法国建筑师完成，现在居民中有大量法国后裔，白人、非洲裔和亚裔各占约1/3，各种文化融合产生“卡真人”和“奥尔人”文化，曾带来以旅游业为首的相关产业繁荣和一定的文化认同与吸引力。其次，6号用地最南部靠近路易斯安那州立大学学科类别齐全、学校国际化程度较高、具备创新的潜力。

场地中的问题主要集中在以下几个方面：当地多元文化资源在过去几十年里虽曾促进地区经济发展，但原法国文化特色随城市扩展逐步丧失，多元文化的特点也没有彰显。缺乏特色和优势的老城中心在一定程度上限制了市中心的发展，相似的建筑物无规划地分布在均质的街道划分出的相同尺度的街区内，相互之间没有辨识度和吸引力。仅仅依靠已有的历史遗迹、主题公园、文化狂欢节等资源来吸引大量的游客，却忽略长远可持续发展。这导致拉法耶市缺乏基于创新产业的长足发展力。同时也存在一些社会治安问题，尤其在5号基地所在社区就经常接到居民财产或人身安全受损的报案。

拉法耶市成为一座历史厚重却“缺乏个性”，文化丰富却“缺乏创新”的城市，更多的人愿意住在近郊，而不愿住在城里。现在环境已经与几十年前的环境发生了巨大的变化，人们追求的是具有地域特色的城市个性体验和有可持续创新的经济发展。拉法耶市中心需要挖掘传统文化资源的新价值并赋予其最振奋的城市形象，同时为可持续创新文化注入新的活力。

9.5.3 针对基地问题及周边现状的主要设计构思

与其他后现代美国城市一样，未得到充分利用的停车位、含糊的步行系统、孤立的邻里关系、贫乏的城市个性是拉法耶城市地景现状的主要印象。因此，如何利用那些潜在的空间价值，提升都市生活体验，开发创意人群社区，成为拉法耶实现其终极愿景——建设可持续创新城市的关键。

传统发展模式中过多的商业开发使市中心的个性越来越不明显。和其他地区一样，拉法耶市中心也存在闲置空地、平价住房稀缺、步行系统不完善等问题。在这一情形下，拉法耶市中心希望转型成一个服务于所有居民和访客的生活环境优越美好的顶级都市空间，这是一个不小的挑战。

拉法耶市中心的产业转型与空间升级：因为地处阿卡迪亚地区的核心地带，拉法耶市中心一直是周边教区的文化中心、经济中心，这体现在其年年为本地居民和外地游客举办多场大型文化娱乐活动，并且是前往周边城镇、村庄旅游必经的中转站。在过去的几十年里，拉法耶市中心凭借繁荣的经济、丰富的文化资源以及积极的社区价值观，已经逐渐从最初一片相对贫瘠的土地发展成为拉法耶地区重要的中心区域，其创造的经济价值是拉法耶市经济的重要支柱。

对抗和改造以汽车为出发点建造的社区空间：当前，以汽车为主导的交通系统割裂了拉法耶地区重要的历史街区的纹理，并且这一影响正在向城市的其他区域蔓延，大有统领整片地区的趋势。6号基地就是被市中心主要车道切出的一块矩形区域，区域内有一定比例的闲置空地和未得到充分利用的停车位，住宅的排布稀疏、少有绿化绿荫、景观单调，既浪费了本可用来提供更多居住或公共交流的间距空间，又很容易受到外界噪音、扬尘以及不尽如人意的治安状况等不利因素的影响——这些毫无优势特色的特点与邻近的街区是相似的。

依托现有空间资源创造多功能的混合社区：对6号基地的重新规划包括建造更多低成本住宅，并配套提供必需的停车空间，善用并完善现有的广场、公园、街景资源，改善邻里住区之间、住区与路易斯安那州立大学在拉法耶的主校区之间的步行道和自行车道系统，等等，以创建一个可持续发展的都市环境。

第二自然向第三自然的转化：与城市相似，大学校园的形态是根据人的动机建造而成的[49]。这些动机为设计提供了线索，帮助人们找出了社区环境与空间价值之间的关联。一般的传统观念认为，大学教育最好在复杂的大型机构内进行，与之对应的就是，大学校园要设施齐全以及与外界隔绝。然而，现代的价值观则要求大学教育更多地考虑“社会”因素，大学应表现或成为“社区”，除了满足课堂内的教学需求，还应创造更多的社区交流条件与机会，从而获得只有通过社区活动才能体验到的经验与知识的学习[49]。

与这一现代观念相左的是现行的大学单位体制。大学以“系”为单位被分割成若干片：各单位的建筑独立、分散，学科之间相互隔绝，不同学科人际的交往受到了阻隔，伴随互联网的普及，即使相同学科之间的交流也呈现越来越严重的，仅仅停留在线上的趋势，知识与创意的产生效率因此大打折扣。前述的“网络割据”加剧了这种危机。

共同目标的知识多样性、知识专业化和可持续性的创新要求一个通用和整合的虚拟空间与数字景观，和物质空间里真实景观配置的相互流通网络，从而提供人对人的物质空间交往以及与电子媒体的整合，并带领互补的需要。在这样一个网络景观环境中，电子媒体通过数字景观链接全球各地知识精英，而景观结构支持创新设施内的研究人员面对面地进行交流。这两个系统交相辉映，虚拟和物质空间的存在，促进簇群的知识精英以及他们的相互作用的多样性。首先是需要偏向专业化集群，其次需要促进知识精英之间的信息交流，并提高相互作用的物理多样性。

我们的研究结论：适应可持续创新的必要条件是知识生产者之间的多样性的虚拟与现实相互作用的“混合空间”。一方面，这必须是穿越“网络割据”的封锁来确保多样性的数字景观能够被世界各地的知识精英共享；另一方面，环境景观能促进他们的真实多样交往。这样一种基于数字景观的空间体系将实现虚拟交往和真实交往二位一体的混合关系(图 9.51)，达到跨越网络割据可持续知识创新的目的。

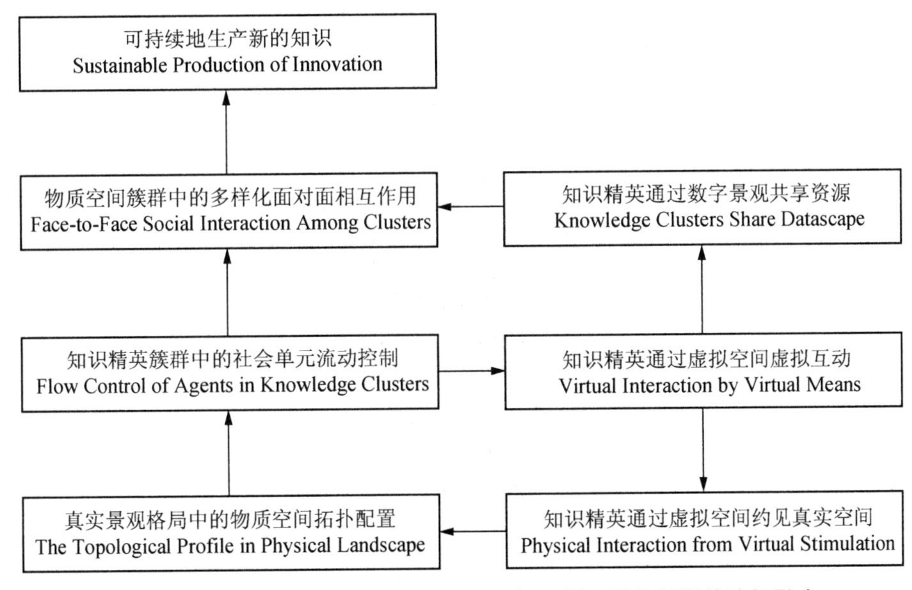

图 9.51　虚拟与现实的“混合空间”体系框架削弱网络割据的消极影响

6 号基地所在街区与路易斯安那州立大学拉法耶主校区分别在一条城市主干线的北南两侧。这一街区主要租住人群是在校大学生，同时他们还是街区南端的酒吧一条街的主要消费人群。这里本应是提供公共交往与知识碰撞的最佳场所，可是基于前文中叙述的街区内不尽如人意的空间规划我们可以推测，租住学生更多的可能是宅在屋子里或是走在去其他目的地(比如学校)的路上，并没有适当的空间和设施可以为打破学校体制下的“网络割据”提供必要的公共交往空间的机会，酒吧虽然聚集了大量学生，而其嘈杂的环境可能并不适合思想的交流。

因此，我们设想把 6 号基地所在街区定位为路易斯安那州立大学在校门外的延续，加强街区与大学的互动和街区内的公共活动，通过对建筑、景观、交通的重新规划设计，使该街区可以容纳更多的学生租住，提供配套的停车空间，保留原有的娱乐休闲场所，阻隔外界不利因素对街区内居住环境的干扰，并且为学生提供丰富舒适的公共空间，打造一个校园外的学术交往交流场所，即“创意工厂”，来打破“网络割据”的局面。

9.5.4　具体设计对策与类型学方案

1) 理念一：将典型欧式园林平面的精华用来凸显拉法耶市中心自身特色优势

我们的想法是以设计先例的手法凸显第三自然，即把六块基地作为一个整体来设计，参考法式园林的构图，将拉法耶市中心现阶段相对均质化的城市空间规划成一个多元化的社区。在规划后的总平面上，新的地景构成一幅“路易斯安娜之鹰”，与美国的国徽一样，传达拉法耶地区追求自由和卓越的精神(图 9.52)。

当地现存的脉络纹理和新加入的城市要素共同组成这只“拉法耶之鹰”。一条“鹰之

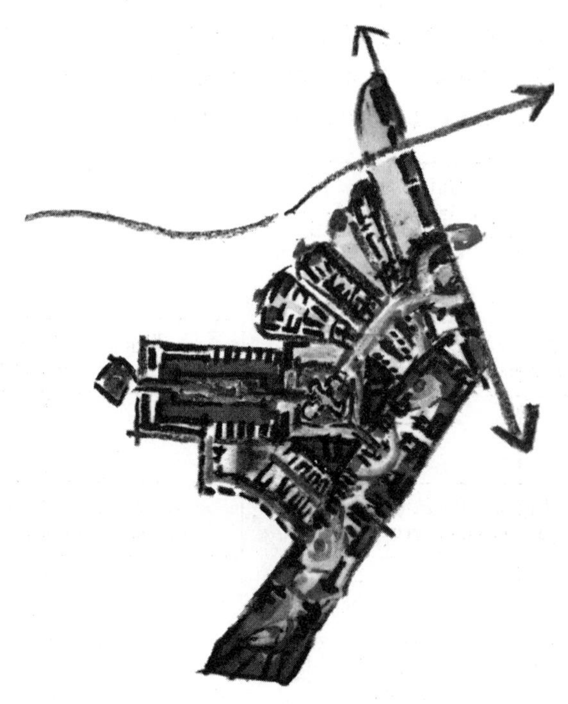

图 9.52　灵感草图(见彩插)

轴”连通中心车站广场和圣约翰福音天主教堂,在这条重要轴线上,我们把拉法耶城内重要的构成部分进行了重组:加强中央车站的文化与象征意义,建成中央车站广场构成“鹰之眼”;游行(Parade)大道、广场花园、中心经济区、历史街区组合成“鹰之翘”;鹰之左翼是综合工业区,而连续的、流动的景观带将约翰逊(Johnson)大街上排列的街区连成一个整体,形成鹰之右翼。中央车站广场延伸下去,直指路易斯安那州立大学拉法耶主校区(图 9.53)。

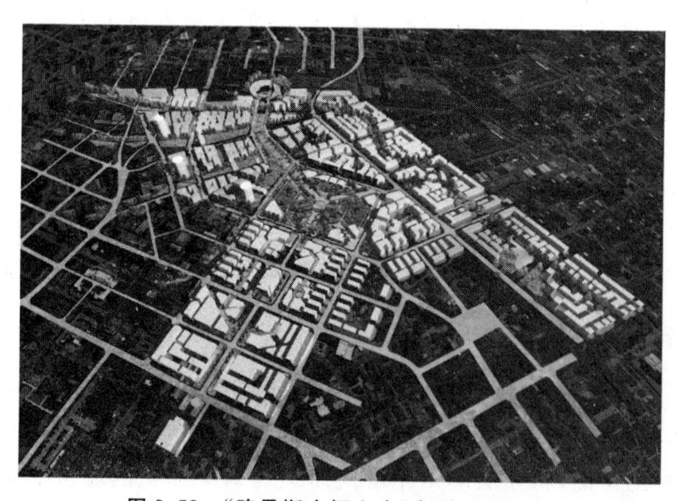

图 9.53　“路易斯安娜之鹰”鸟瞰(见彩插)

2) 理念二:把 6 号基地所在社区打造成拉法耶城个性的缩影和创新之源

6 号基地位于鹰之右翼流动的景观带的末端。创新是后工业时代的第一生产力,创新精神是21世纪新环境下的第三自然，而我们的方案策略正是通过表现6号基地及周边环境的可持续创新来推动拉法耶市中心知识经济的发展。我们要解决的主要问题包括：首先，目前6号基地所在的社区缺少特色，无法从周边社区与环境中脱颖而出，展现自身的魅力，并且没有配套丰富多样的公共空间。这一问题具体表现为：没有显眼的地标和充足的公共场所，现有住宅老旧租客不满且屋间空地规划不合理导致大量浪费，城市公园、街景和步道系统还有待加强。其次，在校外社区打破路易斯安那州立大学拉法耶校区因校内体制导致的"网络割据"。想要打破"网络割据"，必须创建能够促进本地可持续创新的空间模式(图9.54)。

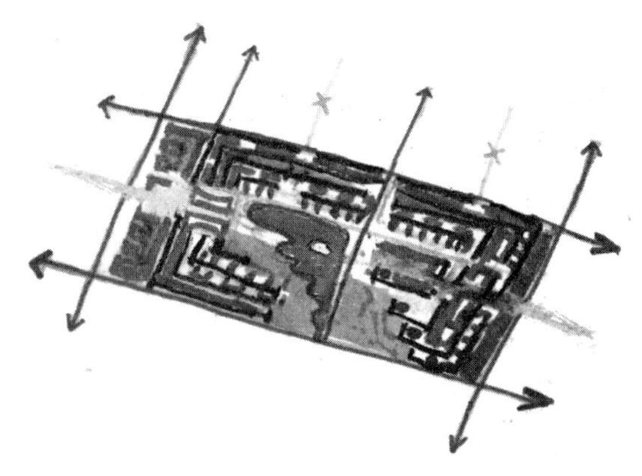

图9.54　方案草图(见彩插)

方案的亮点是把6号基地打造成拉法耶市中心的创新工厂，在重组后的空间结构内将居住建筑和社交设施有机地结合起来，以达到大幅度提升非正式社交互动的机会，并且丰富社交类型的目的。用面对面的社交互动取代单边交流和宅居在家，打破"网络割据"的现状，以促进可持续创新产业的发展(图9.55)。

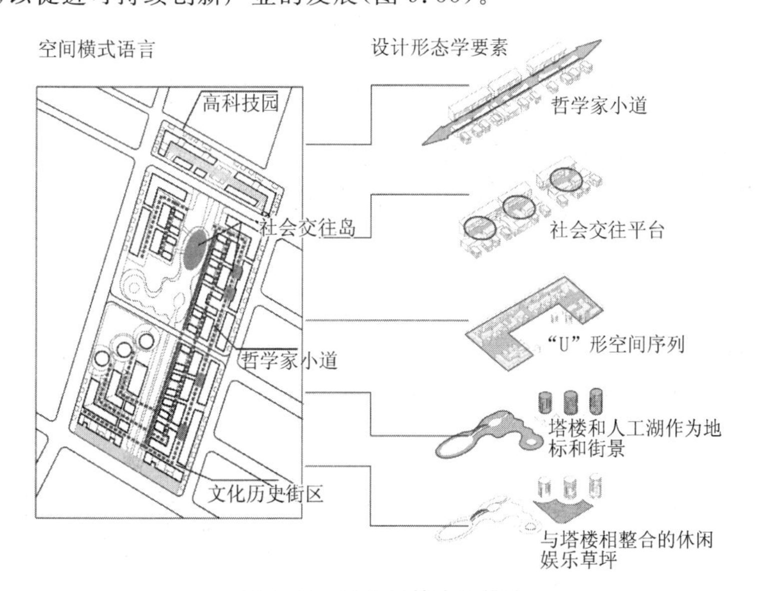

图9.55　重组后的空间模式

在基地内，我们用"哲学家小道"与"交往岛"营造了一个将交流多样性最大化的空间形态(图9.56)。美丽的人工湖旁点植了一些当地常见的甘蔗，不仅丰富了街道景观，还能收集雨水、调节微气候。三栋新建的公寓塔将成为新的地标。而在这个"创意工厂"的四周，连续的建筑立面形成阻隔外界不利因素的"墙"。沿街密植的行道树可以减小城市主干道上繁忙的交通带来的噪音的干扰和污染的影响。周边的步行道和自行车道与机动车道采用分离设计。从鹰之右翼延伸下来的中轴景观带将基地与邻近街区以及对街的大学校园串联起来,使这个社区在个性昭然的同时又与周边建筑、环境相呼应。

(a) 湖边景观

(b) 湖边步道

(c) 哲学家小道效果图

(d) 哲学家小道上的交往岛

(e) 连廊下的交往空间

图 9.56　三个自然的不同空间透视图

同时,基地内的建筑风格与路易斯安那州立大学拉法耶校区校园建筑相协调。为了更充分地利用当地资源,我们还在屋顶加设了太阳能光伏板和风车,为社区提供绿色能源(图 9.57)。

图 9.57　拉法耶"创意工厂"鸟瞰图(见彩插)

最后，我们拟发起“每周日字节解放日运动”（Every Sunday，Bytefree Day），即每周日通过“创新工厂”四角的干扰设备使得此区域内人群无法收到互联网和手机信号，迫使人们走出房子里的各种“虚拟交往空间”，结束各种“宅男宅女”的网络生活，回到真实空间里，走进第一自然、第二自然、第三自然的“广阔天地”，享受景观化城市的快乐生活，彻底告别“网络割据”。

总结本项目中的第三自然设计脉络，其 MOP 认知、TCL 构型以及设计先例与原型的结构框架如图 9.58 所述。

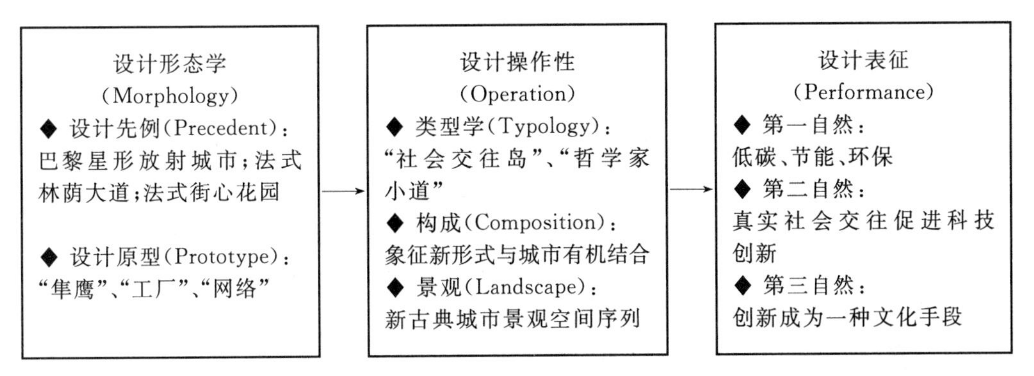

图 9.58　本案第三自然 MOP 设计认知总体图解

9.5.5　总结与展望

竞赛组委会共收到来自世界各地的 200 多个设计方案，其他 5 个地块的设计获奖事务所分别来自美国芝加哥、休斯敦、波特兰、意大利和斯洛文尼亚。作为来自中国的唯一获奖方案，本方案克服时间紧、现场远等不利因素，最终获得总体规划和第 6 地块的获奖实施方案，为中国争得了专业影响和崇高荣誉。在路易斯安娜的阿德里安娜艺术中心举行了由竞赛各举办方、当地政要、媒体与公众参加的颁奖仪式和开展仪式。获奖方案先后在路易斯安那州拉法耶市、新奥尔良市等地博物馆向美国公众巡回展出，受到良好评价。

设计组（参加同学：别非伊、蒋博尧、陈昱珊、罗可均、马源、韩云滔）通过两种空间类型学重组空间结构将居住建筑和社交设施有机地结合起来，以达到大幅度提升非正式社交互动的机会，并且丰富社交类型的目的，把 6 号基地打造成拉法耶市中心的创新工厂，用面对面的社交互动取代单边交流和宅居在家，打破“网络割据”的现状，以促进可持续创新产业和创新精神的发展。

离开科技文明，人类的文明与进步都是无法发生和不可想象的。但是，无论是技术的缺失还是滥用都将使我们的文明难以为继，技术文明应该是“民有、民治、民享”之物，而非特殊群体或特权阶层专享与垄断之物。依靠科技的进步人类文明在近几个世纪呈现加速的趋势，并最终在 21 世纪，一个城市化和电子化密切结合的世纪达到顶峰。一个新的技术在给社会带来正面的影响时，同时也带来负面的效应，只是绝大多数人总是欢呼技术文明带给人类的空前成果，而对其负面效应看不到或者宁可视而不见。其实，人类几乎每次技术革命以为会实现昨日的乌托邦时，得到的却总是今天的敌托邦。

为了使今天的乌托邦不再成为明日的敌托邦，我们通过本案提倡一种“字节解放的都市主义”(Bytefree Urbanism),不是要反对“互联网社会”,而恰恰是为了将电子手段的优势最大化。为此而要把人们从互联网这种高科技文明对人类社会“第二自然”可能的消极影响通过“第三自然”的新的设计手段减到最少。

美国从一个年轻的国家迅速成为世界强国并始终维持霸权地位,除了地缘政治、历史机遇、管理体制等方面的原因,其渊源不断的强大科技创新能力是一个重要原因。为此,美国的国家精神中始终强调一种冒险精神和尝试各种创新的冲动,并把这种创新精神与科技发展不断结合与升华,成为一种“创新文化”,这也许是值得我们学习的另一种超越文化的文化价值观,是一种新的“第三自然”设计方法与思维方式。

下篇参考文献

[1] Andreas F. Planning Theory[M]. Oxford:Pergamon Press,1973.
[2] Aldo R. The Architecture of the City[M]. Cambridge, Mass.: MIT Press,1984.
[3] [卢森堡]R. 克里尔. 城镇空间[M]. 金秋野,王又佳,译. 北京:中国建筑工业出版社,1979.
[4] 杜小真. 德里达的解构主义[EB/OL]. (2004-10-8). http://www.ce.cn/ztpd/xwzt/xwkjzt/2004/fgwhj/fgkx/200410/08/t20041008_1936355.shtml.
[5] 周剑云. 解构不是一种风格[J]. 世界建筑,1997(4):68-72.
[6] 朱建宁. 探索未来的城市公园——拉·维莱特公园[J]. 中国园林,1999(2):74-76.
[7] 李学思. 解读巴黎拉·维莱特公园[D]. 广州:华南理工大学,2012.
[8] 杜佩璐. 法国城市公园中历史文化的体现[D]. 成都:四川农业大学,2010.
[9] 唐学山,李雄,曹礼昆. 园林设计[M]. 北京:中国林业出版社,1997.
[10] 何丽. 试论拙政园的大众文化痕迹[J]. 华中建筑,2007(12):18-22.
[11] 施韵. 浅谈中国古代文人造园的意境表达——以拙政园为例[J]. 美术教育研究,2011(9):19-24.
[12] (美)威廉·S. 桑德斯(William S S). 设计生态学——俞孔坚的景观[M]. 北京:中国建筑工业出版社,2013.
[13] 王向荣,林箐. 自然的含义[J]. 中国园林,2007(1):21-25.
[14] 周维权. 中国古典园林史[M]. 2版. 北京:清华大学出版社,1999.
[15] 胡月文,张犁. 创造与转换——解读批判性地域主义[J]. 艺术教育,2013(9):32-36.
[16] 马凤华. 全球化背景下批判性地域主义解读[J]. 现代商贸工业,2011(18):22-26.
[17] (美)肯尼斯·弗兰姆普敦. 现代建筑——一部批判的历史[M]. 张钦楠,译. 北京:三联书店,2004.
[18] 吴良镛. 地域建筑文化内涵与时代批判精神[J]. 建筑书摘,2009(2):1-3.
[19] 曹广忠,刘涛. 中国城镇化地区贡献的内陆化演变与解释——基于1982—2008年省区数据的分析[J]. 地理学报,2011(12):23-26.
[20] 汝信,陆学艺,李培林. 社会蓝皮书:2011年中国社会形势分析与预测[M]. 北京:社会科学文献出版社,2010.
[21] 刘羽. 基于原型选择的FEWS一体化城市设计工具[D]. 武汉:华中科技大学,2013.
[22] 陈秉钊. 可持续发展中国人居环境[M]. 北京:科学出版社,2003:7-8.
[23] 国家统计局. 新中国55年统计资料汇编[M]. 北京:中国统计出版社,2005.
[24] 王迪. 浅谈我国半城市化问题生成的机制[J]. 城市建设理论研究,2012(7):3-8.
[25] 王松梅. 国内农村土地使用权流转与粮食安全关系研究综述[J]. 生产力研究,2012(2):10-14.
[26] 邓劲松,李君,等. 城市化过程中耕地土壤资源质量损失评价与分析[J]. 农业工程学报,2009(6):

11 - 13.
[27] 罗志刚.对城市化速度及相关研究的讨论[J].城市规划学刊,2007(6):18 - 25.
[28] 世界环境与发展委员会.我们共同的未来[M].王之佳,柯金良,译.长春:吉林人民出版社,1987.
[29] 中国大百科全书出版社编辑部.中华百科全书[M].北京:中国大百科全书出版社,1994.
[30] (美)刘易斯·芒福德著.城市发展史——起源、演变和前景[M].倪文彦,宋俊峻,译.北京:中国建筑工业出版社,1989.
[31] 李相一.关于耕地"占补平衡"的探讨[J].中国土地科学,2003,17(1):57 - 64.
[32] 何蒲明,王雅鹏,黎东升.湖北省耕地减少对国家粮食安全影响的实证研究[J].中国土地科学,2008(10):40 - 46.
[33] 吴志强,李德华.城市规划原理[M].4版.北京:中国建筑工业出版社,2010.
[34] 张亚卿.城市土地集约利用评价研究[D].石家庄:河北师范大学,2005.
[35] 丰雷,郭惠宁,王静,等.1999—2008年中国土地资源经济安全评价[J].农业工程学报,2010(7):18 - 21.
[36] 隆宗佐.城市土地资源高效利用研究[D].武汉:华中农业大学,2008.
[37] 徐娅琼.农业与城市空间整合模式研究[D].济南:山东建筑大学,2011.
[38] 吴放.拉菲尔·莫内欧的类型学思想浅析[J].建筑师,2004(1):46 - 51.
[39] 周毅刚,袁粤.从城市形态的理论标准看中国传统城市空间形态——兼议传统城市空间形态继承的思路[J].新建筑,2003(6):36 - 41.
[40] 纪爱华.城市景观生态规划设计研究[D].兰州:西北师范大学,2003.
[41] Design Knowledge Systems Research Center. Internal Report,University of the 21st Century[M]. Delft:TUD Press,2000.
[42] Mumford L. Technics and Civilization[M]. London: Routledge and Kegan Paul, 1934.
[43] Bell D. The Coming of Post-industrial Society: a Venture in Social Forecasting[M]. New York: Basic Books, 1973.
[44] Savitch H V. Post-industrial Cities: Politics and Planning in New York, Paris, and London[M]. Princeton: Princeton University Press, 1988.
[45] Marcuse P, Ronald V K. Globalizing Cities: a New Spatial Order[M]. Oxford: Blackwell Publishers Ltd., 2000.
[46] Wu J. A Tool for the Design of Facilities for the Sustainable Production of Knowledge[M]. Enschede: Febodruk B. V, 2005.
[47] Darwin. The Origin of Species[M]. London: John Murray Publishing House, 1859.
[48] Florida R. The Rise of the Creative Class and How it's Transforming Work[M]. New York, NY: Basic Books,2004.
[49] 江浩.大学形态的形成及设计理论研究[D].上海:同济大学,2005.

下篇图片来源

图 8.1　源自:谷歌地图.

图 8.2 至图 8.5　源自:阮慧婷绘制.

图 8.6　源自:谷歌地图.

图 8.7　源自:陈昱珊绘制.

图 8.8　源自:自绘.

图 8.9 至图 8.11　源自:陈昱珊绘制.

图 8.12　源自:谷歌地图.

图 8.13 至图 8.16　源自:罗爽绘制.

图 8.17　源自:中国拙政园平面图.

图 8.18 至图 8.21　源自:宋霖绘制.

图 8.22　源自:林晓倩绘制.

图 8.23　源自:自绘.

图 8.24、图 8.25　源自:林晓倩绘制.

图 8.26 至图 8.29　源自:王光伟绘制.

图 8.30 至图 8.33　源自:曹凌玥绘制.

图 8.34 至图 8.37　源自:杨小奇绘制.

图 8.38　源自:自绘.

图 8.39　源自:谷歌图片.

图 8.40 至图 8.43　源自:夏文静绘制.

图 9.1　源自:自绘.

图 9.2、图 9.3　源自:http://blog.sina.com.cn/s/blog_a077bce701015k35.html.

图 9.4 至图 9.7　源自:自绘.

图 9.8、图 9.9　源自:笔者照片.

图 9.10　源自:笔者拍摄、绘制.

图 9.11 至图 9.15　源自:封赫婧、张姝、陈凯丽、杨文琪、胡磊绘制.

图 9.16　源自:笔者拍摄、绘制.

图 9.17　源自:韩本毅.中国城市化发展进程及展望[J].西安交通大学学报(社会科学版),2011,31(3):18-22.

图 9.18　源自:国家统计局.新中国 55 年统计资料汇编[M].北京:中国统计出版社,2005.

图 9.19 至图 9.22　源自:自绘.

图 9.23、图 9.24　源自:谷歌图片.

图 9.25 至图 9.33　源自:自绘.

图 9.34　源自:张彤、郭汀兰、张久芳、王建阳、何学源、曹凌玥、杨小雨绘制.

图 9.35　源自:自绘.

图 9.36　源自:丹麦希勒勒市政府资料.

图 9.37　源自:自绘.

图 9.38　源自:张彤、张久芳等绘制.

图 9.39　源自:张久芳、郭汀兰等绘制.

图 9.40　源自:封赫婧、曹凝玥等绘制.

图 9.41　源自:谷歌图片.

图 9.42　源自:曹凝玥、杨小丽等绘制.

图 9.43　源自:曹凝玥、何学源等绘制.

图 9.44　源自:白云、杨晓倩等绘制.

图 9.45　源自:曹凝玥、何学源等绘制.

图 9.46　源自:自绘.

图 9.47　源自：王建阳、张久芳等绘制.

图 9.48、图 9.49　源自：邬峻. 数字景观：昨日的乌托邦还是今天的敌托邦[M]//成玉宁，杨锐. 数字景观：中国首届数字景观国际论坛. 南京：东南大学出版社，2013.

图 9.50　源自：笔者模拟实验.

图 9.51　源自：邬峻. 数字景观，昨日的乌托邦还是今天的敌托邦[M]//成玉宁，杨锐. 数字景观：中国首届数字景观国际论坛. 南京：东南大学出版社，2013.

图 9.52　源自：自绘.

图 9.53　源自：韩云滔、陈昱珊等绘制.

图 9.54　源自：自绘.

图 9.55　源自：别非伊、陈旻珊等绘制.

图 9.56、图 9.57　源自：蒋博尧、罗可均、马源等绘制.

图 9.58　源自：邬峻. 数字景观：昨日的乌托邦还是今天的敌托邦[M]//成玉宁，杨锐. 数字景观：中国首届数字景观国际论坛. 南京：东南大学出版社，2013.

后记

景观化城市设计，对我而言，其实就是无序和有序之间的一种心智朝圣。

如果地球的全部生命周期是一天，恐龙不过存在了十几分钟，人类只存在了几分钟。因而人类虽自以为是空前绝后的万物之灵，但并非是自然的统治者，而是历史长河中的一个匆匆过客，自然中的一个幸运儿，或者说一个孤独的幸存者。为了幸存，我们必须学会设计，一种适应三个自然的能进化的文化环境，这种进化以多样化选择作为一种适应性的手段，就如同蚂蚁在数百万年里执着地重建它们被暴风雨反复洗礼的地下城市那样简单。有序—摧毁—无序—调适重建—有序—摧毁—……这种演化有点像无序与有序的基因螺旋结构图谱，以此路线反复演替升华，我们“第三自然”的文化演进和文明进步，亦然如此。

1967 年，我的导师仲尼斯最亲密的学术朋友，10 人组成员之一，荷兰著名建筑师艾多·凡·艾克写道：“在我看来，过去、现在、未来一定是作为某种连续的东西存在于人的内心深处。如果不是这样，那么我们所创造的事物就不会具有时间的深度和联想的前景。人类几万年来都在使自身适应外部世界，在此期间，我们的天赋既没有增加，也没有减少。”在这种命程里，我反复探究其微妙之处：超越我们主观认知局限，究竟什么是变幻客观自然中根植于“第三自然”的永恒设计之道。亚历山大称其为“建筑的永恒之道”，仲尼斯在研究古希腊、古罗马古典建筑时将之称为“古典教规”(Classical Canon)。正如仲尼斯在批判现代主义和后现代主义，并构建“批判性地域主义”时所指出的：我们应该复制的并非古典的形制而是其教规。这些规则可以帮助我们在一个变化和充满挑战的世界里幸存，并建构我们可持续发展的文化与城市。在实践操作中，什么是一种“演化中的第三自然”的设计方法论，该方法论是否可以加强经济、社会、文化与人类文明的可持续发展，如何将这些自然规则通过科学方法论转变成有形的实体与无形的空间，并与全人类灵魂共同演进呢？

中国文明一度领先世界，原因之一是对多样化的外界持开放的态度。尽管汉唐以后影响力逐步衰退，部分原因或许是因为中国人设计并建成了一座世界上最长的建筑物——长城。长城既阻挡了外敌入侵，也曾封闭了中国人的视野。心理中的长城曾经逐步阻绝了外部新生事物的进入，并潜移默化形成中国人高度趋同的思维共性和我们现在多多少少千篇一律缺乏个性的城市和建筑。

尽管开放系统可能引入外敌和毁灭者，但毋庸置疑也引入了先进的技术和思想，以及最为重要的，对变化的外部世界做出可能调适的机会。那么，在设计实践与理论研究中我们如何穿越这种心理中的“长城”，用新的设计方法与理论产生新的设计类型学，来维持开放与封闭、无序和有序之间的微妙的平衡，从而达到可持续发展的中华文明和繁荣而坚固的城市、景观和空间呢？其实第三自然本是中国五千年古老文明中的集大成之物，我们不过在复兴这种文化的精髓而已。

让我们祈祷无序和有序间的多样化景观轮回，让我们欢庆“第三自然”的永恒之道！现在应当改变将来，正如过去曾经指引现在。因为，现在是将来的过去，现在也是过去的将来。

邬　峻

于荷兰多德勒支

图 8.11　拉·维莱特公园 TCL 认知分析图（绘制：陈昱珊）

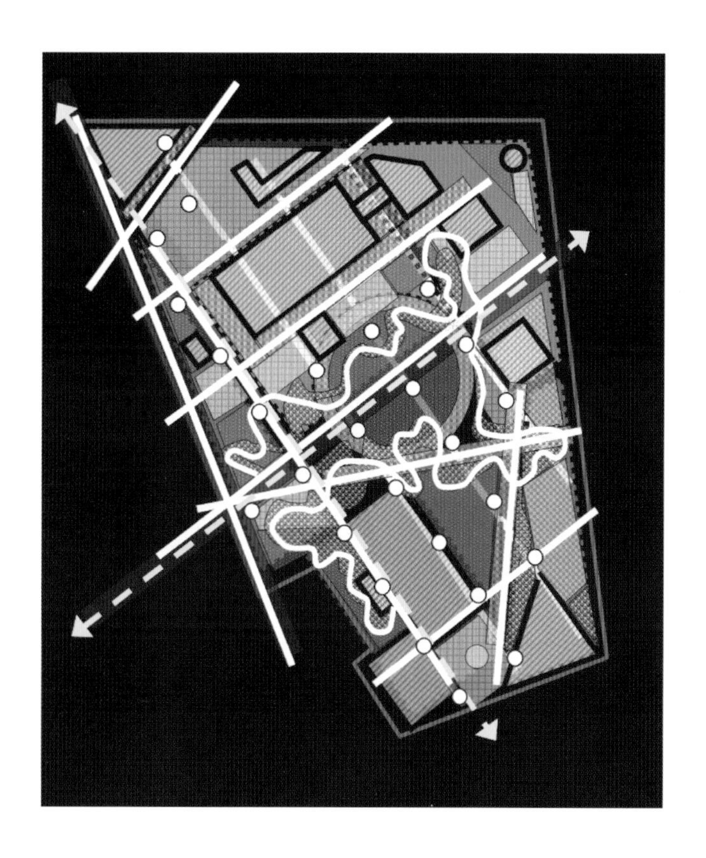

图 8.16　发现公园 TCL 认知分析图（绘制：罗爽）

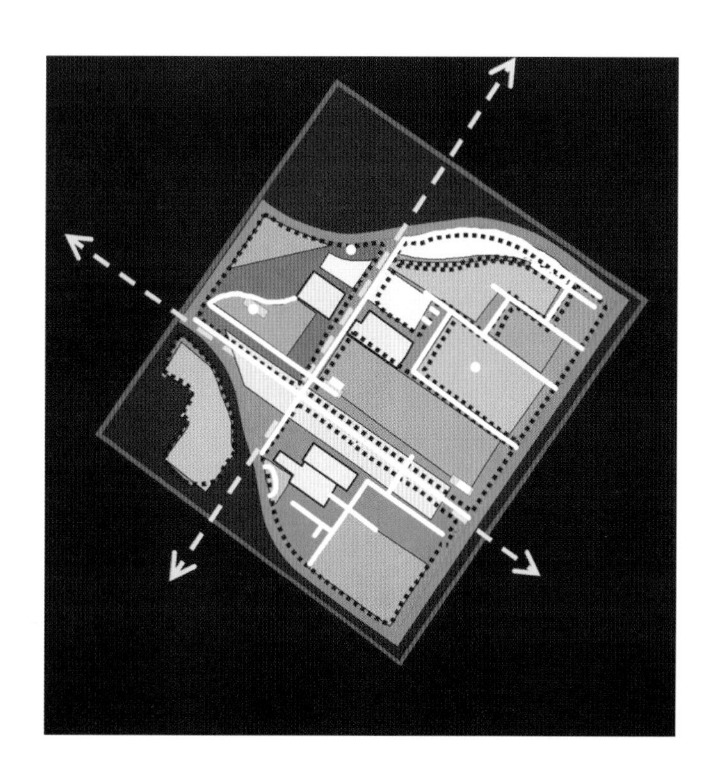

图 8.21　拙政园 TCL 认知分析图(绘制:宋霖)

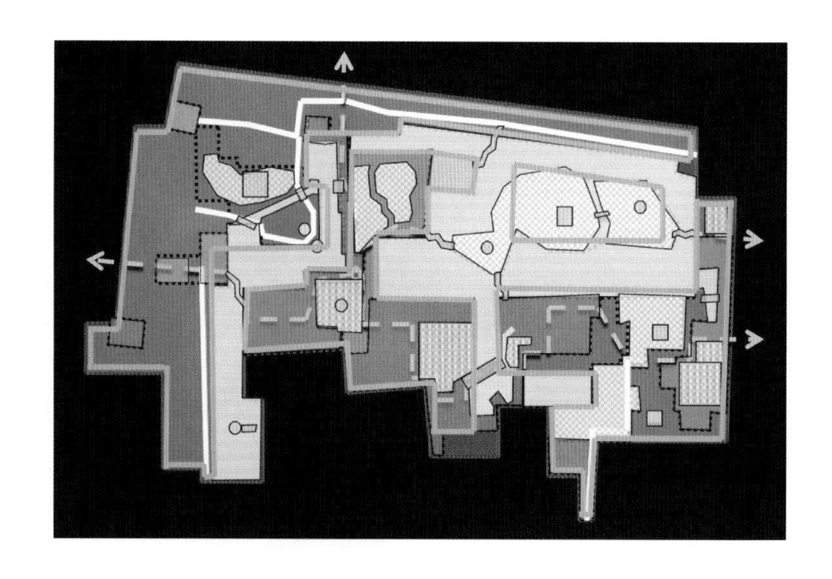

图 8.25　艺术之田 TCL 认知分析图(绘制:林晓倩)

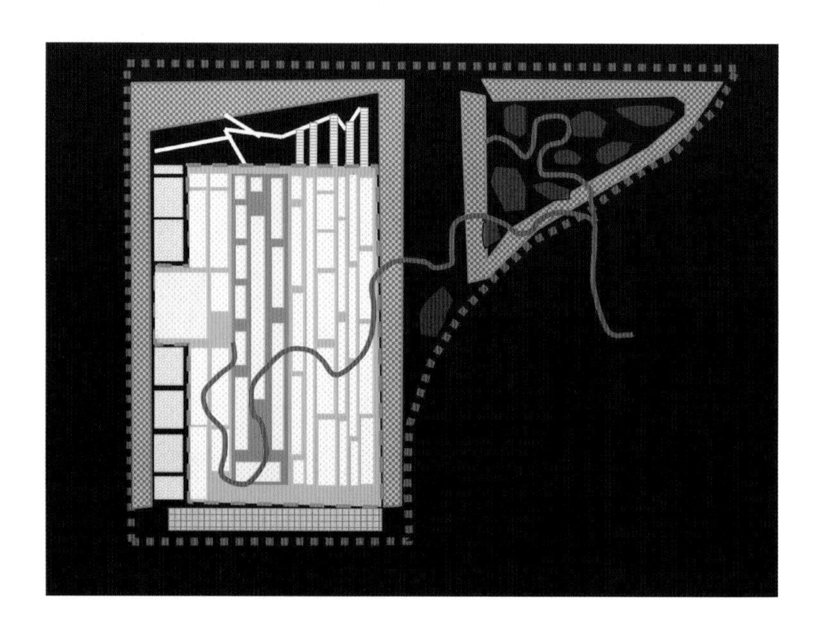

图 8.29　北京奥林匹克公园 TCL 认知分析图（绘制：王光伟）

图 8.33　（日本）横滨新港 TCL 认知分析图（绘制：曹凌玥）

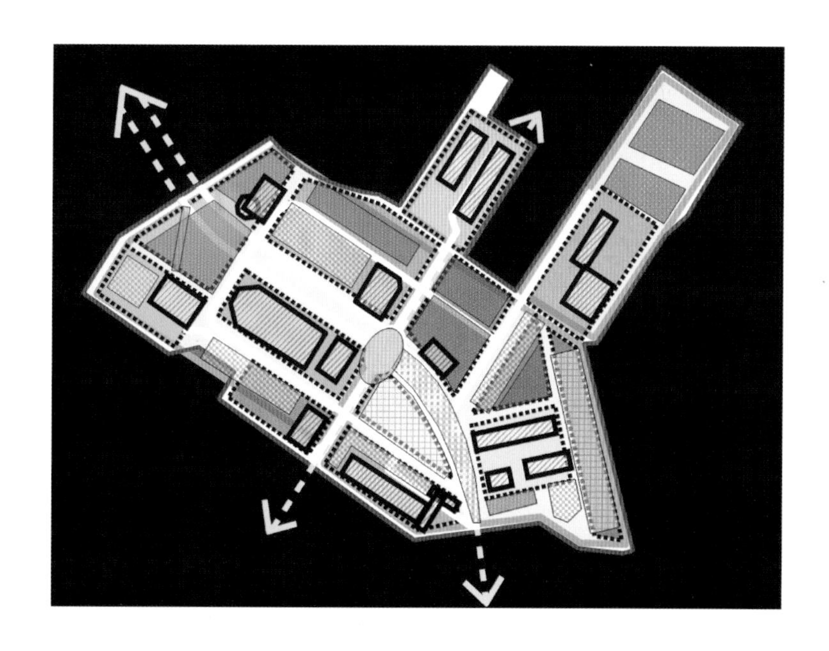

图 9.34　丹麦健康城鸟瞰图

图 9.37　总体构思草图（邬峻手绘）

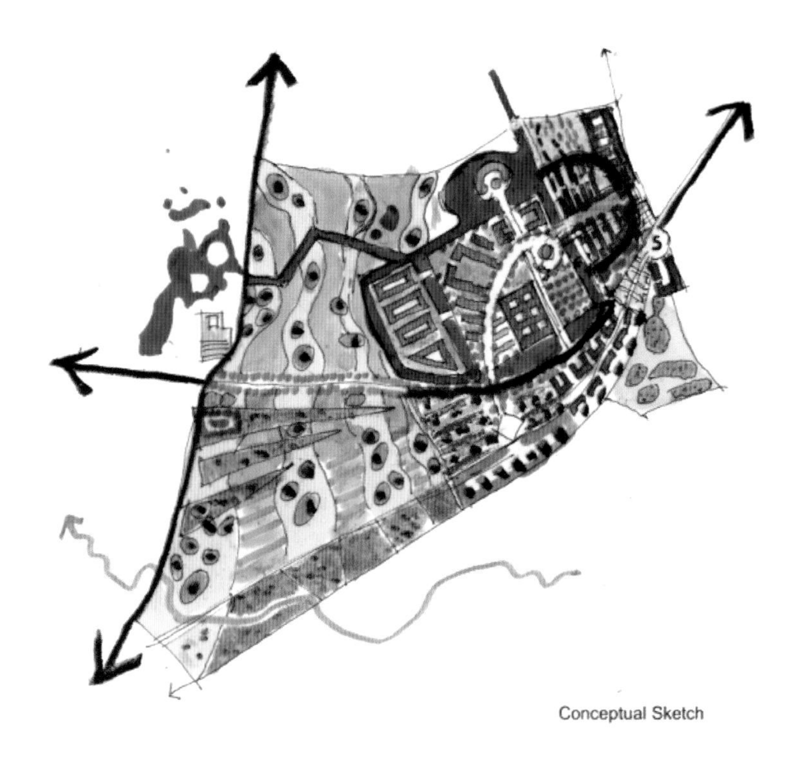

图 9.38　城市里各种“社会交往岛”（绘制：张彤、张久芳等）

图 9.42　花海鸟瞰（绘制：曹凝玥、杨小雨等）

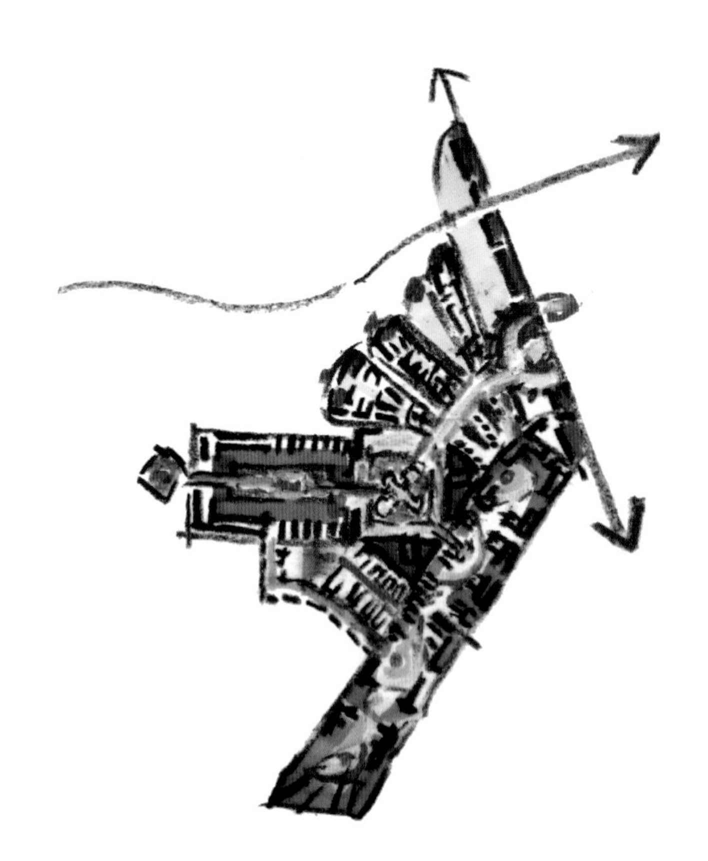

图 9.52　灵感草图（邬峻手绘）

图 9.53 “路易斯安娜之鹰”鸟瞰(绘制:韩云滔、陈昱珊等)

图 9.54　方案草图(邬峻手绘)

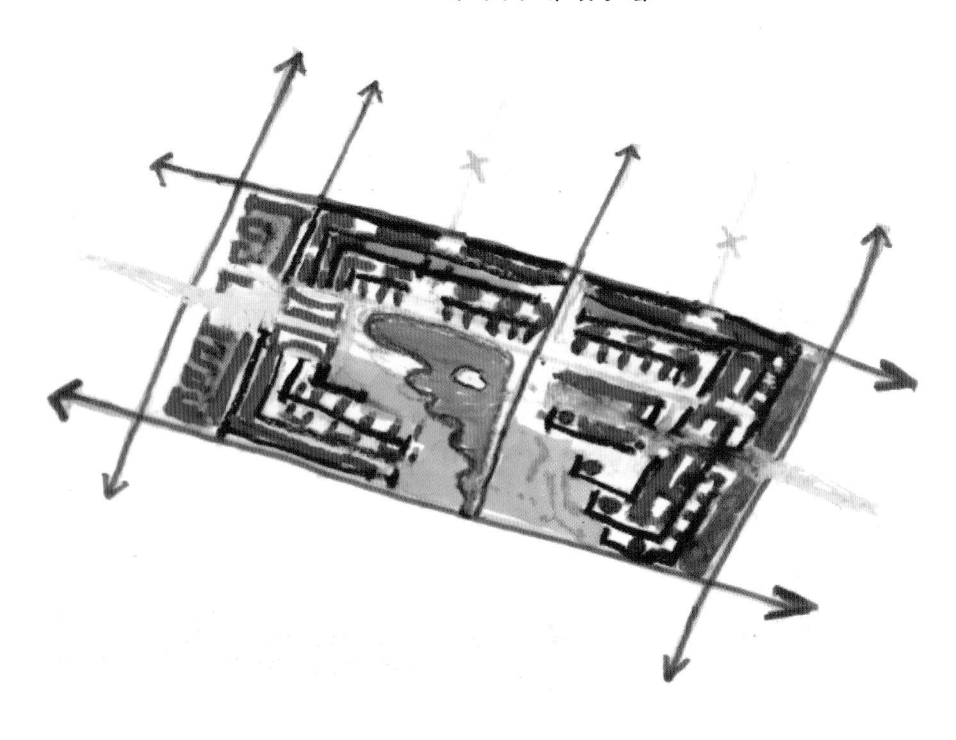

图 9.57　拉法耶“创意工厂”鸟瞰图(绘制:蒋博尧、罗可均、马源等)